普通高等教育"十三五"规划教材

概率论与数理统计

颜宝平　夏林丽　杨龙仙　主编

電子工業出版社
Publishing House of Electronics Industry
北京·BEIJING

内 容 简 介

本书强调理论，同时高度重视知识的运用. 全书分为三篇：概率部分，数理统计部分，实验部分. 概率部分包括：随机事件及其概率、随机变量及其分布、多维随机变量及其分布、随机变量的数字特征、大数定律和中心极限定理；数理统计部分包括：数理统计的基本概念、参数估计、假设检验、方差分析、回归分析；实验部分包括 8 个实验. 本书提供配套电子课件.

本书可作为数学类相关课程的教材，也可供相关领域的人员学习、参考.

图书在版编目 (CIP) 数据

概率论与数理统计 / 颜宝平，夏林丽，杨龙仙主编. — 北京：电子工业出版社，2018.8

ISBN 978-7-121-33980-6

I. ①概… II. ①颜… ②夏… ③杨… III. ①概率论－高等学校－教材②数理统计－高等学校－教材 IV. ①O21

中国版本图书馆 CIP 数据核字（2018）第 070198 号

策划编辑：王晓庆

责任编辑：王晓庆

印　　刷：涿州市般润文化传播有限公司

装　　订：涿州市般润文化传播有限公司

出版发行：电子工业出版社

　　　　　北京市海淀区万寿路 173 信箱　　邮编：100036

开　　本：787×1 092　1/16　印张：14.5　字数：371 千字

版　　次：2018 年 8 月第 1 版

印　　次：2022 年 7 月第 4 次印刷

定　　价：38.00 元

前　言

　　根据教育部提出的"高等教育面向 21 世纪教学内容和课程体系改革计划"精神，结合普通高等学校本科专业类教学质量国家标准，为实现铜仁学院建设高水平教学服务型大学的目标，概率论与数理统计本科教学须强调专业教育服务. 全书内容包括：随机事件及其概率、随机变量及其分布、多维随机变量及其分布、随机变量的数字特征、大数定律和中心极限定理、数理统计的基本概念、参数估计、假设检验、方差分析、回归分析，以及 8 个实验. 各章节均配有习题，针对重要知识点设置了一定数量的思考题，通过思考和练习，学生可强化和巩固其知识与技能. 概率论与数理统计是随机数学类课程的核心基础课程，本书的编写不仅强调理论，而且高度重视知识的运用，内容上力求实用，简洁易懂，注重培养学生数学素质，适用于问题驱动教学，以解决问题为前提，在教学中引入新知识、新方法，参考了部分概率论与数理统计教材，教材编写在传统课程体系基础上做了一些新的尝试. 例如，利用计算机软件编制了几个实验，目的是借助计算机将理论知识用于解决实际问题.

　　本书提供配套电子课件，请登录华信教育资源网（http://www.hxedu.com.cn）注册下载.

　　本书由颜宝平、夏林丽、杨龙仙主编，具体分工是：颜宝平承担第 1～4 章，夏林丽承担第 5～7 章，杨龙仙承担第 8～10 章及 8 个实验的编写工作. 本书是铜仁学院大数据学院教学改革的缩影，编写工作得到了学院全体老师的支持. 教材出版得到了电子工业出版社领导的大力支持和帮助，责任编辑王晓庆为编辑、出版本书付出了辛勤的劳动，在此一并致以谢意.

　　本书是贵州省本科教学工程项目"基于应用型人才培养模式下的'概率论与数理统计'课程建设研究"（NO.2014SJJGXM004）的阶段性成果，同时得到了贵州省区域内一流建设培育学科"教育学"（黔教科研发〔2017〕85 号）的支持.

　　限于编写时间仓促，本书不妥和错误之处在所难免，恳请专家同行及读者批评指正，编者联系方式：5231004@163.com.

编　者

2018 年 8 月

目　　录

第二篇　数理统计部分

第三篇　实　验　部　分

第一篇 概率部分

第1章 随机事件及其概率

1.1 随机事件及其运算

1.1.1 随机现象

概率论与数理统计是研究随机现象统计规律的一门科学. 在科学研究中, 随机现象的普遍存在性决定了它的广泛应用性.

在一定条件下, 并不总是出现相同结果的现象称为**随机现象**. 例如, 掷一枚硬币的结果、一天内进入某超市的顾客数.

从亚里士多德时代开始, 哲学家们就已经认识到随机性在生活中的作用, 直到 20 世纪初, 人们才认识到随机现象亦可以通过数量化方法来进行研究. 概率论就是以数量化方法来研究随机现象及其规律性的一门数学课程, 微积分等则是研究确定性现象的数学课程.

在现实世界中, 存在只有一个结果的现象, 称为**确定性现象或必然现象**. 例如, 水在标准大气压下加温到 100℃就会沸腾; 同性电荷相互排斥, 异性电荷相互吸引; 太阳从东方升起.

【例 1.1.1】 随机现象的例子.

（1）掷一颗骰子, 出现的点数;

（2）抛一枚硬币, 可能出现正面, 也可能出现反面;

（3）某种型号电视机的寿命;

（4）一天内进入某商场的顾客数;

（5）某地区 10 月份的平均气温;

（6）一天内自己的手机的来电数.

思考问题:

随机现象具有什么特点?

1.1.2 随机试验

在相同条件下可以重复对随机现象进行的观察、记录、实验称为**随机试验**（Random Trial）, 记为 E.

随机试验具有三个特点.

（1）**重复性**: 可以在相同的条件下重复地进行;

（2）**明确性**：每次试验的可能结果不止一个，并且事先可以明确试验所有可能出现的结果；

（3）**随机性**：进行一次试验之前不能确定哪一个结果会出现．

【例 1.1.2】 随机试验的例子．

E_1：抛一枚硬币，观察正面 H 和反面 T 出现的情况；

E_2：掷两颗骰子，观察出现的点数之和；

E_3：在一批电视机中任意抽取一台，测试它的寿命；

E_4：某城市某一交通路口，指定一小时内的汽车流量；

E_5：考察某地区 10 月份的平均气温．

在现实生活中，也有很多随机现象是不能重复的．例如，某场篮球赛的输赢是不能重复的；失业、经济增长速度等经济现象也是不能重复的．概率论与数理统计主要研究能大量重复的随机现象，但是也研究不能重复的随机现象．

1.1.3 样本空间

随机试验的所有可能结果组成的集合称为**样本空间**（Sample space），记为 $\Omega=\{\omega\}$．样本空间的元素 ω 称为**样本点**，表示基本结果．样本点是统计中抽样的最基本单元．写出随机试验的样本空间是认识随机现象的第一步．

【例 1.1.3】 下面给出随机现象的样本空间．

（1）掷一颗骰子的样本空间 $\Omega_1=\{\omega_1,\omega_2,\omega_3,\omega_4,\omega_5,\omega_6\}$，其中 ω_i（$i=1,2,3,4,5,6$）表示出现 i 点，样本空间也可直接写为 $\Omega_1=\{1,2,3,4,5,6\}$．

（2）抛一枚硬币的样本空间 $\Omega_2=\{H,T\}$，其中 H 表示正面，T 表示反面．

（3）某种型号电视机的寿命的样本空间 $\Omega_3=\{t\,|\,t\geqslant 0\}$．

（4）一天内进入某商场的顾客数的样本空间 $\Omega_4=\{0,1,2,\cdots,n,\cdots\}$．

（5）考察某地区 10 月份的平均气温的样本空间 $\Omega_5=\{t\,|\,T_1\leqslant t\leqslant T_2\}$，其中 t 表示平均气温．

（6）从一批含有正品和次品的产品中任意抽取一个产品的样本空间 $\Omega_6=\{N,D\}$，其中 N 表示正品，D 表示次品．

注意：

（1）样本空间中的元素可以是数，也可以不是数．

（2）根据样本空间含有样本点的个数来区分，样本空间可分为有限与无限两类．例如，样本空间 Ω_1、Ω_2、Ω_6 中的样本点个数为有限个，而样本空间 Ω_3、Ω_4、Ω_5 中的样本点个数为无限个．无限又分为可列与不可列，这里 Ω_4 中的样本点个数是可列个，Ω_3、Ω_5 中样本点个数是不可列个．在今后的学习中，我们往往将样本点个数为有限个或可列个的情况归为一类，称为**离散样本空间**，而将样本点个数为不可列、无限个的情况归为另一类，称为**连续样本空间**．这两类有本质的差别．

思考问题：

样本空间至少有多少个样本点？

1.1.4 随机事件

随机现象的某些样本点组成的集合，即样本空间 Ω 的子集称为**随机事件**（Random

Event），简称事件①，通常用大写字母 $A,B,C,\cdots$ 表示．在每次试验中，当且仅当这一子集中的一个样本点出现时，称这一事件发生．例如，在掷一颗骰子中，$A=$"出现点数为偶数"是一个事件，若试验结果是"出现 2 点"，则称事件 A 发生．

注意：

（1）任何事件 A 对应样本空间的一个子集．在概率论中常用一个长方形表示样本空间 Ω，用其中一个圆或其他几何图形表示事件 A，即事件 A 的维恩图，如图 1.1.1 所示．

（2）事件 A 发生是指当且仅当 A 中某个样本点出现了．例如，当 $\omega_1(\in A)$ 出现时，则 A 发生；当 $\omega_2(\notin A)$ 出现时，则 A 不发生．

（3）事件可以用集合表示，也可用准确的语言描述．

（4）样本空间 Ω 中单个样本点组成的子集称为**基本事件**．必然发生的事件称为**必然事件**，记为 Ω；不可能发生的事件称为**不可能事件**，记为 $\varnothing$．

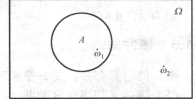

图 1.1.1　事件 A 的维恩图

思考问题：

样本空间的最大子集是什么事件？最小子集是什么事件？

【**例 1.1.4**】　抛一颗骰子的随机试验 E，样本空间记为 $\Omega=\{1,2,3,4,5,6\}$，请写出下列事件．

（1）事件 $A=$"出现 2 点"；

（2）事件 $B=$"出现点数小于 7"；

（3）事件 $C=$"出现点数大于 6"．

分析：事件 A 是 Ω 的单个样本点"2"组成的事件，是一个基本事件；事件 B 是由 Ω 的所有样本点组成的事件，是必然事件；事件 C 不可能发生，Ω 的任意样本点都不在事件 C 中，事件 C 是不可能事件．

答：（1）$A=\{2\}$；

（2）$B=\{1,2,3,4,5,6\}$；

（3）$C=\varnothing$．

1.1.5　事件间的关系

事件是一个集合，因而事件间的关系可以对比集合之间的关系来处理．下面的讨论假设在同一样本空间 Ω 中进行，主要有以下几种关系．

（1）包含关系

集合语言：属于集合 A 的元素必属于集合 B．

概率论语言：若事件 A 发生必然导致事件 B 发生，则称事件 A 包含于事件 B（或称事件 B 包含事件 A）．

记为 $A\subset B$（或 $B\supset A$）．

对于任一事件 A，有 $\varnothing\subset A\subset\Omega$．

---

① 严格地说，事件是指 Ω 中满足某些条件的子集．当 Ω 由有限个元素或无限可列个元素组成时，每个子集都可作为一个事件．当 Ω 由不可列无限个元素组成时，某些子集必须排除在外．幸而这种不可容许的子集在实际应用中几乎不会遇到．今后，我们讲的事件均指它是容许考虑的那种子集．

（2）相等关系

集合语言：属于集合 A 的元素必属于集合 B，而且属于集合 B 的元素必属于集合 A.

概率论语言：若事件 A 发生必然导致事件 B 发生，且事件 B 发生必然导致事件 A 发生（$A \subset B$ 且 $B \supset A$），则称事件 A 与 B 相等（或等价）.

记为 $A = B$.

（3）互不相容

集合语言：若集合 A 与集合 B 没有相同的元素，则称集合 A 与集合 B 互不相容.

概率论语言：事件 A 与事件 B 不可能同时发生.

记为 $A \bigcap B = \varnothing$.

1.1.6　事件间的运算

事件的运算有并、交、差和对立四种，与集合的并、交、差和补集运算相当.

（1）事件 A 与事件 B 的并

集合语言："由集合 A 与 B 中所有的元素（相同的只计入一次）"组成的新集合.

概率论语言："事件 A 与 B 中至少有一个发生"的事件称为 A 与 B 的并（和）.

记为 $A \bigcup B$.

如：若 $A = \{1,2,3\}$，$B = \{1,2,5\}$，则 $A \bigcup B = \{1,2,3,5\}$.

（2）事件 A 与事件 B 的交（积）

集合语言："由事件 A 与 B 中公共的元素"组成的新集合.

概率论语言："事件 A 与 B 同时发生"的事件.

记为 $A \bigcap B$ 或 AB.

如：若 $A = \{1,2,3\}$，$B = \{1,2,5\}$，则 $A \bigcap B = \{1,2\}$.

（3）事件 A 与事件 B 的差

集合语言："由属于集合 A 而不属于集合 B 中的元素"组成的新集合.

概率论语言："事件 A 发生而 B 不发生".

记为 $A - B$.

如：若 $A = \{1,2,3\}$，$B = \{1,2,5\}$，则 $A - B = \{3\}$.

（4）对立事件

集合语言："由属于 Ω 而不属于集合 A 中的元素"组成的新集合称为集合 A 的对立事件.

概率论语言：A 不发生，记为 $\overline{A}$，即 $\overline{A} = \Omega - A$.

若 $A \bigcup B = \Omega$ 且 $A \bigcap B = \varnothing$，则称事件 A 与事件 B 互为逆事件（对立事件）. A 的对立事件记为 $\overline{A}$，$\overline{A}$ 是由所有不属于 A 的样本点组成的事件，它表示" A 不发生"事件. 显然 $\overline{A} = \Omega - A$.

注意：

1. 对立事件是相互的，即 A 的对立事件是 $\overline{A}$，$\overline{A}$ 的对立事件是 A（$\overline{\overline{A}} = A$）.

2. 必然事件 Ω 与不可能事件 $\varnothing$ 互为对立事件，即 $\overline{\Omega} = \varnothing$，$\overline{\varnothing} = \Omega$.

思考问题：

对立事件一定是互不相容的事件，互不相容的事件一定是对立事件吗？为什么？

可以验证一般事件的运算满足如下关系：

1. 交换律　　$A \bigcup B = B \bigcup A$，$A \bigcap B = B \bigcap A$ 或者 $AB = BA$；

2．结合律　$A\cup(B\cup C)=(A\cup B)\cup C$，

$A\cap(B\cap C)=(A\cap B)\cap C$ 或者 $A(BC)=(AB)C$；

3．分配律　$A\cup(B\cap C)=(A\cup B)\cap(A\cup C)$，

$A\cap(B\cup C)=(A\cap B)\cup(A\cap C)$；

分配律可以推广到有穷或可列无穷的情形，即

$$A\cap\left(\bigcup_{i=1}^{n}A_i\right)=\bigcup_{i=1}^{n}(A\cap A_i),\qquad A\cup\left(\bigcap_{i=1}^{n}A_i\right)=\bigcap_{i=1}^{n}(A\cup A_i);$$

$$A\cap\left(\bigcup_{i=1}^{\infty}A_i\right)=\bigcup_{i=1}^{\infty}(A\cap A_i),\qquad A\cup\left(\bigcap_{i=1}^{\infty}A_i\right)=\bigcap_{i=1}^{\infty}(A\cup A_i).$$

4．对偶律（德·摩根公式）

事件交的对立等于对立的并：$\overline{A\cap B}=\overline{A}\cup\overline{B}$

事件并的对立等于对立的交：$\overline{A\cup B}=\overline{A}\cap\overline{B}$

对有限个或可列无穷个 A_i，恒有

$$\overline{\bigcup_{i=1}^{n}A_i}=\bigcap_{i=1}^{n}\overline{A_i},\qquad \overline{\bigcap_{i=1}^{n}A_i}=\bigcup_{i=1}^{n}\overline{A_i};$$

$$\overline{\bigcup_{i=1}^{\infty}A_i}=\bigcap_{i=1}^{\infty}\overline{A_i},\qquad \overline{\bigcap_{i=1}^{\infty}A_i}=\bigcup_{i=1}^{\infty}\overline{A_i}.$$

5．概率论与集合论之间的对应关系.

概率论与集合论之间的对应关系如表 1.1.1 所示.

表 1.1.1　概率论与集合论之间的对应关系

记　号	概　率　论	集　合　论
Ω	样本空间，必然事件	全集
$\varnothing$	不可能事件	空集
ω	基本事件	元素
A	事件	子集
$\overline{A}$	集合 A 的对立事件	集合 A 的余集
$A\subset B$	事件 A 发生导致 B 发生	集合 A 是集合 B 的子集
$A=B$	事件 A 与事件 B 相等	集合 A 与集合 B 的相等
$A\cup B$	事件 A 与事件 B 至少有一个发生	集合 A 与集合 B 的和集
AB	事件 A 与事件 B 同时发生	集合 A 与集合 B 的交集
$A-B$	事件 A 发生而事件 B 不发生	集合 A 与集合 B 的差集
$AB=\varnothing$	事件 A 和事件 B 互不相容	集合 A 与集合 B 没有相同的元素

以上事件的关系及运算可以用维恩图来直观地描述. 若用平面上一个矩形表示样本空间 Ω，圆 A 与圆 B 分别表示事件 A 与事件 B，则 A 与 B 的各种关系及其运算如图 1.1.2～图 1.1.7 所示.

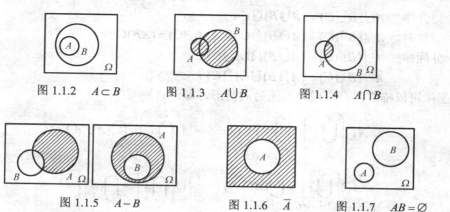

图 1.1.2 $A \subset B$　　图 1.1.3 $A \cup B$　　图 1.1.4 $A \cap B$

图 1.1.5 $A-B$　　　　图 1.1.6 $\overline{A}$　　图 1.1.7 $AB=\varnothing$

【例 1.1.5】 甲、乙、丙三人各射一次靶，记 A 表示"甲中靶"，B 表示"乙中靶"，C 表示"丙中靶"，则可用上述三个事件的运算来分别表示下列各事件：

（1）"甲未中靶"：　　　　　　$\overline{A}$

（2）"甲中靶而乙未中靶"：　　$A\overline{B}$

（3）"三人中只有丙未中靶"：　$AB\overline{C}$

（4）"三人中恰好有一人中靶"：$A\overline{B}\,\overline{C} \cup \overline{A}B\overline{C} \cup \overline{A}\,\overline{B}C$

（5）"三人中至少有一人中靶"：$A \cup B \cup C$

（6）"三人中至少有一人未中靶"：$\overline{A} \cup \overline{B} \cup \overline{C}$ 或 $\overline{ABC}$

（7）"三人中恰有两人中靶"：　$AB\overline{C} \cup A\overline{B}C \cup \overline{A}BC$

（8）"三人中至少有两人中靶"：$AB \cup AC \cup BC$

（9）"三人均未中靶"：　　　　$\overline{A}\,\overline{B}\,\overline{C}$

（10）"三人中至多有一人中靶"：$\overline{A}\,\overline{B}\,\overline{C} \cup A\overline{B}\,\overline{C} \cup \overline{A}B\overline{C} \cup \overline{A}\,\overline{B}C$

（11）"三人中至多有两人中靶"：$\overline{ABC}$ 或 $\overline{A} \cup \overline{B} \cup \overline{C}$

注：用其他事件的运算来表示一个事件，方法往往不唯一，如例 1.1.5 中的（6）和（11）实际上是同一事件，读者应学会用不同方法表达同一事件，特别是在解决具体问题时，往往要根据需要选择一种恰当的表示方法.

习题 1.1

1. 写出下列随机试验的样本空间及下列事件包含的样本点.

（1）掷一颗骰子，出现奇数点.

（2）掷两颗骰子，$A=$ "出现点数之和为奇数，且恰好其中有一个 1 点"，$B=$ "出现点数之和为偶数，但没有一颗骰子出现 1 点".

（3）将一枚硬币抛两次，$A=$ "第一次出现正面"，$B=$ "至少有一次出现正面"，$C=$ "两次出现同一面".

2. 设 A、B、C 为三个事件，试用 A、B、C 的运算关系式表示下列事件：

（1）A 发生，B、C 都不发生；

（2）A 与 B 发生，C 不发生；

（3）A、B、C 都发生；

（4）A、B、C 至少有一个发生；

（5）A、B、C 都不发生；

（6）A、B、C 不都发生；

（7）A、B、C 至多有两个发生；

（8）A、B、C 至少有两个发生；

（9）A、B、C 不多于一个发生；

（10）A、B、C 至少有一个不发生.

3．指出下列各等式命题是否成立，并说明理由：

（1）$A \cup B = (A\overline{B}) \cup B$；

（2）$\overline{AB} = A \cup B$；

（3）$\overline{A \cup B} \cap C = \overline{ABC}$；

（4）$(AB)(A\overline{B}) = \varnothing$；

（5）若 $A \cup C = C \cup B$，则 $A = B$；

（6）若 $A - C = B - C$，则 $A = B$；

（7）若 $AC = BC$，则 $A = B$；

（8）若 $AB = \varnothing$，则 $\overline{AB} = \varnothing$.

4．化简下列事件：

（1）$(\overline{A} \cup B)(\overline{A} \cup B)$；　（2）$A\overline{B} \cup \overline{A}B \cup \overline{AB}$；　（3）$A \cap (B \cup \overline{B})$.

5．证明：$A - B = A\overline{B} = A - AB$.

6．从某学院学生中任选一名学生. 若事件 A 表示该生是男生，事件 B 表示该生是大学一年级学生，事件 C 表示该生是贫困生.

（1）叙述 $AB\overline{C}$ 的意义.

（2）在什么条件下 $ABC = B$ 成立？

（3）在什么条件下 $\overline{A} \subset B$ 成立？

7．一名射击选手连续向某个目标射击三次，事件 A_i 表示第 i（$i=1,2,3$）次射击时击中目标，试用文字描述下列事件：$A_1 \cup A_2$；A_2；$A_1A_2A_3$；$A_1 \cup A_2 \cup A_3$；$A_3 - A_2$；$\overline{A_2A_3}$；$\overline{A_1 \cup A_2}$；$\overline{A_2A_3}$；$(A_1A_2) \cup (A_2A_3) \cup (A_1A_3)$.

8．从 N 件产品中任意抽取 M（$M \leqslant N$）件，设 A 表示"至少有一件次品"，B 表示"至多有一件次品"，则 $\overline{A}$、$\overline{B}$ 及 AB 各表示什么事件？

9．检验某种圆柱形产品时，要求长度与直径都符合要求时才算合格品，$A =$"产品合格"，$B = $"长度合格"，$C = $"直径合格"，试讨论：

（1）A 与 B、C 之间的关系；

（2）$\overline{A}$ 与 $\overline{B}$ $\overline{C}$ 之间的关系.

1.2   随机事件的概率

对一个随机事件 A，在一次随机试验中是否会发生，事先不能确定. 人们常常希望了解某些事件在一次试验中发生的可能性的大小. 为此，首先引入频率的概念，它描述了事件发生的频繁程度，进而引出表示事件在一次试验中发生的可能性大小的数——概率.

1.2.1　频率

定义 1.2.1　若在相同条件下进行 n 次试验，其中事件 A 在 n 次试验中发生了 k 次，则称 $f_n(A)=\dfrac{k}{n}$ 为事件 A 在这 n 次试验中发生的**频率**（Frequency）.

由上述定义容易推知，频率具有下述基本性质：

1. 对任一事件 A，有 $0\le f_n(A)\le 1$；
2. 对必然事件 Ω，有 $f_n(\Omega)=1$；
3. 设 $A_1,A_2,\cdots,A_n$ 是两两互不相容的事件，则

$$f_n(A_1\bigcup A_2\bigcup\cdots\bigcup A_n)=f_n(A_1)+f_n(A_2)+\cdots+f_n(A_n).$$

特别地，当事件 A、B 互不相容，则

$$f_n(A\bigcup B)=f_n(A)+f_n(B).$$

事件 A 发生的频率 $f_n(A)$ 表示 A 发生的频繁程度，频率越大，则事件 A 发生得越频繁，在一次试验中，A 发生的可能性也就大. 反之亦然. 因而，直观的想法是用 $f_n(A)$ 表示 A 在一次试验中发生可能性的大小. 但是，由于试验的随机性，即使同样是进行 n 次试验，$f_n(A)$ 的值也不一定相同. 但大量实验证实，随着重复试验次数 n 的增大，频率 $f_n(A)$ 会逐渐稳定于某个常数附近，而偏离的可能性很小. 频率具有"稳定性"这一事实，说明了刻画事件 A 发生可能性大小的数——概率具有一定的客观存在性（严格来说，这是一个理想的模型，因为实际上并不能绝对保证在每次试验时，条件都保持完全一样，这只是一个理想的假设）.

【例 1.2.1】　抛硬币的试验.

历史上有不少人做过抛硬币试验，其结果如表 1.2.1 所示，从表中的数据可以看出：出现正面的频率逐渐稳定在 0.5. 用频率的方法可以说：正面出现的可能性的大小为 0.5.

表 1.2.1　历史上抛硬币试验的若干结果

试 验 者	掷硬币次数	出现正面次数	出现正面的频率
德·摩根	2048	1061	0.5181
蒲丰	4040	2048	0.5069
费勒	10000	4979	0.4979
皮尔逊	12000	6019	0.5016
皮尔逊	24000	12012	0.5005

每个事件都存在一个这样的常数与之对应，当 n 无限增大时，可将频率 $f_n(A)$ 逐渐趋向稳定的这个常数定义为事件 A 发生的**概率**. 这就是概率的统计定义.

定义 1.2.2　在相同条件下重复进行 n 次试验，若事件 A 发生的频率 $f_n(A)=\dfrac{k}{n}$ 随着试验次数 n 的增大而稳定地在某个常数 p（$0\le p\le 1$）附近，则称 p 为事件 A 发生的概率，记为 $P(A)$.

频率的稳定值是概率的外在表现，并非概率的本质. 据此确定某事件的概率是困难的，但当进行大量重复试验时，频率会接近稳定值，因此，在实际应用时，往往是用试验次数足够大的频率来估计概率的大小，且随着试验次数的增大，估计的精度会越来越高.

为了理论研究的需要，我们从频率的稳定性和频率的基本性质得到启发，给出概率的公理化定义.

1.2.2　概率的公理化定义

定义 1.2.3　设 Ω 为样本空间，A 为事件，对于每一个事件 A 赋予一个实数，记为 $P(A)$，若 $P(A)$ 满足以下三条公理：

1．非负性：对每一个事件 A，有 $P(A) \geqslant 0$；
2．规范性：$P(\Omega) = 1$；
3．可列可加性：对于两两互不相容的可列无穷多个事件 $A_1, A_2, \cdots, A_n, \cdots$，有

$$P\left(\bigcup_{n=1}^{\infty} A_n\right) = \sum_{n=1}^{\infty} P(A_n),$$

则称实数 $P(A)$ 为事件 A 的概率（Probability）.

在概率论发展史上，概率有很多的定义，如概率的古典定义、概率的几何定义、概率的频率定义和概率的主观定义，但是这些定义只能适合一类随机现象，而不适合所有的随机现象. 1900 年数学家希尔伯特（Hilbert，1862—1943 年）在巴黎第二届国际数学家大会上公开提出要建立概率的公理化体系. 直到 1933 年苏联数学家柯尔莫格洛夫（Kolmogorov，1903—1987 年）在他的《概率论基本概率》（丁涛田译，1952 年）一书中首次提出了概率的公理化定义，这个定义既概括了历史上几种概率定义中的共同特性，又避免了各自的局限性和含混之处，不论是何种随机现象，只有满足该定义中的三条公理，才能说它是概率. 这一公理化体系的出现迅速得到举世公认，为现代概率论发展打下坚实的基础，从此数学界才承认概率论是数学的一个分支. 有了这个公理化的体系之后，概率论得到快速发展. 这个公理化体系是概率论发展史上的一个里程碑. 由概率公理化定义（非负性、正则性和可列可加性）可以导出概率的一系列性质.

1.2.3　概率的性质

性质 1.2.1　$P(\varnothing) = 0$.
证明　令 $A_n = \varnothing$ $(n = 1, 2, \cdots)$，则

$$\bigcup_{n=1}^{\infty} A_n = \varnothing，\text{且} A_i A_j = \varnothing \ (i \neq j, \ i, j = 1, 2, \cdots).$$

由概率的可列可加性得

$$P(\varnothing) = P\left(\bigcup_{n=1}^{\infty} A_n\right) = \sum_{n=1}^{\infty} P(A_n) = \sum_{n=1}^{\infty} P(\varnothing),$$

而由 $P(\varnothing) \geqslant 0$ 及上式，知 $P(\varnothing) = 0$.

思考问题：
不可能事件的概率为 0，概率为 0 的事件一定是不可能事件吗？
性质 1.2.2（有限可加性）　若 $A_1, A_2, \cdots, A_n$ 为两两互不相容事件，则有

$$P\left(\bigcup_{k=1}^{n} A_k\right) = \sum_{k=1}^{n} P(A_k)$$

证明　令 $A_{n+1}=A_{n+2}=\cdots=\varnothing$，则 $A_iA_j=\varnothing$．当 $i\neq j$，$i,j=1,2,\cdots$ 时，由可列可加性，得

$$P\left(\bigcup_{k=1}^{n}A_k\right)=P\left(\bigcup_{k=1}^{\infty}A_k\right)=\sum_{k=1}^{\infty}P(A_k)=\sum_{k=1}^{n}P(A_k).$$

性质 1.2.3（对立事件公式）　对于任一事件 A，有

$$P(\overline{A})=1-P(A).$$

证明　因为 $\overline{A}\cup A=\Omega$，$\overline{A}\cap A=\varnothing$，由有限可加性，得

$$1=P(\Omega)=P(\overline{A}\cup A)=P(\overline{A})+P(A),$$

即

$$P(\overline{A})=1-P(A).$$

【例 1.2.2】　一颗骰子掷 4 次，求至少出现一次 6 点的概率．

解　用对立事件进行计算，记 $A=$ "至少出现一次 6 点"，则 $\overline{A}=$ "一次 6 点都不出现"，于是所求概率为

$$P(A)=1-P(\overline{A})=1-\frac{5^4}{6^4}\approx 0.5177.$$

性质 1.2.4　设 A、B 是两个事件，若 $A\subset B$，则有

$$P(B-A)=P(B)-P(A).$$

证明　由 $A\subset B$ 知，$B=A\cup(B-A)$ 且 $A\cap(B-A)=\varnothing$．
再由概率的有限可加性，有

$$P(B)=P(A\cup(B-A))=P(A)+P(B-A),$$

即

$$P(B-A)=P(B)-P(A).$$

推论 1.2.1（单调性）　若 $A\subset B$，则 $P(A)\leqslant P(B)$．

推论 1.2.2　对任一事件 A，$P(A)\leqslant 1$．

证明　因为 $A\subset\Omega$，由推论 1.2.1 得 $P(A)\leqslant P(\Omega)=1$．

思考问题：

若 $P(A)\leqslant P(B)$，能否得出 $A\subset B$ 成立？

性质 1.2.5　$P(A-B)=P(A)-P(AB)$．

证明　因为 $A-B=A-AB$，且 $AB\subset A$，所以由性质 1.2.4 得

$$P(A-B)=P(A-AB)=P(A)-P(AB),$$

结论得证．

性质 1.2.6（加法公式）　对于任意两个事件 A、B 有

$$P(A\cup B)=P(A)+P(B)-P(AB).$$

证明　因为 $A\cup B=A\cup(B-AB)$ 且 $A\cap(B-AB)=\varnothing$．
由性质 1.2.2、1.2.4 得

$$P(A\cup B)=P(A\cup(B-AB))=P(A)+P(B-AB)=P(A)+P(B)-P(AB).$$

性质 1.2.6 还可推广到三个事件的情形. 例如，设 A_1、A_2、A_3 为任意三个事件，则有

$$P(A_1 \bigcup A_2 \bigcup A_3) = P(A_1) + P(A_2) + P(A_3) - P(A_1 A_2) - P(A_2 A_3) - P(A_1 A_3) + P(A_1 A_2 A_3).$$

一般地，设 $A_1, A_2, \cdots, A_n$ 为任意 n 个事件，可由归纳法证得

$$P(A_1 \bigcup \cdots \bigcup A_n) = \sum_{i=1}^{n} P(A_i) - \sum_{1 \le i < j \le n} P(A_i A_j) + \sum_{1 \le i < j < k \le n} P(A_i A_j A_k) - \cdots + (-1)^{n-1} P(A_1 A_2 \cdots A_n).$$

推论 1.2.3（半可加性） 对任意两个事件 A、B 有

$$P(A \cup B) \le P(A) + P(B).$$

对任意 n 个事件 $A_1, A_2, \cdots, A_n$，有

$$P\left(\bigcup_{k=1}^{n} A_k\right) \le \sum_{k=1}^{n} P(A_k).$$

【例 1.2.3】 设 A、B 为两个事件，$P(A) = 0.5$，$P(B) = 0.3$，$P(AB) = 0.1$，求：

（1）A 发生但 B 不发生的概率；

（2）A 不发生但 B 发生的概率；

（3）A、B 至少有一个事件发生的概率；

（4）A、B 都不发生的概率；

（5）A、B 至少有一个事件不发生的概率.

解　（1）$P(A\bar{B}) = P(A - B) = P(A - AB) = P(A) - P(AB) = 0.5 - 0.1 = 0.4$；

（2）$P(\bar{A}B) = P(B - AB) = P(B) - P(AB) = 0.3 - 0.1 = 0.2$；

（3）$P(A \bigcup B) = P(A) + P(B) - P(AB) = 0.5 + 0.3 - 0.1 = 0.7$；

（4）$P(\bar{A}\bar{B}) = P(\overline{A \bigcup B}) = 1 - P(A \bigcup B) = 1 - 0.7 = 0.3$；

（5）$P(\bar{A} \bigcup \bar{B}) = P(\overline{AB}) = 1 - P(AB) = 1 - 0.1 = 0.9$.

公理化定义没有告诉人们如何去计算概率. 历史上在公理化定义出现之前,概率的频率定义、古典定义、几何定义和主观定义都在一定的场合下有着各自计算概率的方法,所以在有了概率的公理化定义之后,把它们视为计算概率的方法是恰当的. 前面已经介绍了确定概率的频率方法,虽然用频率的方法确定概率合理,但是不可能一个试验无限次地重复下去,所以获得精确的频率稳定值很困难. 下面分别介绍确定概率的古典方法、几何方法和主观方法.

1.2.4　计算概率的古典方法

定义 1.2.4 若随机试验 E 满足以下条件：

（1）试验的样本空间 Ω 只有有限个样本点，即

$$\Omega = \{\omega_1, \omega_2, \cdots, \omega_n\};$$

（2）试验中每个基本事件的发生是等可能的，即

$$P(\omega_1) = P(\omega_2) = \cdots = P(\omega_n),$$

则称此试验为**古典概型**，或**等可能概型**. 在概率论的产生和发展过程中，它是最早的研究对象，且在实际中也是最常用的一种概率模型. 在古典概型的条件下，我们来推导事件发生的

概率的计算公式. 设事件 A 包含其样本空间 Ω 中 k 个基本事件, 则事件 A 发生的概率

$$P(A) = \frac{A \text{ 包含的基本事件数}}{\Omega \text{ 中基本事件总数}} = \frac{k}{n}.$$

称此概率为**古典概率**. 这种确定概率的方法称为古典方法. 这就把求古典概率的问题转化为对基本事件的计数问题.

【例 1.2.4】 一个袋子中装有 10 个大小相同的球, 其中 3 个黑球, 7 个白球, 求:

（1）从袋子中任取一球, 这个球是黑球的概率;

（2）从袋子中任取两球, 刚好取到一个白球和一个黑球的概率, 以及两个球全是黑球的概率.

解 （1）10 个球中任取一个, 共有 $C_{10}^1 = 10$ 种可能.

根据古典概率计算, 事件 A: "取到的球为黑球" 的概率为 $P(A) = \dfrac{C_3^1}{C_{10}^1} = \dfrac{3}{10}$.

（2）10 球中任取两球的取法有 C_{10}^2 种, 其中刚好一个白球和一个黑球的取法有 $C_3^1 C_7^1$ 种取法, 两个球均是黑球的取法有 C_3^2 种, 记 B 为事件 "刚好取到一个白球和一个黑球", C 为事件 "两个球均为黑球", 则

$$P(B) = \frac{C_3^1 C_7^1}{C_{10}^2} = \frac{21}{45} = \frac{7}{15}, \qquad P(C) = \frac{C_3^2}{C_{10}^2} = \frac{3}{45} = \frac{1}{15}.$$

【例 1.2.5】 将标号为 1、2、3、4 的 4 个大小相同的球随意地排成一行, 求下列各事件的概率:

（1）各球自左至右或自右至左恰好排成 1、2、3、4 的顺序;

（2）第 1 号球排在最右边或最左边;

（3）第 1 号球与第 2 号球相邻;

（4）第 1 号球排在第 2 号球的右边（不一定相邻）.

解 将 4 个球随意地排成一行有 4!=24 种排法, 即基本事件总数为 24.

记（1）、（2）、（3）、（4）的事件分别为 A、B、C、D.

（1）A 中有两种排法, 故有 $P(A) = \dfrac{2}{24} = \dfrac{1}{12}$;

（2）B 中有 $2 \times 3! = 12$ 种排法, 故有 $P(B) = \dfrac{12}{24} = \dfrac{1}{2}$;

（3）先将第 1、2 号球排在任意相邻两个位置, 共有 2×3 种排法, 其余两个球可在其余两个位置任意排放, 共有 2! 种排法, 因而 C 有 $2 \times 3 \times 2 = 12$ 种排法, 故 $P(C) = \dfrac{12}{24} = \dfrac{1}{2}$;

（4）第 1 号球排在第 2 号球的右边的每一种排法, 交换第 1 号球和第 2 号球的位置便对应于第 1 号球排在第 2 号球的左边的一种排法, 反之亦然.

因而第 1 号球排在第 2 号球的右边与第 1 号球排在第 2 号球的左边的排法种数相同, 各占总排法数的 $\dfrac{1}{2}$, 故有 $P(D) = \dfrac{1}{2}$.

【例 1.2.6】 有 n 个人, 每个人都以同样的概率 $\dfrac{1}{N}$ 被分配在 N ($n<N$) 间房的任一间中, 求恰好有 n 个房间, 其中各住一人的概率.

解 每个人都有 N 种分法, 这是可重复排列问题, n 个人共有 N^n 种不同分法. 因为没有

指定是哪几间房，所以首先选出 n 间房，有 C_N^n 种选法. 对于其中每一种选法，每间房各住一人共有 $n!$ 种分法，故所求概率为

$$p = \frac{C_N^n n!}{N^n}.$$

许多直观背景很不相同的实际问题，都和本例具有相同的数学模型. 比如生日问题：假设每人的生日在一年 365 天中的任一天是等可能的，那么随机选取 n（$n \leqslant 36$）个人，他们的生日各不相同的概率为

$$p_1 = \frac{C_{365}^n n!}{365^n},$$

因而 n 个人中至少有两个人生日相同的概率为

$$p_2 = 1 - \frac{C_{365}^n n!}{365^n}.$$

如当 $n = 64$ 时，$p_2 \approx 0.997$，这表示在仅有 64 人的班级里，"至少有两人生日相同"的概率与 1 相差无几，因此几乎总是会出现的. 这个结果也许会让大多数人惊奇，因为"一个班级中至少有两人生日相同"的概率并不如人们直觉中想象得那样小，而是相当大. 这也告诉我们，"直觉"并不很可靠，说明研究随机现象统计规律是非常重要的.

1.2.5　计算概率的几何方法

上述古典概型的计算只适用于具有等可能性的有限样本空间，若试验结果无穷多，则它显然已不适合. 为了克服有限的局限性，可将古典概型的计算加以推广.

设试验具有以下特点：

（1）样本空间 Ω 是一个几何区域，这个区域大小可以度量（如长度、面积、体积等），并把 Ω 的度量记为 $\mu(\Omega)$.

（2）向区域 Ω 内任意投掷一个点，落在区域内任一个点处都是"等可能的"。或者设落在 Ω 中的区域 A 内的可能性与 A 的度量 $\mu(A)$ 成正比，与 A 的位置和形状无关.

不妨也用 A 表示"掷点落在区域 A 内"的事件，那么事件 A 的概率可用下列公式计算：

$$P(A) = \frac{\mu(A)}{\mu(\Omega)}$$

称为**几何概率**，这种类型的概率称为**几何概型**.

注意：若样本空间 Ω 为一条线段或一个空间立体，则向 Ω "投点"的相应概率仍可用 $P(A) = \mu(A)/\mu(\Omega)$ 确定，但 $\mu(A)$ 应理解为长度或体积.

【例 1.2.7（会面问题）】 甲、乙两人相约在 7 点到 8 点之间在某地会面，先到者等候另一人 20 分钟，过时就离开. 如果每个人可在指定的一小时内任意时刻到达，试计算两人能够会面的概率.

解 记 7 点为计算时刻的 0 时，以分钟为单位，x、y 分别记甲、乙达到指定地点的时刻，则样本空间为 $\Omega = \{(x,y) \mid 0 \leqslant x \leqslant 60, 0 \leqslant y \leqslant 60\}$. 设 A 表示事件"两人能会面"，则显然有 $A = \{(x,y) \mid (x,y) \in \Omega, |x-y| \leqslant 20\}$，如图 1.2.1 所示，根据题意，这是一个几何概型问题，于是

$$P(A) = \frac{\mu(A)}{\mu(\Omega)} = \frac{60^2 - 40^2}{60^2} = \frac{5}{9}.$$

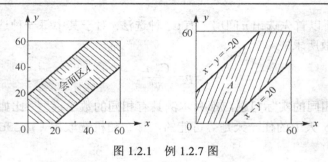

图 1.2.1 例 1.2.7 图

【例 1.2.8】 在区间 $(0,1)$ 内任取两个数, 求这两个数的乘积小于 $\frac{1}{4}$ 的概率.

解 设在 $(0,1)$ 内任取两个数为 x、y, 则
$$0 < x < 1, \quad 0 < y < 1$$
即样本空间是由点 (x,y) 构成的边长为 1 的正方形 Ω, 其面积为 1.

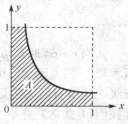

图 1.2.2 例 1.2.8 图

令 A 表示"两个数乘积小于 1/4", 则
$$A = \left\{ (x,y) \mid 0 < xy < \frac{1}{4}, 0 < x < 1, 0 < y < 1 \right\}$$

事件 A 所围成的区域如图 1.2.2 所示, 则所求概率
$$P(A) = \frac{1 - \int_{\frac{1}{4}}^{1} \mathrm{d}x \int_{\frac{1}{4x}}^{1} \mathrm{d}y}{1} = \frac{1 - \int_{\frac{1}{4}}^{1} \left(1 - \frac{1}{4x}\right)\mathrm{d}x}{1} = 1 - \frac{3}{4} + \int_{\frac{1}{4}}^{1} \frac{1}{4x}\mathrm{d}x = \frac{1}{4} + \frac{1}{2}\ln 2.$$

1.2.6 计算概率的主观方法

在现实世界中, 有些随机现象是不能重复的或不能大量重复的, 这时有关事件的概率如何确定呢?

统计界的贝叶斯学派认为: 一个事件的概率是人们根据经验对该事件发生的可能性所给出的个人信念. 这样给出的概率称为**主观概率**.

这种利用经验确定随机事件发生可能性大小的例子是很多的, 人们也常依据某些主观概率来行事.

【例 1.2.9】 用主观方法确定概率的例子.

(1) 一位高中班主任根据自己多年的教学经验及对张三、李四两学生的平时学习情况的了解, 认为"张三能考取重点大学"的可能性为 90%, "李四能考取重点大学"的可能性为 20%.

(2) 一位心脏病医生根据自己多年的临床经验和一位患者的病情, 认为"此次心脏移植手术成功"的可能性为 91%.

(3) 一位商家根据他多年的经验和目前的一些市场信息, 认为"某项新的电子产品在未来市场上畅销"的可能性为 85%.

从以上的例子可以看出:

(1) 主观概率和主观臆造有着本质上的不同, 前者要求当事人对所考察的事件有透

彻的了解和丰富的经验，甚至是这一行的专家，并能对历史信息和当时信息进行仔细分析，如此确定的主观概率是可信的．从某种意义上说，不利用这些丰富的经验也是一种浪费．

（2）用主观方法得出的随机事件发生的可能性大小，本质上是对随机事件概率的一种推断和估计．虽然结论的精确性有待实践和修正，但结论的可信性在统计意义上是有价值的．

（3）在遇到随机现象无法大量重复时，用主观方法去做决策和判断是适合的．从这点看，主观方法至少是概率方法的一种补充．

另外要说明的是，主观概率的确定除根据自己的经验外，决策者还可以利用别人的经验．例如，对一项有风险的投资，决策者向某位专家咨询的结果为"成功的可能性为 60%"．而决策者很熟悉这位专家，认为专家的估计往往是偏保守的、过分谨慎的．为此决策者将结论修改为"成功的可能性为 70%"．主观给定的概率要符合公理化的定义．

习题 1.2

1．将一枚硬币抛掷三次，求：
（1）恰有一次出现正面的概率；
（2）至少有一次出现正面的概率．

2．将 3 个球随机放入 4 个杯子中，问杯子中球的个数最多为 1、2、3 的概率各是多少？

3．将 15 名新生（其中有 3 名优秀生）随机地分配到三个班级中，其中一班 4 名，二班 5 名，三班 6 名，求：
（1）每一个班级各分配到一名优秀生的概率；
（2）3 名优秀生被分配到一个班级的概率．

4．对一个 7 人团队小组考虑生日问题：
（1）求 7 个人的生日都在星期日的概率；
（2）求 7 个人的生日都不在星期日的概率；
（3）求 7 个人的生日不都在星期日的概率．

5．六根草，头两两相接、尾两两相接，求成环的概率．

6．n 个人围一圆桌坐，求甲、乙两人相邻而坐的概率．

7．n 个人坐成一排，求甲、乙两人相邻而坐的概率．

8．两颗骰子掷 24 次，求至少出现一次双 6 点的概率．

9．从 $1,2,\cdots,9$ 中返回取 n 次，求取出的 n 个数的乘积能被 10 整除的概率．

10．观察某地区未来 5 天的天气情况，记 A_i 为事件"有 i 天不下雨"，已知 $P(A_i)=iP(A_0)$，$i=1,2,3,4,5$，求下列各事件的概率：
（1）5 天均下雨；
（2）至少一天不下雨；
（3）至少一天下雨．

11．设 A、B 是两个事件，且 $P(A)=0.6$，$P(B)=0.7$，求：
（1）在什么条件下 $P(AB)$ 取到最大值？
（2）在什么条件下 $P(AB)$ 取到最小值？

12. 设 A，B、C 为三事件，且 $P(A) = P(B) = \dfrac{1}{4}$，$P(C) = \dfrac{1}{3}$ 且 $P(AB) = P(BC) = 0$，$P(AC) = \dfrac{1}{12}$，求 A、B、C 至少有一个事件发生的概率.

13. 甲、乙两名篮球运动员，投篮命中率分别为 0.8 及 0.7，每人各投了 3 次，求两人进球数相等的概率.

14. 从 5 双不同的鞋子中任取 4 只，求这 4 只鞋子中至少有两只鞋子配成一双的概率.

15. 某人午觉醒来，发觉表停了，他打开收音机，想听电台报时，设电台每逢正点时报时一次，求他（她）等待时间短于 10 分钟的概率.

16. 两人约定上午 11:00~12:00 在某地点会面，求一人要等另一人 20 分钟以上的概率.

17. 从 (0,1) 中随机地取两个数，求：

（1）两个数之和小于 $\dfrac{1}{5}$ 的概率；

（2）两个数之差小于 $\dfrac{1}{4}$ 的概率.

18. 某伞兵夜间在甲、乙两镇之间降落，求他降落的地点离甲镇至少是离乙镇距离的两倍的概率.

19. 甲、乙两船驶向同一不能同时停泊两条船的码头，它们在一昼夜内到达的时刻是等可能的，如果甲船的停泊时间是 1 小时，乙船的停泊时间是 2 小时，求它们中任何一船都不需要等候码头空出的概率.

1.3　条件概率

在解决许多概率问题时，往往需要在有某些附加信息（条件）的情况下求事件的概率. 例如，10 个人摸 10 张彩票，其中有 3 张是有奖彩票，已知第 1 个人没摸中，则第 2 个人中彩的概率是多少？已知在某事件发生的条件下求另一事件发生的概率，把求这样事件的概率称为条件概率，条件概率是概率论中的一个基本概念，也是概率论中的一个重要工具，它既可以帮助我们认识更复杂的随机事件，又可以帮助我们计算一些复杂事件的概率.

1.3.1　条件概率的定义

定义 1.3.1　设 A、B 为两个事件，且 $P(A) > 0$，则称 $\dfrac{P(AB)}{P(A)}$ 为在事件 A 发生的条件下事件 B 发生的**条件概率**，记为 $P(B \mid A)$，即

$$P(B \mid A) = \frac{P(AB)}{P(A)}.$$

【例 1.3.1】　袋中有 5 个球，有 3 个红球和 2 个白球. 现从袋中不放回地连取两个. 已知第一次取得红球，求第二次取得白球的概率.

解法 1：设 A 表示"第一次取得红球"，B 表示"第二次取得白球"，求 $P(B \mid A)$.

在 5 个球中不放回连取两球的取法有 P_5^2 种，其中，第一次取得红球的取法有 $P_3^1 P_4^1$ 种，第一次取得红球同时第二次取得白球的取法有 $P_3^1 P_2^1$ 种，所以

$$P(A) = \frac{P_3^1 P_4^1}{P_5^2} = \frac{3}{5}, \qquad P(AB) = \frac{P_3^1 P_2^1}{P_5^2} = \frac{3}{10}.$$

由定义得
$$P(B \mid A) = \frac{P(AB)}{P(A)} = \frac{\dfrac{3}{10}}{\dfrac{3}{5}} = \frac{1}{2}.$$

　　解法 2：设 A 表示"第一次取得红球"，B 表示"第二次取得白球"，依题意要求 $P(B \mid A)$．缩减样本空间 A 中的样本点数，即第一次取得红球的取法为 $P_3^1 P_4^1$，而第二次取得白球的取法有 $P_3^1 P_2^1$ 种，所以 $P(B \mid A) = \dfrac{P_3^1 P_2^1}{P_3^1 P_4^1} = \dfrac{1}{2}$．

　　把这种缩小了样本空间来求条件概率的方法称为缩小样本空间法．

　　思考问题：

　　这个例子中 $P(AB)$ 与 $P(B \mid A)$ 的区别是什么？

　　性质 1.3.1　条件概率是概率，即若设 $P(A) > 0$，则：

　　（1）非负性：对于任一事件 B，有 $P(B \mid A) \geqslant 0$；

　　（2）规范性：$P(\Omega \mid A) = 1$；

　　（3）可列可加性：$P\left(\bigcup_{i=1}^{\infty} B_i \mid A\right) = \sum_{i=1}^{\infty} P(B_i \mid A)$，其中 $B_1, B_2, \cdots, B_n, \cdots$ 为两两互不相容事件．

　　这说明条件概率符合概率定义的三条公理，故对概率已证明的结果都适用于条件概率．例如，对于任意事件 A_1、A_2，有
$$P(A_1 \bigcup A_2 \mid B) = P(A_1 \mid B) + P(A_2 \mid B) - P(A_1 A_2 \mid B).$$

又如，对于任意事件 A，有
$$P(\overline{A} \mid B) = 1 - P(A \mid B).$$

1.3.2　乘法公式

　　由条件概率定义 $P(B \mid A) = \dfrac{P(AB)}{P(A)}$，$P(A) > 0$，两边同乘以 $P(A)$ 可得 $P(AB) = P(A)P(B \mid A)$，由此可得以下定理．

　　定理 1.3.1（乘法公式）　设 $P(A) > 0$，则有
$$P(AB) = P(A)P(B \mid A).$$

　　易知，若 $P(B) > 0$，则有
$$P(AB) = P(B)P(A \mid B).$$

　　乘法定理也可推广到三个事件的情况，例如，设 A、B、C 为三个事件，且 $P(AB) > 0$，则有
$$P(ABC) = P(C \mid AB)P(AB) = P(C \mid AB)P(B \mid A)P(A).$$

　　一般地，设 n 个事件为 $A_1, A_2, \cdots, A_n$，若 $P(A_1 A_2 \cdots A_n) > 0$，则有
$$P(A_1 A_2 \cdots A_n) = P(A_1)P(A_2 \mid A_1)\ P(A_3 \mid A_1 A_2) \cdots P(A_n \mid A_1 A_2 \cdots A_{n-1}).$$

事实上，由 $A_1 \supset A_1A_2 \supset \cdots \supset A_1A_2\cdots A_{n-1}$，有 $P(A_1) \geqslant P(A_1A_2) \geqslant \cdots \geqslant P(A_1A_2\cdots A_{n-1}) > 0$. 故公式右边的条件概率每一个都有意义，由条件概率定义可知

$$P(A_1)P(A_2 \mid A_1)\ P(A_3 \mid A_1A_2)\cdots P(A_n \mid A_1A_2\cdots A_{n-1})$$

$$= P(A_1)\cdot\frac{P(A_1A_2)}{P(A_1)}\cdot\frac{P(A_1A_2A_3)}{P(A_1A_2)}\cdots\frac{P(A_1A_2\cdots A_n)}{P(A_1A_2\cdots A_{n-1})} = P(A_1A_2\cdots A_n).$$

【例 1.3.2】 一袋中装 10 个球，其中 3 个黑球、7 个白球，先后两次从中随意各取一球（不放回），求两次取到的均为黑球的概率.

分析：这一概率，我们曾用古典概型方法计算过，这里使用乘法公式来计算. 在本例中，问题本身提供了两步完成一个试验的结构，这恰恰与乘法公式的形式相应，合理地利用问题本身的结构来使用乘法公式，往往是使问题得到简化的关键.

解 设 A_i 表示事件"第 i 次取到的是黑球"（$i=1,2$），则 $A_1\bigcap A_2$ 表示事件"两次取到的均为黑球". 由题设知 $P(A_1)=\dfrac{3}{10}$，$P(A_2\mid A_1)=\dfrac{2}{9}$，于是根据乘法公式，有 $P(A_1A_2)=$

$$P(A_1)P(A_2\mid A_1) = \frac{3}{10}\times\frac{2}{9} = \frac{1}{15}.$$

【例 1.3.3】 设袋中装有 r 只红球和 t 只白球. 每次自袋中任取一只球，观察其颜色后放回，并再放入 a 只与所取出的那只球同色的球. 若在袋中连续取球四次，试求第一、二次取到红球且第三、四次取到白球的概率.

解 以 A_i（$i=1,2,3,4$）表示事件"第 i 次取到红球"，则 $\overline{A_3}$、$\overline{A_4}$ 分别表示事件第三、四次取到白球. 所求概率为

$$P(A_1A_2\overline{A_3}\,\overline{A_4}) = P(A_1)P(A_2\mid A_1)P(\overline{A_3}\mid A_1A_2)P(\overline{A_4}\mid A_1A_2\overline{A_3})$$

$$= \frac{r}{r+t}\cdot\frac{r+a}{r+t+s}\cdot\frac{t}{r+t+2a}\cdot\frac{t+a}{r+t+3a}.$$

【例 1.3.4】 设某光学仪器厂制造的透镜，第一次落下时打破的概率为 $\dfrac{1}{2}$，若第一次落下未打破，则第二次落下打破的概率为 $\dfrac{7}{10}$，若前两次落下均未打破，则第三次落下打破的概率为 $\dfrac{9}{10}$. 试求透镜落下三次而未打破的概率.

解 以 A_i（$i=1,2,3$）表示事件"透镜第 i 次落下打破"，B 表示事件"透镜落下三次而未打破". 则 $B = \overline{A_1A_2A_3}$，故有

$$P(B) = P(\overline{A_1A_2A_3}) = P(\overline{A_1})P(\overline{A_2\mid A_1})P(\overline{A_3}\mid\overline{A_2A_1}) = \left(1-\frac{1}{2}\right)\left(1-\frac{7}{10}\right)\left(1-\frac{9}{10}\right) = \frac{3}{200}.$$

1.3.3 全概率公式

定义 1.3.2 设 Ω 为样本空间，$A_1,A_2,\cdots,A_n$ 为 Ω 的一组事件，若满足

（1）$A_iA_j=\varnothing$，$i\neq j$，$i,j=1,2,\cdots,n$；

（2）$\bigcup\limits_{i=1}^{n}A_i=\Omega$.

则称 $A_1, A_2, \cdots, A_n$ 为样本空间 Ω 的**一个划分**或称为样本空间 Ω 的**一个完备事件组**. 如图 1.3.1 所示.

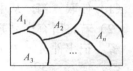

例如，A、$\overline{A}$ 就是 Ω 的一个划分.

若 $A_1, A_2, \cdots, A_n$ 是 Ω 的一个划分，则对每次试验，事件 $A_1, A_2, \cdots, A_n$ 中必有一个且仅有一个发生.

图 1.3.1 样本空间的一个划分

定理 1.3.2 （全概率公式）设 $A_1, A_2, \cdots, A_n$ 是样本空间 Ω 的一个完备事件组，且 $P(A_i) > 0$，$i = 1, 2, \cdots, n$，则对任一事件 $B \subset \Omega$，有

$$P(B) = P(A_1)P(B|A_1) + P(A_2)P(B|A_2) + \cdots + P(A_n)P(B|A_n),$$

称上述公式为**全概率公式**.

证明 显然 $B = B\Omega = B\left(\bigcup_{i=1}^{n} A_i \right) = \bigcup_{i=1}^{n} (BA_i)$.

因为 $A_i A_j = \varnothing$（$i \neq j$），所以 $(BA_i)(BA_j) = B(A_i A_j) = B\varnothing = \varnothing$（$i \neq j$），

从而 $P(B) = P\left(\bigcup_{i=1}^{n} (BA_i) \right) = \sum_{i=1}^{n} P(BA_i)$，

又因为 $P(A_i) > 0$，由乘法公式有

$$P(B) = P(A_1)P(B|A_1) + P(A_2)P(B|A_2) + \cdots + P(A_n)P(B|A_n).$$

全概率公式表明，在许多实际问题中事件 B 的概率不易直接求得，可根据具体情况构造一个完备事件组 $\{A_i\}$，使事件 B 发生的概率是各事件 A_i（$i = 1, 2, \cdots$）发生条件下引起事件 B 发生的概率的总和.

由定理 1.3.2 可知，全概率公式最简单的形式为

$$P(B) = P(A)P(B|A) + P(\overline{A})P(B|\overline{A}).$$

思考问题：

如果定理 1.3.2 中的条件 $A_1, A_2, \cdots, A_n$ 为 Ω 的一个划分改写成 $A_1, A_2, \cdots, A_n$ 互不相容，且 $B \subset \bigcup_{i=1}^{n} A_i$，那么是否有 $P(B) = \sum_{i=1}^{n} P(A_i)P(B|A_i)$ 成立？

【例 1.3.5】 人们为了解一只股票未来一定时期内价格的变化，往往会去分析影响股票价格的基本因素，比如利率的变化. 现假设人们经分析估计利率下调的概率为 60%，利率不变的概率为 40%. 根据经验，人们估计，在利率下调的情况下，该支股票价格上涨的概率为 80%，而在利率不变的情况下，其价格上涨的概率为 40%，求该只股票将上涨的概率.

解 记 A 为事件"利率下调"，那么 $\overline{A}$ 即为"利率不变"，记 B 为事件"股票价格上涨". 依题设知

$$P(A) = 60\%，\quad P(\overline{A}) = 40\%，\quad P(B|A) = 80\%，\quad P(B|\overline{A}) = 40\%.$$

于是这只股票将上涨的概率为

$$P(B) = P(A)P(B|A) + P(\overline{A})P(B|\overline{A}) = 60\% \times 80\% + 40\% \times 40\% = 64\%.$$

【例 1.3.6】 某商店收进甲厂生产的产品 30 箱，乙厂生产的同种产品 20 箱，甲厂每箱装 100 个，废品率为 0.06，乙厂每箱装 120 个，废品率为 0.05，求：

（1）任取一箱，从中任取一个为废品的概率；

（2）若将所有产品开箱混放，求任取一个为废品的概率.

解 记事件 A、B 分别为甲、乙两厂的产品，C 为废品，则

（1）$P(A)=\dfrac{30}{50}=\dfrac{3}{5}$，$P(B)=\dfrac{20}{50}=\dfrac{2}{5}$，$P(C|A)=0.06$，$P(C|B)=0.05$，

由全概率公式，得 $P(C)=P(A)P(C|A)+P(B)P(C|B)=0.056$.

（2）$P(A)=\dfrac{30\times100}{30\times100+20\times120}=\dfrac{5}{9}$，$P(B)=\dfrac{20\times120}{30\times100+20\times120}=\dfrac{4}{9}$，$P(C|A)=0.06$，

$P(C|B)=0.05$.

由全概率公式，得 $P(C)=P(A)P(C|A)+P(B)P(C|B)\approx0.056$.

1.3.4 贝叶斯公式

利用全概率公式，可通过综合分析一个事件发生的不同原因、情况或途径及其可能性来求得该事件发生的概率. 下面给出的贝叶斯公式则考虑与之完全相反的问题，即一个事件已经发生，要考察该事件发生的各种原因、情况或途径的可能性. 例如，第 1、2、3 号箱子中分别放有不同数量和颜色的球，现从任一箱中任意摸出一球，发现是红球，求该球是取自 1 号箱的概率. 或问：该球取自哪号箱的可能性最大？

定理 1.3.3 设 $A_1,A_2,\cdots,A_n$ 是一完备事件组，则对任一事件 B，$P(B)>0$，有

$$P(A_i|B)=\frac{P(A_i)P(B|A_i)}{\sum\limits_{j=1}^{n}P(A_j)P(B|A_j)}，\quad i=1,2,\cdots,n.$$

证明 根据条件概率定义及乘法公式，对任意 $i=1,2,\cdots,n$，有

$$P(A_i|B)=\frac{P(A_iB)}{P(B)}=\frac{P(A_i)P(B|A_i)}{P(B)}，$$

这里分母 $P(B)$ 用全概率公式即有

$$P(A_i|B)=\frac{P(A_i)P(B|A_i)}{\sum\limits_{j=1}^{n}P(A_j)P(B|A_j)}.$$

这个公式称为贝叶斯（**Bayes**）公式. 公式的实际背景是：已知出现了试验"结果" B，要求推断是哪一个"原因" A_i 造成结果 B 的可能性大. 方法步骤是：首先计算每一个 $P(A_i)$，它反映了各种"原因"发生的可能性大小，由于它是在试验之前产生的，因此称为**先验概率**；之后计算 $P(B|A_i)$，它表示"原因" A_i 发生的条件下结果 B 的概率；再由贝叶斯公式反推出"结果" B 已经发生的条件下，"原因" A_i 发生的概率 $P(A_i|B)$，因为它是在试验之后确定的，因此称之为**后验概率**. 比较各个 $P(A_i|B)$ 的大小，如果 $P(A_k|B)$ 是所有 $P(A_i|B)$ 中最大的那一个，那么就说明造成"结果" B 发生的最可能"原因"是 A_k.

特别地，若取 $n=2$，并记 $A_1=A$，则 $A_2=\overline{A}$，于是公式成为

$$P(A|B)=\frac{P(AB)}{P(B)}=\frac{P(A)P(B|A)}{P(A)P(B|A)+P(\overline{A})P(B|\overline{A})}.$$

【例1.3.7】 对以往数据分析结果表明，当机器调整良好时，产品的合格率为98%，而当机器发生某种故障时，其合格率为55%. 每天早上机器开动时，机器调整良好的概率为95%. 试求已知某日早上第一件产品合格时，机器调整良好的概率是多少？

解 设 A 为事件"产品合格"，B 为事件"机器调整良好"。

$$P(A|B)=0.98，P(A|\overline{B})=0.55，P(B)=0.95，P(\overline{B})=0.05，$$

所求的概率为

$$P(B|A)=\frac{P(B)P(A|B)}{P(B)P(A|B)+P(\overline{B})P(A|\overline{B})}=0.97.$$

这就是说，当生产出第一件产品合格时，此时机器调整良好的概率为 0.97. 这里，概率 0.95 是由以往的数据分析得到的，试验之前就有，故而是验前概率.而在得到信息（生产的第一件产品是合格品）之后再重新加以修正的概率（0.97）就是验后概率.

【例1.3.8】 设某工厂有甲、乙、丙 3 个车间生产同一种产品，产量依次占全厂的45%、35%、20%，且各车间的次品率分别为4%、2%、5%，现在从一批产品中检查出 1 个次品，问该次品由哪个车间生产的可能性最大？

解 设 A_1,A_2,A_3 表示产品来自甲、乙、丙三个车间，B 表示产品为"次品"的事件，易知 A_1,A_2,A_3 是样本空间 Ω 的一个划分，且有 $P(A_1)=0.45$，$P(A_2)=0.35$，$P(A_3)=0.2$，$P(B|A_1)=0.04$，$P(B|A_2)=0.02$，$P(B|A_3)=0.05$.

由全概率公式得

$P(B)=P(A_1)P(B|A_1)+P(A_2)P(B|A_2)+P(A_3)P(B|A_3)=0.45\times0.04+0.35\times0.02+0.2\times0.05=0.035.$

由贝叶斯公式得

$$P(A_1|B)=\frac{0.45\times0.04}{0.035}=0.514，$$

$$P(A_2|B)=\frac{0.35\times0.02}{0.035}=0.200，$$

$$P(A_3|B)=\frac{0.20\times0.05}{0.035}=0.286.$$

由此可见，该次品由甲车间生产的可能性最大.

【例1.3.9】 由以往的临床记录，某种诊断癌症的试验具有如下效果：被诊断者有癌症，试验反应为阳性的概率为 0.95；被诊断者没有癌症，试验反应为阴性的概率为 0.95，现对自然人群进行普查，设被试验的人群中患有癌症的概率为 0.005，求：已知试验反应为阳性，该被诊断者确有癌症的概率.

解 设 A 表示"患有癌症"，$\overline{A}$ 表示"没有癌症"，B 表示"试验反应为阳性"，则由条件得：

$$P(A)=0.005，P(\overline{A})=0.995.$$

$$P(B|A)=0.95，P(\overline{B}|\overline{A})=0.95，$$

$$P(B|\overline{A})=1-0.95=0.05.$$

由贝叶斯公式得

$$P(A|B) = \frac{P(A)P(B|A)}{P(A)P(B|A) + P(\overline{A})P(B|\overline{A})} = 0.087.$$

这就是说，根据以往的数据分析可以得到，患有癌症的被诊断者，试验反应为阳性的概率为 95%，没有患癌症的被诊断者，试验反应为阴性的概率为 95%，这些都是先验概率. 而在得到试验结果反应为阳性，该被诊断者确有癌症重新加以修正的概率 0.087 为后验概率. 此项试验也表明，用它作为普查，正确性诊断只有 8.7%（1000 人具有阳性反应的人中大约只有 87 人的确患有癌症），由此可看出，若把 $P(B|A)$ 和 $P(A|B)$ 搞混淆则会造成误诊的不良后果.

乘法公式、全概率公式、贝叶斯公式称为条件概率的三个重要公式. 它们在解决某些复杂事件的概率问题中起到十分重要的作用.

思考问题：

例 1.3.9 若还有另一种检查方法，那么用第二种方法检查结果还是阳性，此人患癌症的概率又是多少呢？

习题 1.3

1. 某科动物出生之后活到 20 岁的概率为 0.7，活到 25 岁的概率为 0.56，求现年为 20 岁的动物活到 25 岁的概率.

2. 一盒中装有 5 只产品，其中有 3 只正品，2 只次品，从中取产品两次，每次取一只，做不放回抽样，求在第一次取到正品的条件下，第二次取到的也是正品的概率.

3. 设 $P(\overline{A}) = 0.3$，$P(B) = 0.4$，$P(A\overline{B}) = 0.5$，求 $P(B|A \cup \overline{B})$.

4. 在一个盒中装有 15 个乒乓球，其中有 9 个新球，在第一次比赛中任意取出 3 个球，比赛后放回原盒中；第二次比赛同样任意取出 3 个球，求第二次取出的 3 个球均为新球的概率.

5. 按以往概率论考试结果分析，努力学习的学生有 90% 的可能考试及格，不努力学习的学生有 90% 的可能考试不及格. 据调查，学生中有 80% 的人是努力学习的，试问：

（1）考试及格的学生有多大可能是不努力学习的人？

（2）考试不及格的学生有多大可能是努力学习的人？

6. 将两信息分别编码为 A 和 B 传递出来，接收站收到时，A 被误收为 B 的概率为 0.02，而 B 被误收为 A 的概率为 0.01. 信息 A 与 B 传递的频繁程度为 2:1. 若接收站收到的信息是 A，试问原发信息是 A 的概率是多少？

7. 在已有两个球的箱子中再放入一白球，然后任意取出一球，若发现这球为白球，试求箱子中原有一白球的概率（箱中原有什么球是等可能的，颜色只有黑、白两种）.

8. 某工厂生产的产品中 96% 是合格品，检查产品时，一个合格品被误认为次品的概率为 0.02，一个次品被误认为合格品的概率为 0.05，求在被检查后认为是合格品产品确实是合格品的概率.

9. 某保险公司把被保险人分为三类："谨慎的""一般的""冒失的". 统计资料表明，上述三种人在一年内发生事故的概率依次为 0.05、0.15 和 0.30；已知"谨慎的"被保险人占 20%，"一般的"占 50%，"冒失的"占 30%，现知某被保险人在一年内出了事故，则他是"谨慎的"的概率是多少？

10. 已知某种疾病患者的痊愈率为 25%，为试验一种新药是否有效，把它给 10 个病人服用，且规定若 10 个病人中至少有四人治好，则认为这种药有效，反之则认为无效，求：

(1) 虽然新药有效，且把治愈率提高到 35%，但通过试验被否定的概率.

(2) 虽然新药完全无效，但通过试验被认为有效的概率.

11. 某工厂生产的产品以 100 件为一批，假定每一批产品中的次品数最多不超过 4 件，且具有如下的概率：

一批产品中的次品数	0	1	2	3	4
概　　率	0.1	0.2	0.4	0.2	0.1

现进行抽样检验，从每批中随机取出 10 件来检验，若发现其中有次品，则认为该批产品不合格，求一批产品通过检验的概率.

12. 播种用的一等小麦种子中混有 2% 的二等种子，1.5% 的三等种子，1% 的四等种子，用一等、二等、三等、四等种子长出的穗含 50 颗以上麦粒的概率分别为 0.5、0.15、0.1、0.05，求这批种子所结的穗含有 50 颗以上麦粒的概率.

13. 炮战中，在距离目标 2500m、2000m、1500m 处射击的概率分别为 0.1、0.7、0.2，在各处击中目标的概率分别是 0.05、0.1、0.2，现在已知目标被击中，求击中目标由 2500m 处的大炮击中的概率.

14. 8 支步枪中有 5 支已校准过，3 支未校准. 一名射手用校准过的枪射击时，中靶的概率为 0.8；用未校准的枪射击时，中靶的概率为 0.3. 现从 8 支枪中任取一支用于射击，结果中靶，求所用的枪是校准过的概率.

15. 有朋自远方来，乘火车、船、汽车、飞机来的概率分别为 0.3、0.2、0.1、0.4，迟到的概率分别为 0.25、0.3、0.1、0；

(1) 求他迟到的概率；

(2) 若朋友迟到了，则求他是坐火车来的概率.

16. 有三盒笔，甲盒中装有 2 支红色笔，4 支蓝色笔；乙盒中装有 4 支红色笔，2 支蓝色笔；丙盒中装有 3 支红色笔，3 支蓝色笔；现从中任取一支，并从各盒中取笔的可能性相同，求：

(1) 取得红笔的概率；

(2) 在已经取得红笔的条件下，该笔是从甲盒中取得的概率.

1.4　独　立　性

独立性是概率论中又一个重要概念，利用独立性可以简化概率的计算. 本节先讨论两个事件之间的独立性，然后讨论多个事件之间的相互独立性，最后讨论试验之间的独立性.

1.4.1　两个事件的独立性

两个事件之间的独立性通常指一个事件的发生不影响另一个事件的发生. 现实生活中很多这样的例子. 例如，在掷两枚硬币的试验中，考虑如下两个事件：事件 $A =$ "第一枚硬币出现正面"，事件 $B =$ "第二枚硬币出现反面"，显然 A 与 B 的发生是相互不影响的.

另外，从概率的角度看，事件 A 的条件概率 $P(A|B)$ 与无条件概率 $P(A)$ 的差别在于：事件 B 的发生改变了事件 A 发生的概率，也即事件 B 对事件 A 有某种"影响"。如果事件 A 与 B 的发生是相互不影响的，则有 $P(A|B)=P(A)$ 和 $P(B|A)=P(B)$，它们等价于 $P(AB)=P(A)P(B)$．另外，对 $P(B)=0$ 或 $P(A)=0$，$P(AB)=P(A)P(B)$ 仍然成立．下面给出两个事件相互独立的定义．

定义 1.4.1 若两个事件 A、B 满足

$$P(AB)=P(A)P(B),$$

则称 **A 与 B 相互独立**，简称 A 与 B 独立，否则称 A 与 B 不独立．

经过简单的推导可知下面结论成立：

当 $P(A)>0$，$P(B)>0$ 时，若 A、B 相互独立，则有 $P(AB)=P(A)P(B)>0$，故 $AB\neq\varnothing$，即 A、B 相容．

反之，若 A、B 互不相容，即 $AB=\varnothing$，则 $P(AB)=0$，而 $P(A)P(B)>0$，所以 $P(AB)\neq P(A)P(B)$，此即 A 与 B 不独立．这就是说，当 $P(A)>0$ 且 $P(B)>0$ 时，A、B 相互独立与 A、B 互不相容不能同时成立．

思考问题：

不可能事件 $\varnothing$ 与样本空间 Ω 既是相互独立的事件，又是互不相容的事件，对吗？

定理 1.4.1 设事件 A、B 相互独立，则下列各对事件也相互独立：

$$A \text{ 与 } \overline{B}, \quad \overline{A} \text{ 与 } B, \quad \overline{A} \text{ 与 } \overline{B}.$$

证明 因为 $A=A\Omega=A(B\cup\overline{B})=AB\cup A\overline{B}$，显然 $(AB)\bigcap(A\overline{B})=\varnothing$，

故 $$P(A)=P(AB\cup A\overline{B})=P(AB)+P(A\overline{B})=P(A)P(B)+P(A\overline{B}),$$

于是 $$P(A\overline{B})=P(A)-P(A)P(B)=P(A)[1-P(B)]=P(A)P(\overline{B}).$$

即 A 与 $\overline{B}$ 相互独立．由此可立即推出，$\overline{A}$ 与 $\overline{B}$ 相互独立，再由 $\overline{\overline{B}}=B$，又推出 $\overline{A}$ 与 B 相互独立．

定理 1.4.2 若事件 A、B 相互独立，且 $0<P(A)<1$，则

$$P(B|A)=P(B|\overline{A})=P(B).$$

定理的正确性由乘法公式、相互独立性定义容易推出．

【例 1.4.1】 从一副不含大小王的扑克牌中任取一张，记 $A=\{$抽到 $K\}$，$B=\{$抽到的牌是黑色的$\}$，问事件 A、B 是否独立？

解法 1：利用定义判断．

由题可知

$$P(A)=\frac{4}{52}=\frac{1}{13}, \quad P(B)=\frac{26}{52}=\frac{1}{2}, \quad P(AB)=\frac{2}{52}=\frac{1}{26},$$

则有

$$P(AB)=P(A)P(B).$$

故事件 A、B 独立．

解法 2：利用条件概率判断．

由题可知

$$P(A)=\frac{1}{13}, \quad P(A|B)=\frac{2}{26}=\frac{1}{13},$$

则有

$$P(A)=P(A|B).$$

故事件 A、B 独立.

　　注意：从本例可知，判断事件的独立性，可利用定义或通过计算条件概率来判断. 但在实际应用中，常根据问题的实际意义来判断两个事件是否独立.

1.4.2　多个事件的独立性

　　在实际应用中，还经常遇到多个事件之间的相互独立问题，例如，对三个事件的独立性可做如下定义.

　　定义 1.4.2　设 A、B、C 为三个事件，若满足等式

$$P(AB)=P(A)P(B),$$
$$P(AC)=P(A)P(C),$$
$$P(BC)=P(B)P(C),$$

则称事件 A、B、C **两两独立**.

　　若还有 $P(ABC)=P(A)P(B)P(C)$，则称事件 A、B、C **相互独立**.

　　【例1.4.2】　已知甲、乙两袋中分别装有编号为 1、2、3、4 的四个球. 今从甲、乙两袋中各取出一球，设 $A=\{$从甲袋中取出的是偶数号球$\}$，$B=\{$从乙袋中取出的是奇数号球$\}$，$C=\{$从两袋中取出的都是偶数号球或都是奇数号球$\}$，试证 A、B、C 两两独立但不相互独立.

　　证明　由题意知，

$$P(A)=P(B)=P(C)=\frac{1}{2},$$

以 i、j 分别表示从甲、乙两袋中取出球的号数，则样本空间为 $\Omega=\{(i,j)\,|\,i=1,2,3,4;j=1,2,3,4\}$.

　　由于 Ω 包含 16 个样本点，事件 AB 包含 4 个样本点：$(2,1)$，$(2,3)$，$(4,1)$，$(4,3)$，而事件 AC、BC 都各包含 4 个样本点，所以

$$P(AB)=P(AC)=P(BC)=\frac{4}{16}=\frac{1}{4}.$$

于是有 $P(AB)=\ P(A)P(B)$，$P(AC)=P(A)P(C)$，$P(BC)=P(B)P(C)$. 因此 A、B、C 两两独立.

　　又因为 $ABC=\varnothing$，所以 $P(ABC)=0$，而 $P(A)P(B)P(C)=\frac{1}{8}$.

　　由于 $P(ABC)\neq P(A)P(B)P(C)$，故 A、B、C 不是相互独立的.

　　类似定义 1.4.2，我们可以定义三个以上事件的独立性.

　　定义 1.4.3　对 n 个事件 $A_1,A_2,\cdots,A_n$，若以下 2^n-n-1 个等式成立：

$$P(A_iA_j)=P(A_i)P(A_j) \quad 1\leqslant i<j\leqslant n;$$

$$P(A_iA_jA_k) = P(A_i)P(A_j)P(A_k) \quad 1 \le i < j < k \le n;$$

$$\cdots$$

$$P(A_1A_2\cdots A_n) = P(A_1)P(A_2)\cdots P(A_n),$$

则称 $A_1, A_2, \cdots, A_n$ 是相互独立的事件.

由多个事件独立性定义可得以下三个重要的结论:

（1）若事件 $A_1, A_2, \cdots, A_n$（$n \ge 2$）相互独立，则其中任意 k（$1 < k \le n$）个事件也相互独立;

（2）若 n 个事件 $A_1, A_2, \cdots, A_n$（$n \ge 2$）相互独立，则将 $A_1, A_2, \cdots, A_n$ 中任意 m（$1 \le m \le n$）个事件换成它们的对立事件，所得的 n 个事件仍相互独立;

（3）设 $A_1, A_2, \cdots, A_n$ 是 n（$n \ge 2$）个随机事件，则

$$A_1, A_2, \cdots, A_n \text{ 相互独立} \overrightarrow{\longleftarrow} A_1, A_2, \cdots, A_n \text{ 两两独立}.$$

即相互独立性是比两两独立性更强的性质.

在实际应用中，对于事件相互独立性，往往不是根据定义来判断，而是按实际意义来确定的.

【例 1.4.3】 设高射炮每次击中飞机的概率为 0.2，问至少需要多少门这种高射炮同时独立发射（每门射一次），才能使击中飞机的概率达到 95%以上?

解 设需要 n 门高射炮，A 表示飞机被击中，A_i 表示第 i 门高射炮击中飞机且 $P(A_i) = 0.2$（$i = 1, 2, \cdots, n$）. 则

$$P(A) = P(A_1 \bigcup A_2 \bigcup \cdots \bigcup A_n) = 1 - P(\overline{A_1 \bigcup A_2 \bigcup \cdots \bigcup A_n})$$
$$= 1 - P(\overline{A_1}\,\overline{A_2}\cdots\overline{A_n}) = 1 - P(\overline{A_1})P(\overline{A_2})\cdots P(\overline{A_n}) = 1 - (1-0.2)^n.$$

令 $1 - (1-0.2)^n \ge 0.95$，得 $(0.8)^n \le 0.05$，解得 $n \ge 14$. 即至少需要 14 门高射炮才能有 95%以上的概率击中飞机.

1.4.3 伯努利概型

设随机试验 E 只有事件 A 发生（记为 A）或事件 A 不发生（记为 $\overline{A}$）这两种可能的结果，则称这样的试验 E 为**伯努利（Bermourlli）试验**. 设 $P(A) = p$，则

$$P(\overline{A}) = 1 - p \triangleq q, \quad (0 < p < 1).$$

将伯努利试验 E 独立地重复进行 n 次，称这一串重复的独立试验为 n **重伯努利试验**，或简称为**伯努利概型**.

注意：在 n 重伯努利试验中，每次试验都在相同的条件下进行，且事件 A 在每次试验中发生的概率相同，都为 p，各次试验的结果互不影响.

n 重伯努利试验是一种很重要的数学模型，在实际问题中具有广泛的应用. 例如，将一枚硬币抛掷一次，观察出现的是正面还是反面，这是一个伯努利试验. 若将一枚硬币抛 n 次，则是 n 重伯努利试验. 又如抛掷一颗骰子，若 A 表示得到"1 点"，则 $\overline{A}$ 表示得到"非 1 点"，这是一个伯努利试验. 将骰子抛 n 次，就是 n 重伯努利试验. 再如在 N 个球中有 M 个黄球，现从中任取一个，检查其是否为黄球，这是一个伯努利试验. 如有放回地抽取 n 次，就是 n 重伯努利试验.

对于伯努利概型，我们关心的是 n 重试验中，事件 A 出现 k（$0 \le k \le n$）次的概率是多

少. 而 A 具体出现的位置在实际中往往不是感兴趣的信息. 经简单的推导, 由组合排列知识可得出 A 出现 k 次的概率的计算公式.

定理 1.4.3（伯努利定理） 设在一次试验中, 事件 A 发生的概率为 p（$0 < p < 1$）, 则在 n 重伯努利试验中, 事件 A 恰好发生 k 次的概率为

$$P\{X = k\} = C_n^k p^k (1-p)^{n-k} \ (k = 0,1,2,\cdots,n).$$

推论 设在一次试验中, 事件 A 发生的概率为 p（$0 < p < 1$）, 则在 n 重伯努利试验中, 事件 A 在第 k 次试验中首次发生的概率为

$$p(1-p)^{k-1} \ (k = 0,1,2,\cdots,n).$$

注意到"事件 A 在第 k 次试验中首次发生"等价于在前 k 次试验组成的 k 重伯努利试验中, "事件 A 在前 $k-1$ 次试验中均不发生而第 k 次试验时才发生", 再由伯努利定理即推得.

【例 1.4.4】 一张英语试卷有 10 道选择填空题, 每题有 4 个选择答案, 且其中只有一个是正确答案. 某同学投机取巧, 随意填空, 试问他至少填对 6 道的概率是多大?

解 设 $B =$ "他至少填对 6 道". 每答一道题有两个可能的结果: $A =$ "答对"及 $\overline{A} =$ "答错", $P(A) = \dfrac{1}{4}$, 故做 10 道题就是 10 重伯努利试验, $n = 10$, 所求概率为

$$
\begin{aligned}
P(B) &= \sum_{k=6}^{10} P_{10}(k) = \sum_{k=6}^{10} C_{10}^k \left(\frac{1}{4}\right)^k \left(1 - \frac{1}{4}\right)^{10-k} \\
&= C_{10}^6 \left(\frac{1}{4}\right)^6 \left(\frac{3}{4}\right)^4 + C_{10}^7 \left(\frac{1}{4}\right)^7 \left(\frac{3}{4}\right)^3 + C_{10}^8 \left(\frac{1}{4}\right)^8 \left(\frac{3}{4}\right)^2 + C_{10}^9 \left(\frac{1}{4}\right)^9 \left(\frac{3}{4}\right) + \left(\frac{1}{4}\right)^{10} \\
&= 0.01973.
\end{aligned}
$$

人们在长期实践中总结得出"概率很小的事件在一次试验中实际上几乎是不发生的"（称为实际推断原理）, 故如本例所说, 该同学随意猜测, 能在 10 道题中猜对 6 道以上的概率是很小的, 在实际中几乎是不会发生的.

【例 1.4.5】 设某个车间里共有 5 台车床, 每台车床使用电力是间歇性的, 平均起来每小时约有 6 分钟使用电力. 假设车工们工作是相互独立的, 求在同一时刻:

（1）恰有两台车床被使用的概率;

（2）至少有三台车床被使用的概率;

（3）至多有三台车床被使用的概率;

（4）至少有一台车床被使用的概率.

解 A 表示"使用电力", 即是车床被使用, 有

$$P(A) = p = \frac{6}{60} = 0.1, \quad P(\overline{A}) = 1 - p = 0.9.$$

（1）$p_1 = P_5(2) = C_5^2 (0.1)^2 (0.9)^3 = 0.0729$;

（2）$p_2 = P_5(3) + P_5(4) + P_5(5) = C_5^3 (0.1)^3 (0.9)^2 + C_5^4 (0.1)^4 (0.9) + (0.1)^5 = 0.00856$;

（3）$p_3 = 1 - P_5(4) - P_5(5) = 1 - C_5^4 (0.1)^4 (0.9) - (0.1)^5 = 0.99954$;

（4） $p_4 = 1 - P_5(0) = 1 - (0.9)^5 = 0.40951$.

思考问题：

用本节知识解释"常在河边走，哪有不湿鞋"的寓意.

习题 1.4

1．两名射手独立地向同一目标射击一次，其命中率分别为 0.9 和 0.8，求目标被击中的概率（至少用三种方法解）.

2．甲、乙、丙三人独立地向同一飞机射击，设击中的概率分别是 0.4、0.5、0.7，若只有一人击中，则飞机被击落的概率为 0.2；若有两人击中，则飞机被击落的概率为 0.6；若三人都击中，则飞机一定被击落. 求飞机被击落的概率.

3．甲、乙两人进行乒乓球比赛，每局甲胜的概率为 p（$p \geqslant 1/2$）. 问对甲而言，采用三局两胜制有利，还是采用五局三胜制有利？设各局胜负相互独立.

4．某种花移栽后的成活率为 90%，一居民小区移栽了 30 棵，求能成活 25 棵的概率.

5．一条自动生产线上的产品，次品率为 4%，求解以下两个问题：

（1）从中任取 10 件，求至少有两件次品的概率；

（2）一次取 1 件，无放回地抽取，求当取到第二件次品时，之前已取到 8 件正品的概率.

6．一个袋中装有 10 个球，其中 3 个黑球，7 个白球，每次从中随意取出一球，取后放回.

（1）如果共取 10 次，求 10 次中能取到黑球的概率及 10 次中恰好取到 3 次黑球的概率.

（2）如果未取到黑球就一直取下去，直到取到黑球为止，求恰好要取 3 次黑球的概率.

7．一辆飞机场的交通车载有 25 名乘客，途经 9 个站，每位乘客都等可能地在这 9 站中的任意一站下车（且不受其他乘客下车与否的影响），交通车只在有乘客下车时才停车，求交通车在第 i 站停车的概率，以及在第 i 站不停车的条件下第 j 站停车的概率，并判断"第 i 站停车"与"第 j 站停车"两个事件是否独立.

8．某型号高炮，每门炮发射一发炮弹击中飞机的概率为 0.6，现若干门炮同时各射一发，

（1）欲以 99% 的概率击中一架来犯的敌机，至少需配置几门炮？

（2）现有 3 门炮，欲以 99% 的概率击中一架来犯的敌机，每门炮的命中率应提高到多少？

9．加工某一零件需要经过四道工序，设第一、二、三、四道工序的次品率分别为 0.02、0.03、0.05、0.03，假定各道工序是相互独立的，求加工出来的零件的次品率.

10．设每次射击的命中率为 0.2，问至少必须进行多少次独立射击，才能使至少击中一次的概率不小于 0.9？

11．证明：若 $P(A|B) = P(A|\overline{B})$，则 A、B 相互独立.

12．三人独立地破译一个密码，他们能破译的概率分别为 1/5、1/3、1/4，求将此密码破译出的概率.

13．用 $2n$ 个相同的元件（如整流二极管）组成一个系统，有两种不同的连接方式，第 1 种是先串联后并联（如图 1.4.1 所示）；第 2 种是先并联后串联（如图 1.4.2 所示）. 如果各个元件能否正常工作是相互独立的，每个元件能正常工作的概率为 r（元件或系统能正常工作的概率通常称为可靠度），请比较两个系统哪个更可靠.

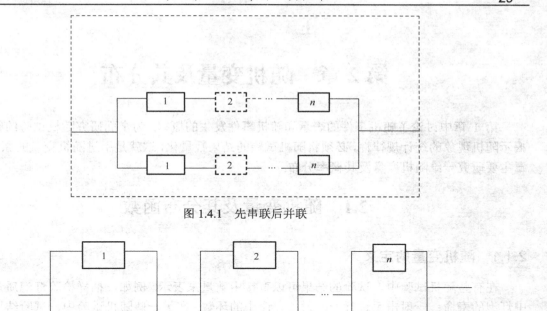

图 1.4.1　先串联后并联

图 1.4.2　先并联后串联

第2章 随机变量及其分布

第 1 章中讨论了随机事件的表示和随机事件发生的概率. 为全面研究随机试验的结果, 揭示随机现象的统计规律性, 必须将随机试验的结果数量化, 这就是引进随机变量的原因. 本章主要研究一维随机变量及其概率分布.

2.1 随机变量及其分布函数

2.1.1 随机变量的定义

在有些随机试验中, 试验的结果可以直接由数量来表示. 例如, 抽样检验灯泡质量试验中灯泡的寿命; 一射击手进行一次射击, 命中的环数. 在另一些随机试验中, 试验结果看起来与数量无关, 但可以指定一个数量来表示. 例如, 在抛一枚硬币的试验中, 用 "1" 表示 "出现正面", 用 "0" 表示 "出现反面", 即可把随机试验的结果与实数对应起来. 用来表示随机试验结果的变量称为随机变量.

定义 2.1.1 设随机试验的样本空间为 Ω, 称定义在样本空间 Ω 上的实值单值函数 $X = X(\omega)$ 为**随机变量 (Random Variable)**.

这个定义表明: 随机变量的取值随试验结果而定, 在试验之前只知道它可能取值的范围, 不能预先肯定它取什么值, 只有在试验之后才知道它的确切值; 而试验的各个结果出现有一定的概率, 故随机变量取每个值和每个确定范围内的值有一定的概率. 这些体现了随机变量与普通函数之间的本质差异. 此外, 普通函数是定义在实数集或实数集的一个子集上的, 而随机变量是定义在样本空间上的(样本空间的元素不一定是实数), 随机变量 X 是样本点 ω 的一个函数, 这个函数可以是不同样本点对应不同的实数, 也允许多个样本点对应同一个实数. 这个函数的自变量 (样本点) 可以是数, 也可以不是数, 但因变量一定是实数. 这也是二者的差别.

常用大写字母如 $X, Y, Z, W, \cdots$ 表示随机变量, 而用小写字母如 $x, y, z, w, \cdots$ 表示其取值.

当描述一个随机变量时, 不仅要说明它能够取哪些值, 而且还要指出它取这些值的概率. 只有这样, 才能真正完整地刻画一个随机变量, 下面讨论随机变量的分布函数的概念.

2.1.2 随机变量的分布函数

为了研究随机变量 X 的统计规律性, 我们需要掌握 X 取各种值的概率. 由于

$$\{a < X \leqslant b\} = \{X \leqslant b\} - \{X \leqslant a\},$$

$$\{X > c\} = \Omega - \{X \leqslant c\}.$$

因此只要对任意实数 x, 知道了事件 $\{X \leqslant x\}$ 的概率就够了, 这个概率具有累积特性, 常用 $F(x)$ 表示. 另外这个概率与 x 有关, 不同的 x, 此累积概率的值也不同, 记为

$$F(x) = P(X \leq x) ,$$

$F(x)$ 在 $x \in (-\infty, +\infty)$ 都有定义，因而 $F(x)$ 是一个定义域为 $(-\infty, +\infty)$、值域为 $[0,1]$ 的函数，这就是下面要介绍的分布函数.

定义 2.1.2 设 X 是一个随机变量，称 $F(x) = P(X \leq x)$，$x \in (-\infty, +\infty)$ 为 X 的**分布函数**（**Distribution Function**）. 有时记为 $X \sim F(x)$ 或 $F_X(x)$.

对于任意实数 x_1、x_2 $(x_1 < x_2)$，有

$$P(x_1 < X \leq x_2) = P(X \leq x_2) - P(X \leq x_1) = F(x_2) - F(x_1) .$$

因此，若已知 X 的分布函数，则能知道 X 落在任一区间 $(x_1, x_2]$ 上的概率. 从这个意义上说，分布函数完整地描述了随机变量的统计规律性.

如果将 X 视为数轴上的随机点的坐标，那么，分布函数 $F(x)$ 在 x 处的函数值就表示 X 落在区间 $(-\infty, x]$ 上的概率.

由分布函数的定义可知，分布函数具有如下基本性质.

（1）**单调性** $F(x)$ 是定义在整个实数轴 $(-\infty, +\infty)$ 上的单调非降函数，即对任意的 $x_1 < x_2$，有 $F(x_1) \leq F(x_2)$；

（2）**有界性** 对任意的 x，有 $0 \leq F(x) \leq 1$，且

$$F(-\infty) = \lim_{x \to -\infty} F(x) = 0 ,$$

$$F(+\infty) = \lim_{x \to +\infty} F(x) = 1 .$$

几何解释：当区间端点 x 沿数轴无限向左移动（$x \to -\infty$）时，"X 落在 x 左边"这一事件趋于不可能事件，故其概率 $P(X \leq x) = F(x)$ 趋于 0；又若 x 无限向右移动（$x \to +\infty$）时，事件"X 落在 x 右边"趋于必然事件，从而其概率 $P(X \leq x) = F(x)$ 趋于 1.

（3）**右连续性** $F(x)$ 是 x 的右连续函数，即对任意的 x_0，有

$$\lim_{x \to x_0^+} F(x) = F(x_0) .$$

证略.

以上三条基本性质是分布函数必须具有的性质，反过来可以证明，任一满足这三个性质的函数，一定可以作为某个随机变量的分布函数.

【例 2.1.1】 口袋里装有 3 个白球和 2 个红球，从中任取三个球，求取出的三个球中的白球数的分布函数.

解 设 X 表示取出的 3 个球中的白球数. X 的可能取值为 1、2、3. 由古典概率可算得

$$P(X=1) = \frac{C_2^2 C_3^1}{C_5^3} = 0.3 ;$$

$$P(X=2) = \frac{C_2^1 C_3^2}{C_5^3} = 0.6 ;$$

$$P(X=3) = \frac{C_3^3}{C_5^3} = 0.1 .$$

当 $x<1$ 时，$\{X\le x\}$ 是不可能事件，因而
$$F(x)=P\{X\le x\}=0\;;$$

当 $1\le x<2$ 时，$\{X\le x\}=\{X=1\}$，因而
$$F(x)=P\{X\le x\}=P\{X=1\}=0.3\;;$$

当 $2\le x<3$ 时，$\{X\le x\}=\{X=1\}\bigcup\{X=2\}$，且 $\{X=1\}\bigcap\{X=2\}=\varnothing$，因而
$$F(x)=P\{X\le x\}=P\{X=1\}+P\{X=2\}=0.9$$

当 $x\ge 3$ 时，$\{X\le x\}$ 是必然事件，因而
$$F(x)=1\,.$$

综上所述，X 的分布函数为

$$F(x)=\begin{cases}0 & x<1\\0.3 & 1\le x<2\\0.9 & 2\le x<3\\1 & x\ge 3\end{cases}.$$

【例 2.1.2】 在数轴上的有界区间 $[a,b]$ 上等可能地投点，记 X 为落点的位置（数轴上的坐标），求随机变量 X 的分布函数.

解 当 $x<a$ 时，$\{X\le x\}$ 是不可能事件，于是 $F(x)=P\{X\le x\}=0$；

当 $a\le x<b$ 时，由于 $\{X\le x\}=\{a\le X\le x\}$，且 $[a,x]\subset[a,b]$，由几何概率知

$$F(x)=P\{X\le x\}=P\{a\le X\le x\}=\frac{x-a}{b-a}\;;$$

当 $x\ge b$ 时，由于 $\{X\le x\}=\{a\le X\le b\}$，于是

$$F(x)=P\{X\le x\}=P\{a\le X\le b\}=\frac{b-a}{b-a}=1\,.$$

综上可得，X 的分布函数为 $F(x)=\begin{cases}0, & x<a\\\dfrac{x-a}{b-a}, & a\le x<b\\1, & x\ge b\end{cases}.$

【例 2.1.3】 判别下列函数是否为某随机变量的分布函数.

（1） $F(x)=\begin{cases}0, & x<-2\\\dfrac{1}{2}, & -2\le x<0\\1, & x\ge 0\end{cases};$

（2） $F(x)=\begin{cases}0, & x<0\\\sin x, & 0\le x<\pi\\1, & x\ge\pi\end{cases};$

（3） $F(x)=\begin{cases}0, & x<0\\x+\dfrac{1}{2}, & 0\le x<\dfrac{1}{2}\\1, & x\ge\dfrac{1}{2}\end{cases}.$

解　（1）由题设，$F(x)$ 在 $(-\infty,+\infty)$ 上单调不减，右连续，并有

$$F(-\infty)=\lim_{x\to-\infty}F(x)=0,\quad F(+\infty)=\lim_{x\to+\infty}F(x)=1,$$

所以 $F(x)$ 是某一随机变量 X 的分布函数.

（2）因为 $F(x)$ 在 $\left(\dfrac{\pi}{2},\pi\right]$ 上单调下降，所以 $F(x)$ 不可能是分布函数.

（3）因为 $F(x)$ 在 $(-\infty,+\infty)$ 上单调不减，右连续，且有

$$F(-\infty)=\lim_{x\to-\infty}F(x)=0,\quad F(+\infty)=\lim_{x\to+\infty}F(x)=1,$$

所以 $F(x)$ 是某一随机变量 X 的分布函数.

本节主要讨论了随机变量的概念及分布函数，利用随机变量可以描述和研究随机现象，而利用分布函数能很好地表示各事件的概率. 例如，

$$P\{X>a\}=1-P\{X\le a\}=1-F(a),$$

$$P\{X<a\}=F(a-0),$$

$$P\{X=a\}=F(a)-F(a-0).$$

在引进了随机变量和分布函数后，就能利用高等数学的许多结果和方法来研究各种随机现象，它们是概率论的两个重要而基本的概念. 本书从离散和连续两种类别来更深入地研究随机变量及其分布函数，另有一种奇异型随机变量就不做介绍了.

习题 2.1

1．什么是随机变量？随机变量与普通的函数有什么区别？

2．一批产品中，其中正品 9 件、次品 1 件，无放回地一件一件抽取，直到取得次品为止，设取得次品时已取得正品的件数为随机变量 X，试用 X 的取值表示下列事件：

（1）第一次就取得次品；

（2）最后一次才取得次品；

（3）前五次都未取得次品；

（4）最迟在第三次取得次品.

3．一报童卖报，每份 0.15 元，其成本为 0.10 元. 报馆每天给报童 1000 份报，并规定他不得把卖不出的报纸退回. 设 X 为报童每天卖出的报纸份数，试将报童赔钱这一事件用随机变量的表达式表示.

4．口袋里装有 3 个白球和 2 个红球，从中任取三个球，求取出的 3 个球中的白球数的分布函数.

5．向平面上半径为单位 1 的圆 D 内任意投掷一个质点，以 X 表示该质点到圆心的距离，设这个质点落在 D 中任意小区域内的概率与这个区域的面积成正比，试求 X 的分布函数.

2.2　离散型随机变量

2.1 节讨论了随机变量及分布函数，本节讨论随机变量中的离散型随机变量及其分布.

2.2.1　离散型随机变量的定义

若随机变量 X 可能取值的个数为有限个或无限可列个，则称 X 为**离散型随机变量**.

由离散型随机变量的定义可知，若知道离散型随机变量 X 的所有可能取值及取每一个可能值的概率，则可知其统计规律.

定义 2.2.1　设 X 是一个离散型随机变量，若 X 的所有可能取值为 $x_i(i=1,2,\cdots)$，则称 X 取 x_i 的概率 $P\{X=x_i\}=p_i$（$i=1,2,\cdots$）为 X 的**概率分布**或**分布律（分布列）**，记为 $X\sim\{p_i\}$.

为方便，X 的概率分布常如表 2.2.1 所示.

由第 1 章概率的性质可得，任一离散型随机变量的分布律 $\{p_i\}$ 都具有下述两个基本性质：

（1）非负性 $p_i\geqslant 0$，$i=1,2,\cdots$;

（2）规范性 $\displaystyle\sum_{i=1}^{\infty}p_i=1$.

表 2.2.1　X 的概率分布

X	x_1	x_2	$\cdots$	x_n	$\cdots$
p_i	p_1	p_2	$\cdots$	p_n	$\cdots$

反过来，任意一个具有以上两个性质的数列 $\{p_i\}$，一定可以作为某一个离散型随机变量的分布律.

【例 2.2.1】　从 1、2、3、4、5 中任取三个数，设为 x_1、x_2、x_3，记 $X=\max\{x_1,x_2,x_3\}$，求 X 的概率分布和分布函数.

解　（1）易知 X 的所有可能取值为 3、4、5，且

$$P\{X=3\}=\frac{1}{C_5^3}=\frac{1}{10}，\quad P\{X=4\}=\frac{C_3^2}{C_5^3}=\frac{3}{10}，$$

$$P\{X=5\}=1-P\{X=3\}-P\{X=4\}=1-\frac{1}{10}-\frac{3}{10}=\frac{3}{5}.$$

所以 X 的概率分布为

X	3	4	5
$P\{X=x_i\}$	$\frac{1}{10}$	$\frac{3}{10}$	$\frac{6}{10}$

（2）所以 X 的分布函数为

$$F(x)=\begin{cases}0, & x<3\\ \dfrac{1}{10}, & 3\leqslant x<4\\ \dfrac{2}{5}, & 4\leqslant x<5\\ 1, & x\geqslant 5\end{cases}.$$

2.2.2　常用离散型分布

下面介绍几种常见的离散型随机变量的概率分布.

1. 两点分布

若随机变量 X 只可能取 x_1 与 x_2 两个值，它对应取值的概率分别是

$$P\{X=x_1\}=1-p，\quad P\{X=x_2\}=p（0<p<1），$$

则称 X 服从参数为 p 的**两点分布**.

特别，当 $x_1=0$，$x_2=1$ 时，两点分布也称为 $(0-1)$ 分布，记为 $X \sim (0-1)$ 分布，如表 2.2.2 所示.

在一些随机试验中，它的样本空间只包含两个元素，即 $\Omega=\{\omega_1,\omega_2\}$，因此可以在 Ω 上定义一个服从 $X \sim (0-1)$ 分布的随机变量：$X=X(\omega)=\begin{cases}0, & \omega=\omega_1 \\ 1, & \omega=\omega_2\end{cases}$ 来

表 2.2.2 两点分布

X	0	1
p	$1-p$	p

描述随机试验结果. 因此，只包含两个基本事件的随机试验可以用两点分布来描述. 也就是说，若一个随机试验只关心某事件出现与否，则可用一个服从 $(0-1)$ 分布的随机变量来描述. 例如，抛一枚硬币试验中出现"正面"与"反面"的概率分布；产品抽验试验中"正品"与"次品"的概率分布等.

【例 2.2.2】 200 件产品中，有 196 件是正品，4 件是次品，今从中随机地抽取一件，若规定 $X=\begin{cases}1, \text{取到正品} \\ 0, \text{取到次品}\end{cases}$，则 $P\{X=1\}=\dfrac{196}{200}=0.98$，$P\{X=0\}=\dfrac{4}{200}=0.02$，于是，$X$ 服从参数为 0.98 的两点分布.

2. 二项分布

若随机变量 X 的分布律为

$$P(X=k)=C_n^k p^k (1-p)^{n-k}, \quad k=0,1,\cdots,n,$$

则称 X 服从参数为 n、p 的**二项分布**（Binomial Distribution），记为 $X \sim B(n,p)$.

当 $n=1$ 时，二项分布是 $(0-1)$ 分布，故 $(0-1)$ 分布的分布律也可写成

$$P(X=k)=p^k q^{1-k},$$

其中 $q=1-p$，$k=0,1$.

思考问题：

探讨 $P(X=k)=C_n^k p^k (1-p)^{n-k}$ 与 $[p+(1-p)]^n$ 二项展开式之间的关系.

【例 2.2.3】 某人进行射击，设每次射击的命中率为 0.02，独立射击 400 次，试求至少击中两次的概率.

解 将一次射击视为一次试验. 设击中的次数为 X，则 $X \sim B(400,0.02)$.

X 的分布律为 $P(X=k)=C_{400}^k \times (0.02)^k \times (0.98)^{400-k}$，$k=0,1,2,\cdots,400$，于是所求概率为

$$P(X \geqslant 2)=1-P(X=0)-P(X=1)$$
$$=1-(0.98)^{400}-400 \times 0.02 \times (0.98)^{399}$$
$$=0.9972.$$

【例 2.2.4】 设有 80 台同类型设备，各台工作是相互独立的，发生故障的概率都是 0.01，且一台设备的故障能由一个人处理. 考虑两种配备维修工人的方法：其一是由 4 人维护，每人负责 20 台；其二是由 3 人共同维护 80 台. 试比较这两种方法在设备发生故障时不能及时维修的概率.

解 按第一种方法. 以 X 记"第 1 人维护的 20 台中同一时刻发生故障的台数"，以

$A_i(i=1,2,3,4)$ 表示"第 i 人维护的 20 台中发生故障不能及时维修",则知 80 台中发生故障不能及时维修的概率为

$$P(A_1 \bigcup A_2 \bigcup A_3 \bigcup A_4) \geq P(A_1) = P(X \geq 2).$$

而 $X \sim B(20,0.01)$,故有

$$P(X \geq 2) = 1 - P(X=0) - P(X=1)$$
$$= 1 - C_{20}^0 \times (0.01)^0 \times (0.99)^{20} - C_{20}^1 \times (0.01)^1 \times (0.99)^{19}$$
$$= 0.0169.$$

即

$$P(A_1 \bigcup A_2 \bigcup A_3 \bigcup A_4) \geq 0.0169.$$

按第二种方法. 以 Y 记 80 台中同一时刻发生故障的台数. 此时 $Y \sim B(80,0.01)$,故 80 台中发生故障而不能及时维修的概率为

$$P(Y \geq 4) = 1 - \sum_{k=0}^{3} C_{80}^k \times (0.01)^k \times (0.99)^{80-k} = 0.0087.$$

结果表明,后一种情况尽管任务重了(每人平均维护约 27 台),但工作效率不仅没有降低,反而提高了.

3. 泊松分布

1837 年法国数学家(Poisson,1781—1840 年)首次提出泊松分布. 若随机变量 X 的分布律为

$$P(X=k) = \frac{\lambda^k \mathrm{e}^{-\lambda}}{k!}, \quad k=0,1,2,\cdots,$$

其中,$\lambda > 0$ 是常数,则称 X 服从参数为 λ 的**泊松分布**(**Poisson Distribution**),记为 $X \sim P(\lambda)$.

由泊松分布的定义易得上式满足非负性,且有

$$\sum_{k=0}^{\infty} \frac{\lambda^k \mathrm{e}^{-\lambda}}{k!} = \mathrm{e}^{-\lambda} \cdot \mathrm{e}^{\lambda} = 1,$$

即

$$\sum_{k=0}^{\infty} P(X=k) = 1 \ (满足规范性).$$

泊松分布是常见的离散型分布,它可以用来描述大量试验中稀有事件出现的次数 $k(k=0,1,2,\cdots)$ 的概率分布情况. 例如:

(1)在一天内,来某超市的顾客数;

(2)某地区一年发生交通事故的次数;

(3)一段时间内,某块放射性物质放射出的 α 粒子数.

【例 2.2.5】 某一城市每天发生火灾的次数 X 服从参数 $\lambda = 0.8$ 的泊松分布,求该城市一天内发生 3 次或 3 次以上火灾的概率.

解 由概率的性质,得

$$P(X \geq 3) = 1 - P(X < 3) = 1 - P(X=0) - P(X=1) - P(X=2)$$
$$= 1 - \mathrm{e}^{-0.8} \times \left(\frac{0.8^0}{0!} + \frac{0.8^1}{1!} + \frac{0.8^2}{2!} \right) \approx 0.0474.$$

2.2.3　二项分布的泊松近似

泊松分布作为二项分布的一种近似，是其一个非常实用的特点. 泊松近似可以化简二项分布的计算.

定理 2.2.1（泊松定理）　设 $np_n = \lambda$（$\lambda > 0$ 是一常数，n 是任意正整数），则对任意一固定的非负整数 k，有

$$\lim_{n \to \infty} C_n^k p_n^k (1-p_n)^{n-k} = \frac{\lambda^k \mathrm{e}^{-\lambda}}{k!}.$$

证明　因为 $p_n = \dfrac{\lambda}{n}$，则

$$C_n^k p_n^k (1-p_n)^{n-k} = \frac{n(n-1)\cdots(n-k+1)}{k!}\left(\frac{\lambda}{n}\right)^k \left(1-\frac{\lambda}{n}\right)^{n-k}$$

$$= \frac{\lambda^k}{k!}\left[1 \cdot \left(1-\frac{1}{n}\right)\cdot\left(1-\frac{2}{n}\right)\cdots\left(1-\frac{k-1}{n}\right)\right]\cdot\left(1-\frac{\lambda}{n}\right)^n \left(1-\frac{\lambda}{n}\right)^{-k}$$

对任意固定的非负整数 k，当 $n \to \infty$ 时，有

$$\left[1\cdot\left(1-\frac{1}{n}\right)\cdot\left(1-\frac{2}{n}\right)\cdots\left(1-\frac{k-1}{n}\right)\right] \to 1,$$

$$\left(1-\frac{\lambda}{n}\right)^n \to \mathrm{e}^{-\lambda}, \quad \left(1-\frac{\lambda}{n}\right)^{-k} \to 1.$$

故

$$\lim_{n \to \infty} C_n^k p_n^k (1-p_n)^{n-k} = \frac{\lambda^k \mathrm{e}^{-\lambda}}{k!}.$$

由于 $np_n = \lambda$ 是常数，所以当 n 很大时，p_n 必定很小，因此，上述定理表明，当 n 很大、p 很小时，有以下近似公式

$$C_n^k p^k (1-p)^{n-k} \approx \frac{\lambda^k \mathrm{e}^{-\lambda}}{k!},$$

其中，$\lambda = np$.

从表 2.2.3 可以直观地看出上式两端的近似程度.

表 2.2.3　近似程度

k	按二项分布公式直接计算				按泊松近似公式计算
	$n=10$ $p=0.1$	$n=20$ $p=0.05$	$n=40$ $p=0.025$	$n=100$ $p=0.01$	$\lambda=1$（$=np$）
0	0.349	0.358	0.363	0.366	0.368
1	0.385	0.377	0.372	0.370	0.368
2	0.194	0.189	0.186	0.185	0.184
3	0.057	0.060	0.060	0.061	0.061
4	0.011	0.013	0.014	0.015	0.015
...	...	...	...	...	...

由表 2.2.3 可知，两者的结果是很接近的. 在实际计算中，当 $n \geq 20$， $p \leq 0.05$ 时近似效果较好，而当 $n \geq 100$， $np \leq 10$ 时效果更好.

二项分布的泊松近似常常被应用于研究稀有事件（每次试验中事件 A 出现的概率 p 很小），当伯努利试验的次数 n 很大时，事件 A 发生的次数的分布.

【例 2.2.6】 某公司生产的一种产品 300 件. 根据历史生产记录可知废品率为 0.01. 问现在这 300 件产品经检验废品数大于 5 的概率是多少？

解 把每件产品的检验视为一次伯努利试验，它有两个结果：$A = \{正品\}$，$\overline{A} = \{废品\}$. 检验 300 件产品就是做 300 次独立的伯努利试验. 用 X 表示检验出的废品数，则 $X \sim B(300, 0.01)$

此处要计算 $P(X > 5)$. 对 $n = 300$， $p = 0.01$，有 $\lambda = np = 3$，于是得

$$P(X > 5) = \sum_{k=6}^{\infty} C_{300}^k (0.01)^k (0.99)^{300-k} = 1 - \sum_{k=1}^{5} C_{300}^k (0.01)^k (0.99)^{300-k} \approx 1 - \sum_{k=0}^{5} \frac{3^k}{k!} e^{-3},$$

查附录 A，得

$$P(X > 5) \approx 1 - 0.916082 = 0.08.$$

【例 2.2.7】 一家商店采用科学管理，由该商店过去的销售记录知道，某种商品每月的销售数可以用参数 $\lambda = 5$ 的泊松分布来描述，为了以 95% 以上的概率保证不脱销，问商店在月底至少应进该商品多少件？

解 设该商品每月的销售数为 X，已知 X 服从参数 $\lambda = 5$ 的泊松分布. 设商店在月底应进该种商品 m 件，求满足 $P(X \leq m) > 0.95$ 的最小的 m，即

$$\sum_{k=0}^{m} \frac{5^k}{k!} e^{-5} > 0.95.$$

查泊松分布表，有 $\sum_{k=0}^{9} \frac{5^k}{k!} e^{-5} \approx 0.968172$，$\sum_{k=0}^{8} \frac{5^k}{k!} e^{-5} \approx 0.931906$. 于是得 $m = 9$ 件.

习题 2.2

1. 某类灯泡使用时数在 1000 小时以上的概率是 0.2，求三个灯泡在使用 1000 小时以后最多只有一个坏了的概率.

2. 一汽车沿一街道行驶，需要通过三个均设有红绿信号灯的路口，每个信号灯为红或绿与其他信号灯为红或绿相互独立，且红绿两种信号灯显示的时间相等. 以 X 表示该汽车首次遇到红灯前已通过的路口的个数，求 X 的概率分布.

3. 一批晶体管中有 10% 是次品，现从中抽取 10 个，试求内含次品数的分布列，并计算其中至少有 2 件次品的概率.

4. 某大学的校乒乓球队与大数据学院乒乓球队举行对抗赛. 校队的实力较院队强，当一个校队运动员与一个院队运动员比赛时，校队运动员获胜的概率为 0.6. 现在校、院双方商量对抗赛的方式，提了三种方案：

（1）双方各出 3 人；

（2）双方各出 5 人；

（3）双方各出 7 人.

三种方案中均以比赛中得胜人数多的一方为胜利. 问：对院队来说，哪一种方案有利？

5. 某十字路口有大量汽车通过，假设每辆汽车在这里发生交通事故的概率为 0.001，如果每天有 5000 辆汽车通过这个十字路口，求发生交通事故的汽车数不少于 2 的概率.

6. 设 X 服从泊松分布，已知 $P(X=1)=2P(X=2)$，求 $P(X=3)$.

7.（1）设随机变量 X 的分布律为

$$P(X=k)=a\frac{\lambda^k}{k!},$$

其中，$k=0,1,2,\cdots$，$\lambda>0$ 为常数，试确定常数 a.

（2）设随机变量 X 的分布律为

$$P(X=k)=\frac{a}{N},\quad k=1,2,\cdots,N,$$

试确定常数 a.

8. 某教科书出版了 2000 册，因装订等原因造成错误的概率为 0.001，试求在这 2000 册书中恰有 5 册错误的概率.

9.（血清效应试验）设鸡群感染某种疾病的概率是 20%，新发现了一种血清，可能对预防这种疾病有效，为此对 25 只健康的鸡注射了这种血清，若注射后发现只有一只鸡受感染，试问这种血清是否有作用？

10. 保险公司里，有 2500 个同年龄和同社会阶层的人参加了人寿保险. 在一年里每个人死亡的概率为 0.002，每个参加保险的人在 1 月 1 日付 12 元保险费，而在死亡时家属可向保险公司领 2000 元. 问：

（1）"保险公司亏本"的概率是多少？

（2）"保险公司获利不少于 10000 元和 20000 元"的概率各是多少？

2.3　连续型随机变量

2.2 节研究的随机变量的所有可能取值是有限的或无限可列的，但是有些随机变量的取值不能被逐个列出，而是充满某个区间甚至整个数轴的，称这类随机变量为连续型随机变量. 为方便研究此类随机变量，下面首先介绍连续型随机变量的定义.

2.3.1　连续型随机变量及其概率密度

定义 2.3.1　如果对随机变量 X 的分布函数 $F(x)$，存在非负可积函数 $f(x)$，使得对于任意实数 x，有

$$F(x)=P(X\leqslant x)=\int_{-\infty}^{x}f(t)\,\mathrm{d}t,$$

则称 X 为**连续型随机变量**，称 $f(x)$ 为 X 的**概率密度函数**，简称为**概率密度**或**密度函数**（**Density Function**）.

由连续型随机变量的定义可知，连续型随机变量 X 的分布函数 $F(x)$ 是单调不减的连续函

数，且 $F(-\infty)=0$，$F(+\infty)=1$，进而可知 $F(x)$ 是一条位于直线 $y=0$ 与 $y=1$ 之间的单调不减的连续（但不一定光滑）曲线.

由定义 2.3.1 还可知，连续型随机变量的概率密度函数 $f(x)$ 具有以下性质：

（1）非负性 $f(x)\geqslant 0$；

（2）规范性 $\int_{-\infty}^{+\infty}f(x)\,\mathrm{d}x=1$；

（3）$P(x_1<X\leqslant x_2)=F(x_2)-F(x_1)=\int_{x_1}^{x_2}f(x)\,\mathrm{d}x\ (x_1\leqslant x_2)$；

（4）若 $f(x)$ 在 x 点处连续，则有 $F'(x)=f(x)$.

任一满足以上（1）、（2）两条性质的函数 $f(x)$，一定可以作为某个连续型随机变量的密度函数.

思考问题：

连续型随机变量 X 取任一指定值 $a(a\in R)$ 的概率是多少？

【**例 2.3.1**】 设随机变量 X 的分布函数为 $F(x)=\begin{cases}0, & x\leqslant 0\\x^2, & 0<x\leqslant 1,\\1, & x>1\end{cases}$

求：（1）概率 $P(0.3<X<0.7)$；（2）X 的密度函数.

解 由连续型随机变量分布函数的性质，有：

（1）$P(0.3<X<0.7)=F(0.7)-F(0.3)=0.7^2-0.3^2=0.4$.

（2）X 的密度函数为

$$f(x)=F'(x)=\begin{cases}0, & x\leqslant 0\\2x, & 0<x<1\\0, & x\geqslant 1\end{cases}=\begin{cases}2x, & 0<x<1\\0, & \text{其他}\end{cases}.$$

【**例 2.3.2**】 设随机变量 X 具有概率密度

$$f(x)=\begin{cases}kx, & 0\leqslant x<3\\2-\dfrac{x}{2}, & 3\leqslant x\leqslant 4,\\0, & \text{其他}\end{cases}$$

（1）确定常数 k；（2）求 X 的分布函数 $F(x)$；（3）求 $P\left(1<X\leqslant\dfrac{7}{2}\right)$.

解 （1）由规范性 $\int_{-\infty}^{+\infty}f(x)\,\mathrm{d}x=1$，得 $\int_0^3 kx\,\mathrm{d}x+\int_3^4\left(2-\dfrac{x}{2}\right)\mathrm{d}x=1$，

解得 $k=\dfrac{1}{6}$，于是 X 的概率密度为 $f(x)=\begin{cases}\dfrac{x}{6}, & 0\leqslant x<3\\2-\dfrac{x}{2}, & 3\leqslant x\leqslant 4.\\0, & \text{其他}\end{cases}$

（2）X 的分布函数为

$$F(x)=\begin{cases}0, & x<0\\ \int_0^x \dfrac{t}{6}\mathrm{d}t, & 0\le x<3\\ \int_0^3 \dfrac{t}{6}\mathrm{d}t+\int_3^x\left(2-\dfrac{t}{2}\right)\mathrm{d}t, & 3\le x<4\\ 1, & x\ge 4\end{cases}=\begin{cases}0, & x<0\\ \dfrac{x^2}{12}, & 0\le x<3\\ -3+2x-\dfrac{x^2}{4}, & 3\le x<4\\ 1, & x\ge 4\end{cases}.$$

（3）$P\left(1<X\le\dfrac{7}{2}\right)=\int_1^{\frac{7}{2}}f(x)\,\mathrm{d}x=\int_1^3\dfrac{x}{6}\mathrm{d}x+\int_3^{\frac{7}{2}}\left(2-\dfrac{x}{2}\right)\mathrm{d}x=\dfrac{1}{12}x^2\Big|_1^3+\left(2x-\dfrac{x^2}{4}\right)\Big|_3^{\frac{7}{2}}=\dfrac{41}{48}$,

或

$$P\left(1<X\le\dfrac{7}{2}\right)=F\left(\dfrac{7}{2}\right)-F(1)=\dfrac{41}{48}.$$

2.3.2　常用连续型分布

1.均匀分布

定义 2.3.2　若连续型随机变量 X 的概率密度为

$$f(x)=\begin{cases}\dfrac{1}{b-a}, & a<x<b\\ 0, & \text{其他}\end{cases},$$

则称 X 在区间 (a,b) 上服从**均匀分布**（Uniform Distribution），记为 $X\sim U(a,b)$.

由均匀分布的密度函数可得

$$P(X\ge b)=\int_b^{+\infty}0\,\mathrm{d}x=0,\quad P(X\le a)=\int_{-\infty}^a 0\,\mathrm{d}x=0,$$

进而可得

$$P(a<X<b)=1-P(X\ge b)-P(X\le a)=1.$$

此外，若 $a\le c<d\le b$，则

$$P(c<X<d)=\int_c^d\dfrac{1}{b-a}\mathrm{d}x=\dfrac{d-c}{b-a}.$$

由上面的推导我们发现，事件 $\{a<X<b\}$ 发生的概率为 1，而在区间 (a,b) 以外取值的概率为 0. 此外还可得，X 值落入 (a,b) 中任一子区间 (c,d) 中的概率与子区间的位置无关，仅与子区间的长度成正比.

由连续型随机变量的定义，经简单的推导，可知 X 的分布函数为

$$F(x)=\begin{cases}0, & x<a\\ \dfrac{x-a}{b-a}, & a\le x<b\\ 1, & x\ge b\end{cases}.$$

密度函数 $f(x)$ 和分布函数 $F(x)$ 的图形分别如图 2.3.1 和图 2.3.2 所示.

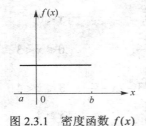

图 2.3.1 密度函数 $f(x)$

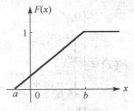

图 2.3.2 分布函数 $F(x)$

【例 2.3.3】 某公共汽车站从上午 7 时起，每 15 分钟来一班车，即 7:00、7:15、7:30、7:45 等时刻有汽车到达此站，如果乘客到达此站的时间 X 是 7:00 到 7:30 之间的均匀随机变量，试求他候车时间少于 5 分钟的概率.

解 以 7:00 为起点 0，以分为单位，依题意

$$X \sim U(0,30), \quad f(x)=\begin{cases} \dfrac{1}{30}, & 0<x<30, \\ 0, & \text{其他} \end{cases}$$

为使候车时间 X 少于 5 分钟，乘客必须在 7:10 到 7:15 之间，或在 7:25 到 7:30 之间到达车站，故所求概率为

$$P(10<X<15)+P(25<X<30)=\int_{10}^{15}\frac{1}{30}\,\mathrm{d}x+\int_{25}^{30}\frac{1}{30}\,\mathrm{d}x=\frac{1}{3}.$$

即乘客候车时间少于 5 分钟的概率是 1/3.

2. 指数分布

定义 2.3.3 若随机变量 X 的概率密度为

$$f(x)=\begin{cases} \lambda\mathrm{e}^{-\lambda x}, & x>0 \\ 0, & \text{其他} \end{cases}, \quad \lambda>0,$$

则称 X 服从参数为 λ 的**指数分布**（Exponentially Distribution）. 简记为 $X \sim E(\lambda)$.

显然 $f(x) \geqslant 0$ （满足非负性），且 $\int_{-\infty}^{+\infty} f(x)\,\mathrm{d}x=\int_{-\infty}^{+\infty}\lambda\mathrm{e}^{-\lambda x}\,\mathrm{d}x=1$ （满足规范性）.

推导可得 X 的分布函数为

$$F(x)=\begin{cases} 1-\mathrm{e}^{-\lambda x}, & x>0 \\ 0, & x \leqslant 0 \end{cases}.$$

生活中，某个特定事件发生所需要的等待时间往往服从指数分布，例如，许多电子元件的使用寿命、电话的通话时间、母鸡下蛋的等待时间等，都可以认为是服从指数分布的.

由指数分布的定义，发现有下式成立：

$$P(X>s+t \mid X>s)=\frac{P(X>s,X>s+t)}{P(X>s)}=\frac{P(X>s+t)}{P(X>s)},$$

$$\frac{1-F(s+t)}{1-F(s)}=\frac{\mathrm{e}^{-\lambda(s+t)}}{\mathrm{e}^{-\lambda s}}=\mathrm{e}^{-\lambda t}=P(X>t).$$

即对于任意 $s,\ t>0$，有

$$P(X>s+t\,|\,X>s)=P(X>t).$$

把指数分布的这种特性称为"无记忆性". 如果用 X 表示某一元件的寿命, 那么上式表明, 在已知元件使用了 s 小时的条件下, 它还能再使用至少 t 小时的概率, 与从开始使用时算起它至少能使用 t 小时的概率相等. 这就是说元件对它已使用过 s 小时没有记忆.

【例 2.3.4】 某元件的寿命 X 服从参数为 λ 的指数分布, 已知其平均寿命为 1000 小时（$\lambda=1000^{-1}$）, 求 3 个这样的元件使用 1000 小时, 至少已有一个损坏的概率.

解 由题设知, X 的分布函数为

$$F(x)=\begin{cases}1-\mathrm{e}^{-\frac{x}{1000}}, & x\geqslant 0 \\ 0, & x<0\end{cases}.$$

由此得到

$$P(X>1000)=1-P(X\leqslant 1000)=1-F(1000)=1-F(1000)=\mathrm{e}^{-1}.$$

各元件的寿命是否超过 1000 小时是独立的, 用 Y 表示 3 个元件中使用 1000 小时损坏的元件数, 则 $Y\sim B(3,1-\mathrm{e}^{-1})$.

所求概率为

$$P(Y\geqslant 1)=1-P(Y=0)=1-C_3^0(1-\mathrm{e}^{-1})^0(\mathrm{e}^{-1})^3=1-\mathrm{e}^{-3}.$$

3. 正态分布

定义 2.3.4 若随机变量 X 的概率密度为

$$f(x)=\frac{1}{\sqrt{2\pi}\sigma}\mathrm{e}^{\frac{(x-\mu)^2}{2\sigma^2}}, \quad -\infty<x<+\infty,$$

其中 μ 和 $\sigma(\sigma>0)$ 都是常数, 则称 X 服从参数为 μ 和 σ^2 的**正态分布**. 记为 $X\sim N(\mu,\sigma^2)$.

注意: 正态分布是概率论中最重要的连续型分布, 在 19 世纪前叶由高斯加以推广, 故又常称为**高斯分布**.

一般来说, 一个随机变量如果受到许多随机因素的影响, 而其中每一个因素都不起主导作用（作用微小）, 则它服从正态分布. 这是正态分布在实践中得以广泛应用的原因. 例如, 产品的质量指标, 元件的尺寸, 某地区成年男子的身高、体重, 测量误差, 射击目标的水平或垂直偏差, 信号噪声, 农作物的产量等, 都服从或近似服从正态分布.

观察 $f(x)$ 的图形（见图 2.3.3、图 2.3.4）可以发现它具有如下性质.

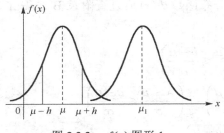

图 2.3.3 $f(x)$ 图形 1

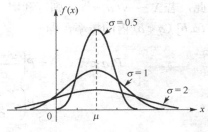

图 2.3.4 $f(x)$ 图形 2

（1）曲线关于 $x=\mu$ 对称;

（2）曲线在 $x=\mu$ 处取到最大值，x 离 μ 越远，$f(x)$ 值越小. 这表明对于同样长度的区间，当区间离 μ 越远，X 落在这个区间上的概率越小；

（3）曲线以 x 轴为渐近线；

（4）若固定 μ，当 σ 越小时，则图形越尖陡（见图 2.3.4），因而 X 落在 μ 附近的概率越大；若固定 σ，μ 值改变，则图形沿 x 轴平移，而不改变其形状. 故称 σ 为精度参数，μ 为位置参数.

由连续型随机变量的定义得 X 的分布函数

$$F(x)=\frac{1}{\sqrt{2\pi}\sigma}\int_{-\infty}^{x}e^{\frac{(t-\mu)^2}{2\sigma^2}}\mathrm{d}t.$$

当 $\mu=0$，$\sigma=1$ 时，正态分布称为**标准正态分布**，此时，其密度函数和分布函数常用 $\phi(x)$ 和 $\Phi(x)$ 表示：

$$\phi(x)=\frac{1}{\sqrt{2\pi}}e^{-\frac{x^2}{2}},\quad \Phi(x)=\frac{1}{\sqrt{2\pi}}\int_{-\infty}^{x}e^{-\frac{t^2}{2}}\mathrm{d}t.$$

通过线性变换可将任何一个一般的正态分布转化为标准正态分布，因此标准正态分布很重要.

定理 2.3.1 设 $X\sim N(\mu,\sigma^2)$，则 $\dfrac{X-\mu}{\sigma}\sim N(0,1)$.

证明 令 $Z=\dfrac{X-\mu}{\sigma}$，则

$$P(Z\leqslant x)=P\left(\frac{X-\mu}{\sigma}\leqslant x\right)=P(X\leqslant \mu+\sigma x)=\int_{-\infty}^{\mu+\sigma x}\frac{1}{\sqrt{2\pi}\sigma}e^{\frac{(t-\mu)^2}{2\sigma^2}}\mathrm{d}t,$$

令 $\dfrac{t-\mu}{\sigma}=s$，得

$$P(Z\leqslant x)=\frac{1}{\sqrt{2\pi}}\int_{-\infty}^{x}e^{-\frac{s^2}{2}}\mathrm{d}s=\Phi(x),$$

即得

$$Z=\frac{X-\mu}{\sigma}\sim N(0,1).$$

因此，若 $X\sim N(\mu,\sigma^2)$，则可利用标准正态分布函数 $\Phi(x)$ 通过查附录 B 求得 X 落在任一区间 $(a,b]$（$a<b$）内的概率，即

$$P(a<X\leqslant b)=P\left(\frac{a-\mu}{\sigma}<\frac{X-\mu}{\sigma}\leqslant\frac{b-\mu}{\sigma}\right)$$
$$=P\left(\frac{X-\mu}{\sigma}\leqslant\frac{b-\mu}{\sigma}\right)-P\left(\frac{X-\mu}{\sigma}\leqslant\frac{a-\mu}{\sigma}\right)$$
$$=\Phi\left(\frac{b-\mu}{\sigma}\right)-\Phi\left(\frac{a-\mu}{\sigma}\right).$$

思考问题：

若 $X \sim N(0,1)$，$\Phi(x)$ 是其分布函数，请探讨 $\Phi(x)$ 与 $\Phi(-x)$ 之间的关系.

【例 2.3.5】 设 $X \sim N(1,4)$，求 $F(5)$、$P(0 < X \leqslant 1.6)$、$P(|X-1| \leqslant 2)$.

解 这里 $\mu = 1$，$\sigma = 2$，故

$$F(5) = P(X \leqslant 5) = P\left(\frac{X-1}{2} \leqslant \frac{5-1}{2}\right) = \Phi\left(\frac{5-1}{2}\right) = \Phi(2) \approx 0.9772,$$

$$P(0 < X \leqslant 1.6) = \Phi\left(\frac{1.6-1}{2}\right) - \Phi\left(\frac{0-1}{2}\right) = \Phi(0.3) - \Phi(-0.5)$$

$$= 0.6197 - [1 - \Phi(0.5)] = 0.6197 - (1 - 0.6915) = 0.3094,$$

$$P(|X-1| \leqslant 2) = P(-1 \leqslant X \leqslant 3) = P\left(-1 \leqslant \frac{X-1}{2} \leqslant 1\right) = \Phi(1) - \Phi(-1) = 2\Phi(1) - 1$$

$$= 2 \times 0.8413 - 1 = 0.6826.$$

【例 2.3.6】 设某项竞赛成绩 $X \sim N(65,100)$，若按参赛人数的 10% 发奖，问获奖分数线应定为多少？

解 设获奖分数线为 x_0，则求使 $P(X \geqslant x_0) = 0.1$ 成立的 x_0，

$$P(X \geqslant x_0) = 1 - P(X < x_0) = 1 - F(x_0) = 1 - \Phi\left(\frac{x_0 - 65}{10}\right) = 0.1,$$

即 $\Phi\left(\dfrac{x_0 - 65}{10}\right) = 0.9$，查表得 $\dfrac{x_0 - 65}{10} = 1.29$，解得 $x_0 = 77.9$，故分数线可定为 78 分.

设 $X \sim N(\mu, \sigma^2)$，由 $\Phi(x)$ 函数表可得

$$P(\mu - \sigma < X < \mu + \sigma) = \Phi(1) - \Phi(-1) = 2\Phi(1) - 1 = 0.6826,$$

$$P(\mu - 2\sigma < X < \mu + 2\sigma) = \Phi(2) - \Phi(-2) = 2\Phi(2) - 1 = 0.9544,$$

$$P(\mu - 3\sigma < X < \mu + 3\sigma) = \Phi(3) - \Phi(-3) = 2\Phi(3) - 1 = 0.9974.$$

我们看到，尽管正态变量的取值范围是 $(-\infty, +\infty)$，但它的值落在 $(\mu - 3\sigma, \mu + 3\sigma)$ 内几乎是肯定的事，因此在实际问题中，基本可以认为有 $|X - \mu| < 3\sigma$. 这就是人们所说的"3σ 原则".

习题 2.3

1. 设随机变量 X 的密度函数为

$$f(x) = \begin{cases} \dfrac{2}{\pi}\sqrt{1-x^2}, & -1 \leqslant x \leqslant 1, \\ 0, & \text{其他} \end{cases}$$

求其分布函数 $F(x)$.

2. 公共汽车车门的高度是按成年男子与车门顶碰头的概率在 1% 以下来设计的. 设男子身高 X 服从 $\mu = 170$ cm，$\sigma = 6$cm 的正态分布，即 $X \sim N(170,36)$，问车门高度应如何确定？

3. 测量到某一目标的距离时发生的随机误差 X（单位：m）具有密度函数

$$f(x) = \frac{1}{40\sqrt{2\pi}} e^{-\frac{(x-20)^2}{3200}}.$$

试求在三次测量中至少有一次误差的绝对值不超过 30m 的概率.

4. 将一温度调节器放置在存储某种液体的容器内,调节器整定在 d ℃,液体的温度 X(单位是℃)是一个随机变量,且 $X \sim N(d,0.5^2)$.

(1) 若 $d = 90$℃,求 X 小于 89℃的概率;

(2) 若要求保持液体的温度至少为 80℃的概率不低于 0.99,问 d 至少为多少?

5. 若 $X \sim N(3,3^2)$,求:(1) $P(2 < X < 5)$;(2) $P(X > 0)$;(3) $P(|X-3| > 6)$.

6. 概率为 0 的事件一定是不可能事件吗?概率为 1 的事件一定是必然事件吗?

7. 设 $X \sim U(0,6)$,求方程 $4x^2 + 4Xx + X + 2 = 0$ 有实根的概率.

8. 已知某台机器生产的螺栓长度 X(单位是 cm)服从参数 $\mu = 10.05$,$\sigma = 0.06$ 的正态分布. 规定螺栓长度在 10.05 ± 0.12 内为合格品,试求螺栓为合格品的概率.

9. 设随机变量 X 在 $[2,5]$ 上服从均匀分布. 现对 X 进行三次独立观测,求至少有两次的观测值大于 3 的概率.

10. 已知随机变量 X 的密度函数为

$$f(x) = A\mathrm{e}^{-|x|}, \quad -\infty < x < +\infty,$$

求:(1) A 值;(2) $P(0 < X < 1)$;(3) $F(x)$.

11. 某校抽样调查知,该校考生数学成绩(百分制)服从正态分布 $N(72,\sigma^2)$,已知考 96 分以上的学生占考生总数的 2.3%,求考生的数学成绩在 60~84 分范围内的概率.

2.4 随机变量函数的分布

在解决实际问题时,直接求某些随机变量的分布很难(如圆面积 S、球体积 V 等),但是与它们有函数关系的另一些随机变量的分布是很容易求出的(如圆的直径 D、球的直径 X). 因此,如果已知随机变量 X 的分布函数,则可求出 $Y = g(X)$ 的分布函数.

2.4.1 离散型随机变量函数的分布

设离散型随机变量 X 的概率分布为

X	x_1	x_2	$\cdots$	x_n	$\cdots$
p_i	$p(x_1)$	$p(x_2)$	$\cdots$	$p(x_n)$	$\cdots$

易见,X 的函数 $Y = g(X)$ 显然还是离散型随机变量. 当 $g(x_1), g(x_2), \cdots, g(x_n)$ 全不相等时,Y 的分布列可表示为

Y	$g(x_1)$	$g(x_2)$	$\cdots$	$g(x_n)$	$\cdots$
p_i	$p(x_1)$	$p(x_2)$	$\cdots$	$p(x_n)$	$\cdots$

当 $g(x_1), g(x_2), \cdots, g(x_n)$ 的某些值相等时,则把那些相等的值分别合并,并把对应的概率相加.

【例 2.4.1】 设随机变量 X 具有以下的分布列,试求 $Y = (X-1)^2$ 的分布列.

X	-1	0	1	2
p_i	0.2	0.3	0.1	0.4

解 $Y = (X-1)^2$ 所有可能的取值为 $0, 1, 4$ ，由

$$P(Y=0) = P((X-1)^2 = 0) = P(X=1) = 0.1，$$

$$P(Y=1) = P(X=0) + P(X=2) = 0.7，$$

$$P(Y=4) = P(X=-1) = 0.2，$$

得 Y 的分布列为

Y	0	1	4
p_i	0.1	0.7	0.2

2.4.2 连续型随机变量函数的分布

离散型随机变量的函数是离散型随机变量，但是连续型随机变量的函数不一定是连续型随机变量. 本书只讨论连续型随机变量的函数还是连续型随机变量的情形.

设连续型随机变量 X 的分布函数为 $F_X(x)$ ，概率密度函数为 $f_X(x)$ ，则随机变量函数 $Y = g(X)$ 的分布函数可表示为

$$F_Y(y) = P(Y \leqslant y) = P(g(X) \leqslant y) = P(X \in C_y)，$$

其中，$C_y = \{x \mid g(x) \leqslant y\}$.

由前面所学可知，$P(X \in C_y)$ 可由 X 的概率密度函数 $f_X(x)$ 的积分来表示为

$$P(X \in C_y) = \int_{C_y} f_X(x)\, \mathrm{d}x，$$

即有

$$F_Y(y) = P(X \in C_y) = \int_{C_y} f_X(x)\, \mathrm{d}x，$$

进而可通过 Y 的分布函数 $F_Y(y)$ ，求出 Y 的密度函数.

【例 2.4.2】 设 $X \sim N(0,1)$ ，求 $Y = X^2$ 的密度函数.

解 记 Y 的分布函数为 $F_Y(y)$ ，则 $F_Y(y) = P(Y \leqslant y) = P(X^2 \leqslant y)$.

显然，当 $y < 0$ 时，$F_Y(y) = P(Y \leqslant y) = P(X^2 \leqslant y) = 0$ ；

当 $y \geqslant 0$ 时，$F_Y(y) = P(Y \leqslant y) = P(X^2 \leqslant y) = P(-\sqrt{y} \leqslant X \leqslant \sqrt{y}) = 2\Phi(\sqrt{y}) - 1$ ，

从而 $Y = X^2$ 的分布函数为 $F_Y(y) = \begin{cases} 2\Phi(\sqrt{y}) - 1, & y \geqslant 0 \\ 0, & y < 0 \end{cases}$.

所以，$Y = X^2$ 的密度函数为

$$f_Y(y) = F_Y'(y) = \begin{cases} \dfrac{1}{\sqrt{y}}\phi(\sqrt{y}), & y \geqslant 0 \\ 0, & y < 0 \end{cases} = \begin{cases} \dfrac{1}{\sqrt{2\pi y}} \mathrm{e}^{-\frac{y}{2}}, & y \geqslant 0 \\ 0, & y < 0 \end{cases}.$$

注意： 以上述函数为密度函数的随机变量称为服从 $\chi^2(1)$ **分布**，它是一类更广泛的分布 $\chi^2(n)$ 在 $n=1$ 时的特例. 关于 $\chi^2(n)$ 分布的细节将在第 6 章中给出.

定理 2.4.1 设随机变量 X 具有概率密度 $f_X(x)$ ，$x \in (-\infty, +\infty)$ ，又设 $y = g(x)$ 处处可导且恒有 $g'(x) > 0$ （或恒有 $g'(x) < 0$ ），则 $Y = g(X)$ 是一个连续型随机变量，其概率密度为

$$f_Y(y) = \begin{cases} f[h(y)]|h'(y)|, & \alpha < y < \beta \\ 0, & \text{其他} \end{cases},$$

其中，$x = h(y)$ 是 $y = g(x)$ 的反函数，且 $\alpha = \min(g(-\infty), g(+\infty))$，$\beta = \max(g(-\infty), g(+\infty))$．

【例 2.4.3】 设随机变量 $X \sim N(0,1)$，$Y = \mathrm{e}^X$，求 Y 的概率密度函数．

解 设 $F_Y(y)$、$f_Y(y)$ 分别为随机变量 Y 的分布函数和概率密度函数，则

当 $y \leqslant 0$ 时，有 $F_Y(y) = P(Y \leqslant y) = P(\mathrm{e}^X \leqslant y) = 0$；

当 $y > 0$ 时，因为 $g(x) = \mathrm{e}^x$ 是 x 的严格单调增函数，所以有

$$F_Y(y) = P(Y \leqslant y) = P(\mathrm{e}^X \leqslant y) = P(X \leqslant \ln Y) = \frac{1}{\sqrt{2\pi}} \int_{-\infty}^{\ln y} \mathrm{e}^{-\frac{x^2}{2}} \mathrm{d}x,$$

再由 $f_Y(y) = F'_Y(y)$，得 $f_Y(y) = \begin{cases} \dfrac{1}{\sqrt{2\pi} y} \mathrm{e}^{-\frac{(\ln y)^2}{2}}, & y > 0 \\ 0, & y \leqslant 0 \end{cases}$．

通常称上式中的 Y 服从**对数正态分布**，它也是一种常用寿命分布．

【例 2.4.4】 设随机变量 $X \sim N(\mu, \sigma^2)$．试证明 X 的线性函数 $Y = aX + b$（$a \neq 0$）也服从正态分布．

证明 X 的概率密度为 $f_X(x) = \dfrac{1}{\sqrt{2\pi}\sigma} \mathrm{e}^{-\frac{(x-\mu)^2}{2\sigma^2}}$，$-\infty < x < +\infty$．

由 $y = g(x) = ax + b$，解得 $x = h(y) = \dfrac{y-b}{a}$，从而 $Y = aX + b$ 的概率密度为

$$f_Y(y) = \frac{1}{|a|} f_X\left(\frac{y-b}{a}\right), \quad -\infty < y < +\infty,$$

即 $f_Y(y) = \dfrac{1}{|a|} f_X\left(\dfrac{y-b}{a}\right) = \dfrac{1}{|a|} \dfrac{1}{\sqrt{2\pi}\sigma} \mathrm{e}^{-\frac{\left(\frac{y-b}{a}-\mu\right)^2}{2\sigma^2}} = \dfrac{1}{|a|\sigma\sqrt{2\pi}} \mathrm{e}^{-\frac{[y-(b+a\mu)]^2}{2(a\sigma)^2}}$，$-\infty < y < +\infty$

即有 $Y = aX + b \sim N(a\mu + b, (a\sigma)^2)$．

特别地，若在本例中取 $a = \dfrac{1}{\sigma}$，$b = -\dfrac{\mu}{\sigma}$，则得 $Y = \dfrac{X-\mu}{\sigma} \sim N(0,1)$．

这就是 2.3 节中定理 2.3.1 的结果．

习题 2.4

1．设 X 的分布列为

X	-1	0	1	2	$\dfrac{5}{2}$
p_i	$\dfrac{2}{5}$	$\dfrac{1}{10}$	$\dfrac{1}{10}$	$\dfrac{1}{10}$	$\dfrac{3}{10}$

试求：（1）$Z = 2X$ 的分布列；（2）$Y = X^2$ 的分布列．

2．设 X 服从参数为 λ 的泊松分布，令

$$g(X) = \begin{cases} 1, & X \text{ 取偶数} \\ 0, & X = 0 \\ -1, & X \text{ 取奇数} \end{cases},$$

求随机变量 $g(X)$ 的分布列.

3．设随机变量 Y 的概率密度为

$$f(x)=\begin{cases} \dfrac{2x}{\pi^2}, & 0<x<\pi, \\ 0, & \text{其他} \end{cases}$$

求 $Y=\sin X$ 的概率密度.

4．设 $X \sim N(0,1)$.

（1）求 $Y=2X^2+1$ 的概率密度；

（2）求 $Y=|X|$ 的概率密度.

5．设随机变量 $X \sim U(0,1)$，试求：

（1）$Y=\mathrm{e}^X$ 的分布函数及密度函数；

（2）$Z=-2\ln X$ 的分布函数及密度函数.

第3章 多维随机变量及其分布

第2章讨论了一维随机变量，但在实际问题中，有些随机现象仅用一个随机变量描述是不够的，需要同时用两个或两个以上的随机变量来描述. 例如，研究学龄前儿童的发育情况，仅研究儿童的身高 X 或仅研究其体重 Y 都是片面的，有必要把 X 和 Y 作为一个整体来考虑. 又如，考察某次射击中弹着点的位置时，就要同时考察弹着点的横坐标 X 和纵坐标 Y. 在这种情况下，不但要研究多个随机变量各自的统计规律，而且还要研究它们之间的统计相依关系，因而需考察它们的联合取值的统计规律，即多维随机变量的分布. 由于从二维推广到多维一般无实质性的困难，故重点讨论二维随机变量.

3.1 二维随机变量及其分布

3.1.1 二维随机变量的定义及其分布函数

定义 3.1.1 如果 $X = X(\omega)$ ，$Y = Y(\omega)$ 是定义在同一个样本空间 $\Omega = \{\omega\}$ 上的两个随机变量，则称 $(X(\omega), Y(\omega)) = (X, Y)$ 为定义在 Ω 上的二维随机向量（**2–Dimensional Random Vector**）或二维随机变量（**2–Dimensional Random Variable**）.

类似地，如果 $X_1(\omega)$ ，$X_2(\omega)$ ，$\cdots$ ，$X_n(\omega)$ 是定义在同一个样本空间 $\Omega = \{\omega\}$ 上的 n 个随机变量，则称 $(X_1(\omega)$ ，$X_2(\omega)$ ，$\cdots$ ，$X_n(\omega))$ 为 n 维（或 n 元）随机变量或随机向量.

注意：多维随机变量的关键是定义在同一个样本空间上.

与一维随机变量的情形类似，对于二维随机向量，也通过分布函数来描述其概率分布规律. 考虑两个随机变量的相互关系，需要将 (X,Y) 作为一个整体来进行研究.

定义 3.1.2 设 (X,Y) 是二维随机变量，对任意实数 x、y ，二元函数

$$F(x,y) = P(X \leqslant x, Y \leqslant y)$$

称为二维随机变量 (X,Y) 的分布函数或随机变量 X 和 Y 的联合分布函数.

类似地，对任意 n 个实数 $x_1, x_2, \cdots, x_n$ ，则 n 个事件 $\{X_1 \leqslant x_1\}$，$\{X_2 \leqslant x_2\}$，$\cdots$，$\{X_n \leqslant x_n\}$ 同时发生的概率

$$F(x_1, x_2, \cdots, x_n) = P(X_1 \leqslant x_1,\ X_2 \leqslant x_2, \cdots, X_n \leqslant x_n)$$

称为 n 维随机变量 $(X_1, X_2, \cdots, X_n)$ 的联合分布函数.

几何解释：如果把二维随机变量 (X,Y) 视为平面上随机点的坐标，那么，分布函数 $F(x,y)$ 在点 (x,y) 处的函数值就是随机点 (X,Y) 落在直线 $X = x$ 的左侧和直线 $Y = y$ 的下方以 (x,y) 为顶点的无穷直角区域内的概率，如图 3.1.1 所示.

经简单的推导，可证明二维随机变量联合分布函数 $F(x,y)$ 具有以下 4 条基本性质.

（1）**单调性**：$F(x,y)$ 关于 x 和 y 均为单调非减函数，即

对任意固定的 y ，当 $x_2 > x_1$ 时，$F(x_2, y) \geqslant F(x_1, y)$ ；

对任意固定的 x ，当 $y_2 > y_1$ 时，$F(x, y_2) \geqslant F(x, y_1)$.

（2）**有界性**：对任意实数 x、y ，有 $0 \leqslant F(x,y) \leqslant 1$ ，且

对任意固定的 y ，有 $F(-\infty, y) = 0$ ，

对任意固定的 x ，有 $F(x, -\infty) = 0$ ，

$F(-\infty, -\infty) = 0$ ， $F(+\infty, +\infty) = 1$.

（3）**右连续性**：$F(x,y)$ 关于 x 和 y 均为右连续，即

$$F(x,y) = F(x+0, y) , \quad F(x,y) = F(x, y+0) .$$

（4）**非负性**：对于任意 $x_1 < x_2$、$y_1 < y_2$ ，下述不等式成立：

$$F(x_2, y_2) - F(x_2, y_1) - F(x_1, y_2) + F(x_1, y_1) \geqslant 0 .$$

注意：具有上述 4 条性质的二元函数 $F(x,y)$ 一定是某个二维随机变量的分布函数. 任一二维分布函数 $F(x,y)$ 必具有上述 4 条性质，其中性质（4）是二元随机变量独有的，如图 3.1.2 所示.

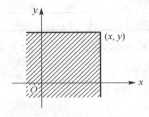

图 3.1.1　几何解释

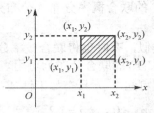

图 3.1.2　非负性

【**例 3.1.1**】 设二维随机变量 (X, Y) 的分布函数为

$$F(x,y) = A\left(B + \arctan\frac{x}{2}\right)\left(C + \arctan\frac{y}{3}\right) , \quad -\infty < x < +\infty , \quad -\infty < y < +\infty .$$

（1）试确定常数 A、B、C .

（2）求事件 $(2 < X < +\infty, 0 < Y \leqslant 3)$ 的概率.

解　（1）由二维随机变量分布函数的性质，可得

$$F(+\infty, +\infty) = A\left(B + \frac{\pi}{2}\right)\left(C + \frac{\pi}{2}\right) = 1 ,$$

$$F(-\infty, +\infty) = A\left(B - \frac{\pi}{2}\right)\left(C + \frac{\pi}{2}\right) = 0 ,$$

$$F(+\infty, -\infty) = A\left(B + \frac{\pi}{2}\right)\left(C - \frac{\pi}{2}\right) = 0 .$$

由这三个等式中的第一个等式知 $A \neq 0$ ， $B + \frac{\pi}{2} \neq 0$ ， $C + \frac{\pi}{2} \neq 0$ ；由第二、三个等式知 $B - \frac{\pi}{2} = 0$ ， $C - \frac{\pi}{2} = 0$ ，于是得 $B = C = \frac{\pi}{2}$ ， $A = \frac{1}{\pi^2}$.

故 (X, Y) 的分布函数为

$$F(x,y) = \frac{1}{\pi^2}\left(\frac{\pi}{2} + \arctan\frac{x}{2}\right)\left(\frac{\pi}{2} + \arctan\frac{y}{3}\right)$$

（2）由分布函数的性质（4）得

$$P(2 < X < +\infty, 0 < Y \leqslant 3) = F(+\infty,3) - F(+\infty,0) - F(2,3) + F(2,0) = \frac{1}{16}.$$

3.1.2　二维离散型随机变量及其概率分布

定义 3.1.3　若二维随机变量 (X,Y) 只取有限对或无限可列对值，则称 (X,Y) 为二维离散型随机变量.

若二维离散型随机变量 (X,Y) 所有可能的取值为 (x_i, y_j)，$i,j = 1,2,\cdots$，则称

$$P(X = x_i, Y = y_j) = p_{ij}, \quad i,j = 1,2,\cdots$$

为**二维离散型随机变量** (X,Y) 的概率分布（分布列），或 X 与 Y 的**联合概率分布**（分布列或分布律）.

表 3.3.1　联合分布列

X ＼ Y	y_1	y_2	$\cdots$	y_j	$\cdots$
x_1	p_{11}	p_{12}	$\cdots$	p_{1j}	$\cdots$
x_2	p_{21}	p_{22}	$\cdots$	p_{2j}	$\cdots$
$\vdots$	$\vdots$	$\vdots$		$\vdots$	$\vdots$
x_i	p_{i1}	p_{i2}	$\cdots$	p_{ij}	$\cdots$
$\vdots$	$\vdots$	$\vdots$		$\vdots$	$\vdots$

与一维情形类似，有时也将联合概率分布用表格形式来表示，并称为联合概率分布表，离散型随机变量 (X,Y) 的联合分布列可用表 3.1.1 表示.

由概率的定义可知，p_{ij} 具有如下性质：

（1）**非负性**：$p_{ij} \geqslant 0$，$i,j = 1,2,\cdots$；

（2）**规范性**：$\sum\limits_{i,j} p_{ij} = 1$.

注意：对离散型随机变量而言，联合概率分布不仅比联合分布函数更加直观，而且能够更加方便地确定 (X,Y) 取值于任何区域 D 上的概率，即

$$P((X,Y) \in D) = \sum_{(x_i, y_j) \in D} p_{ij}.$$

特别地，由联合概率分布可以确定联合分布函数：

$$F(x,y) = P(X \leqslant x, Y \leqslant y) = \sum_{x_i \leqslant x, y_j \leqslant y} p_{ij}.$$

【例 3.1.2】 把一枚均匀硬币抛掷三次，设 X 为三次抛掷中正面出现的次数，而 Y 为正面出现次数与反面出现次数之差的绝对值，求 (X,Y) 的概率分布.

解　(X,Y) 可取值（0,3）、（1,1）、（2,1）、（3,3）.

$$P(X = 0, Y = 3) = \left(\frac{1}{2}\right)^3 = \frac{1}{8},$$

$$P(X = 1, Y = 1) = 3 \times \left(\frac{1}{2}\right)^3 = \frac{3}{8},$$

$$P(X = 2, Y = 1) = \frac{3}{8},$$

$$P(X = 3, Y = 3) = \frac{1}{8},$$

故 (X,Y) 的概率分布如下表.

X＼Y	1	3
0	0	1/8
1	3/8	0
2	3/8	0
3	0	1/8

【例 3.1.3】　设二维随机变量的联合概率分布为

X＼Y	−2	0	1
−1	0.3	0.1	0.1
1	0.05	0.2	0
2	0.2	0	0.05

求 $P(X \leqslant 1, Y \geqslant 0)$ 及 $F(0,0)$.

解　$P(X \leqslant 1, Y \geqslant 0) = P(X=-1, Y=0) + P(X=-1, Y=1) + P(X=1, Y=0) + P(X=1, Y=1)$

$$= 0.1 + 0.1 + 0.2 + 0 = 0.4 .$$

$$F(0,0) = P(X=-1, Y=-2) + P(X=-1, Y=0) = 0.3 + 0.1 = 0.4 .$$

3.1.3　二维连续型随机变量及其概率密度

定义 3.1.4　设 (X,Y) 为二维随机变量，$F(x,y)$ 为其分布函数，若存在一个非负可积的二元函数 $f(x,y)$ ，使对任意 (x,y) ，有

$$F(x,y) = \int_{-\infty}^{x} \int_{-\infty}^{y} f(s,t)\,\mathrm{d}s\mathrm{d}t ,$$

则称 (X,Y) 为**二维连续型随机变量**，并称 $f(x,y)$ 为 (X,Y) 的**概率密度（密度函数）**，或 X 与 Y 的**联合概率密度（联合密度函数）**.

概率密度函数 $f(x,y)$ 具有以下性质.

（1）非负性：$f(x,y) \geqslant 0$ ；

（2）规范性：$\int_{-\infty}^{+\infty} \int_{-\infty}^{+\infty} f(x,y)\,\mathrm{d}x\mathrm{d}y = F(-\infty, +\infty) = 1$ ；

（3）设 D 是 xOy 平面上的区域，点 (X,Y) 落入 D 内的概率为

$$P((x,y) \in D) = \iint\limits_{D} f(x,y)\,\mathrm{d}x\mathrm{d}y ;$$

（4）若 $f(x,y)$ 在点 (x,y) 连续，则有 $\dfrac{\partial^2 F(x,y)}{\partial x \partial y} = f(x,y)$.

【例 3.1.4】　设二维随机变量 (X,Y) 具有概率密度

$$f(x,y) = \begin{cases} 2\mathrm{e}^{-(2x+y)}, & x>0, y>0 \\ 0, & 其他 \end{cases} .$$

（1）求分布函数 $F(x,y)$ ；（2）求概率 $P(Y \leqslant X)$.

解 （1）$F(x,y)=\int_{-\infty}^{x}\int_{-\infty}^{y}f(s,t)\,\mathrm{d}s\mathrm{d}t=\begin{cases}\int_{0}^{x}\int_{0}^{y}2\mathrm{e}^{-(2s+t)}\mathrm{d}s\mathrm{d}t,&x>0,y>0\\0,&\text{其他}\end{cases}$，

即有 $\qquad\qquad F(x,y)=\begin{cases}(1-\mathrm{e}^{-2x})(1-\mathrm{e}^{-y}),&x>0,y>0\\0,&\text{其他}\end{cases}$.

（2）将 (X,Y) 视为平面上随机点的坐标，即有 $(Y\leqslant X)=\{(Y\leqslant X)\in G\}$，其中 G 为 xOy 平面上直线 $y=x$ 及其下方的部分，于是

$$P(Y\leqslant X)=P((Y\leqslant X)\in G)=\iint_{G}f(x,y)\,\mathrm{d}x\mathrm{d}y=\int_{0}^{+\infty}\mathrm{d}y\int_{y}^{+\infty}2\mathrm{e}^{-(2x+y)}\,\mathrm{d}x$$

$$=\int_{0}^{+\infty}\mathrm{e}^{-y}[-\mathrm{e}^{-2x}]\big|_{y}^{+\infty}\,\mathrm{d}y=\int_{0}^{+\infty}\mathrm{e}^{-3y}\mathrm{d}y=\frac{1}{3}.$$

3.1.4 常见多维分布

1. 二维均匀分布

设 G 是平面上的有界区域，其面积为 A．若二维随机变量 (X,Y) 具有概率密度函数

$$f(x,y)=\begin{cases}\dfrac{1}{A},&(x,y)\in G\\0,&\text{其他}\end{cases},$$

则称 (X,Y) 在 G 上服从均匀分布．

同理可有，设 G 是空间上的有界区域，其体积为 A．若三维随机变量 (X,Y,Z) 具有概率密度函数

$$f(x,y,z)=\begin{cases}\dfrac{1}{A},&(x,y,z)\in G\\0,&\text{其他}\end{cases},$$

则称 (X,Y,Z) 在 G 上服从均匀分布．

【例 3.1.5】 设 (X,Y) 服从单位圆域 $x^2+y^2\leqslant 4$ 上的均匀分布，求 (X,Y) 的概率密度及 $P(0<X<1,0<Y<1)$．

解 圆域 $x^2+y^2\leqslant 4$ 的面积 $A=4\pi$，故 (X,Y) 的概率密度为

$$f(x,y)=\begin{cases}\dfrac{1}{4\pi},&x^2+y^2\leqslant 4\\0,&\text{其他}\end{cases},$$

G 为由不等式 $0<x<1$ 和 $0<y<1$ 所确定的区域，所以

$$P(0<X<1,0<Y<1)=\iint_{G}f(x,y)\,\mathrm{d}x\mathrm{d}y=\int_{0}^{1}\mathrm{d}x\int_{0}^{1}\frac{1}{4\pi}\mathrm{d}y=\frac{1}{4\pi}.$$

2. 二维正态分布

若二维随机变量 (X,Y) 具有概率密度

$$f(x,y)=\frac{1}{2\pi\sigma_1\sigma_2\sqrt{1-\rho^2}}\mathrm{e}^{-\frac{1}{2(1-\rho^2)}\left[\left(\frac{x-\mu_1}{\sigma_1}\right)^2-2\rho\left(\frac{x-\mu_1}{\sigma_1}\right)\left(\frac{y-\mu_2}{\sigma_2}\right)+\left(\frac{y-\mu_2}{\sigma_2}\right)^2\right]},$$

其中，μ_1、μ_2、σ_1、σ_2、ρ 均为常数，且 $\sigma_1 > 0$，$\sigma_2 > 0$，$|\rho| < 1$，则称 (X,Y) 服从参数为 μ_1、μ_2、σ_1、σ_2、ρ 的二维正态分布. 记为 $(X,Y) \sim N(\mu_1, \mu_2, \sigma_1^2, \sigma_2^2, \rho)$.

生活中有不少二维随机变量是服从二维正态分布的，例如，射击时炮弹的弹着点在平面上的散布或枪弹的弹着点在靶面上的分布都是二维正态分布；又如某种生物的体长和体重一般也服从二维正态分布.

【例 3.1.6】 设 $(X,Y) \sim N(0,0,\sigma^2,\sigma^2,0)$，求 $P(Y > X)$.

解 易知 $f(x,y) = \dfrac{1}{2\pi\sigma^2} \mathrm{e}^{-\frac{x^2+y^2}{2\sigma^2}}$ $(-\infty < x, y < +\infty)$，

所以

$$P(Y > X) = \iint\limits_{x<y} \frac{1}{2\pi\sigma^2} \mathrm{e}^{-\frac{x^2+y^2}{2\sigma^2}} \mathrm{d}x\mathrm{d}y.$$

引进极坐标

$$x = r\cos\theta, \quad y = r\sin\theta,$$

则

$$P(X < Y) = \int_{\frac{\pi}{4}}^{\frac{5\pi}{4}} \int_0^{+\infty} \frac{1}{2\pi\sigma^2} r \mathrm{e}^{-\frac{r^2}{2\sigma^2}} \mathrm{d}r\mathrm{d}\theta = \frac{1}{2}.$$

习题 3.1

1. 设随机变量 X 在 1、2、3、4 这 4 个整数中等可能地取一个值，另一个随机变量 Y 在 $1 \sim X$ 中等可能地取一整数值，试求 (X,Y) 的分布列.

2. 将两封信随意地投入 3 个邮筒，设 X、Y 分别表示投入第 1、2 号邮筒中信的数目，求 X 和 Y 的联合概率分布.

3. 盒子里装有 3 个黑球、2 个红球、2 个白球，在其中任取 4 个球，以 X 表示取到黑球的个数，以 Y 表示取到红球的个数. 求 X 和 Y 的联合分布列.

4. 将一枚硬币连掷三次，以 X 表示三次中出现正面的次数，以 Y 表示三次中出现正面次数与出现背面的次数之差的绝对值，求 X 和 Y 的联合分布.

5. 已知随机变量 X 与 Y 的联合分布函数为 $F(x,y)$，试用 $F(x,y)$ 表示下列概率：

（1）$P(X \geqslant 3, Y \geqslant 6)$；（2）$P(X = 3, Y < 1)$；（3）$P(X \leqslant 1, Y = 2)$；

（4）$P(1 < X < 3, 4 < Y < 5)$.

6. 设二维随机变量 (X,Y) 的联合分布函数为

$$F(x,y) = \begin{cases} \sin x \sin y, & 0 \leqslant x \leqslant \dfrac{\pi}{2}, \quad 0 \leqslant y \leqslant \dfrac{\pi}{2}, \\ 0, & \text{其他} \end{cases}$$

求二维随机变量 (X,Y) 在长方形域 $\left\{ 0 < x \leqslant \dfrac{\pi}{4}, \dfrac{\pi}{6} < y \leqslant \dfrac{\pi}{3} \right\}$ 内的概率.

7. 设随机变量 (X,Y) 的分布密度

$$f(x,y) = \begin{cases} A\mathrm{e}^{-(3x+4y)}, & 0 < x, \quad 0 < y \\ 0, & \text{其他} \end{cases}.$$

求：（1）常数 A；

（2）随机变量 (X,Y) 的分布函数；

（3）$P(0 \leq X < 1, 0 \leq Y < 2)$.

8．设随机变量 (X,Y) 的概率密度为

$$f(x,y) = \begin{cases} k(6-x-y), & 0 < x < 2, \quad 2 < y < 4 \\ 0, & \text{其他} \end{cases}.$$

（1）确定常数 k；

（2）求 $P(X < 1, Y < 3)$；

（3）求 $P(X < 1.5)$；

（4）求 $P(X + Y \leq 4)$.

3.2 边 缘 分 布

二维随机变量 (X,Y) 是由随机变量 X 和 Y 定义在同一样本空间 Ω 的随机变量，不仅 (X,Y) 有分布函数 $F(x,y)$，而且随机变量 X 和 Y 各自也有分布函数，分别记为 $F_X(x)$ 和 $F_Y(y)$，依次称为二维随机变量 (X,Y) 关于 X 和 Y 的边缘分布函数（Marginal Distribution Function）. 联合分布函数 $F(x,y)$ 含有丰富的信息，例如，它可以确定边缘分布函数，即

$$F_X(x) = P(X \leq x) = P(X \leq x, Y < +\infty) = F(x, +\infty),$$

$$F_Y(y) = P(Y \leq y) = P(X < +\infty, Y \leq y) = F(+\infty, y).$$

下面分别讨论二维离散型随机变量与连续型随机变量的边缘分布.

3.2.1 二维离散型随机变量的边缘分布

若 (X,Y) 是二维离散型随机变量，其概率分布为

$$P(X = x_i, Y = y_j) = p_{ij}, \quad i,j = 1,2,\cdots,$$

则 X 的边缘分布函数为

$$F_X(x) = F(x, +\infty) = P(X \leq x, Y < +\infty) = \sum_{x_i \leq x} \sum_j p_{ij}.$$

进而可知 X 的分布列为对 j 求和所得的分布列

$$P(X = x_i) = \sum_{j=1}^{\infty} P(X = x_i, Y = y_j) = \sum_{j=1}^{\infty} p_{ij}, \quad i = 1,2,\cdots,$$

称上式为 (X,Y) 关于 X 的**边缘分布列**.

同理，Y 的分布列为对 i 求和所得的分布列

$$P(Y = y_j) = \sum_{i=1}^{\infty} P(X = x_i, Y = y_j) = \sum_{i=1}^{\infty} p_{ij}, \quad j = 1,2,\cdots,$$

称上式为 (X,Y) 关于 Y 的**边缘分布列**.

【例 3.2.1】 设袋中有 4 个白球及 5 个红球，现从中随机地抽取两次，每次取一个，定义随机变量 X、Y 如下：

$$X=\begin{cases}0, & \text{第一次摸出白球}\\1, & \text{第一次摸出红球}\end{cases}, \qquad Y=\begin{cases}0, & \text{第二次摸出白球}\\1, & \text{第二次摸出红球}\end{cases}.$$

写出下列两种试验的随机变量 (X,Y) 的联合分布与边缘分布.

（1）有放回摸球；（2）无放回摸球.

解 （1）采取有放回摸球时，(X,Y) 的联合分布与边缘分布如表 3.2.1 所示.

表 3.2.1　有放回摸球时的联合分布与边缘分布

X \\ Y	0	1	$P(X=x_i)$
0	$\frac{4}{9}\times\frac{4}{9}$	$\frac{4}{9}\times\frac{5}{9}$	$\frac{4}{9}$
1	$\frac{5}{9}\times\frac{4}{9}$	$\frac{5}{9}\times\frac{5}{9}$	$\frac{5}{9}$
$P(Y=y_j)$	$\frac{4}{9}$	$\frac{5}{9}$	

（2）采取无放回摸球时，(X,Y) 的联合分布与边缘分布如表 3.2.2 所示.

表 3.2.2　无放回摸球时的联合分布与边缘分布

X \\ Y	0	1	$P(X=x_i)$
0	$\frac{4}{9}\times\frac{3}{8}$	$\frac{4}{9}\times\frac{5}{8}$	$\frac{4}{9}$
1	$\frac{5}{9}\times\frac{4}{8}$	$\frac{5}{9}\times\frac{4}{8}$	$\frac{5}{9}$
$P(Y=y_j)$	$\frac{4}{9}$	$\frac{5}{9}$	

思考问题：

联合分布能确定边缘分布，反之，边缘分布能确定联合分布吗？

3.2.2　二维连续型随机变量的边缘分布

设 (X,Y) 是二维连续型随机变量，其概率密度为 $f(x,y)$，由定义可得 X 的边缘分布函数

$$F_X(x)=P(X\leqslant x)=P(X\leqslant x, y<+\infty)$$
$$=\int_{-\infty}^{x}\int_{-\infty}^{+\infty}f(s,t)\,\mathrm{d}s\mathrm{d}t=\int_{-\infty}^{x}\left[\int_{-\infty}^{+\infty}f(s,t)\mathrm{d}t\right]\mathrm{d}s.$$

进而可得 X 的边缘密度函数为

$$f_X(x)=\frac{\mathrm{d}F_X(x)}{\mathrm{d}x}=\int_{-\infty}^{+\infty}f(x,y)\,\mathrm{d}y.$$

同理，Y 是连续型随机变量，且其边缘密度函数为

$$f_Y(y)=\int_{-\infty}^{+\infty}f(x,y)\,\mathrm{d}x.$$

分别称 $f_X(x)$ 和 $f_Y(y)$ 为 (X,Y) 关于 X 和 Y 的**边缘分布密度**或**边缘概率密度**.

【例 3.2.2】 设随机变量 X 和 Y 具有联合概率密度

$$f(x,y) = \begin{cases} 6, & x^2 \leqslant y \leqslant x \\ 0, & \text{其他} \end{cases}.$$

求边缘概率密度 $f_X(x)$ 和 $f_Y(y)$.

解

$$f_X(x) = \int_{-\infty}^{+\infty} f(x,y)\,\mathrm{d}y = \begin{cases} \int_{x^2}^{x} 6\,\mathrm{d}y = 6(x - x^2), & 0 \leqslant x \leqslant 1 \\ 0, & \text{其他} \end{cases},$$

$$f_Y(y) = \int_{-\infty}^{+\infty} f(x,y)\,\mathrm{d}x = \begin{cases} \int_{y}^{\sqrt{y}} 6\,\mathrm{d}x = 6(\sqrt{y} - y), & 0 \leqslant y \leqslant 1 \\ 0, & \text{其他} \end{cases}.$$

【例 3.2.3】 求二维正态随机变量的边缘概率密度.

解 $f_X(x) = \int_{-\infty}^{+\infty} f(x,y)\,\mathrm{d}y$，由于

$$\left(\frac{y-\mu_2}{\sigma_2}\right)^2 - 2\rho\left(\frac{x-\mu_1}{\sigma_1}\right)\left(\frac{y-\mu_2}{\sigma_2}\right) = \left[\frac{y-\mu_2}{\sigma_2} - \rho\frac{x-\mu_1}{\sigma_1}\right]^2 - \rho^2\left(\frac{x-\mu_1}{\sigma_1}\right)^2,$$

于是

$$f_X(x) = \frac{1}{2\pi\sigma_1\sigma_2\sqrt{1-\rho^2}} e^{-\frac{(x-\mu_1)^2}{2\sigma_1^2}} \int_{-\infty}^{+\infty} e^{-\frac{1}{2(1-\rho^2)}\left[\frac{y-\mu_2}{\sigma_2} - \rho\frac{x-\mu_1}{\sigma_1}\right]^2} \,\mathrm{d}y.$$

令 $t = \frac{1}{\sqrt{1-\rho^2}}\left[\frac{y-\mu_2}{\sigma_2} - \rho\frac{x-\mu_1}{\sigma_1}\right]$，则

$$f_X(x) = \frac{1}{2\pi\sigma_1} e^{-\frac{(x-\mu_1)^2}{2\sigma_1^2}} \int_{-\infty}^{+\infty} e^{-\frac{t^2}{2}}\,\mathrm{d}t = \frac{1}{\sqrt{2\pi}\sigma_1} e^{-\frac{(x-\mu_1)^2}{2\sigma_1^2}}, \quad -\infty < x < +\infty.$$

同理

$$f_Y(y) = \frac{1}{\sqrt{2\pi}\sigma_2} e^{-\frac{(y-\mu_2)^2}{2\sigma_2^2}}, \quad -\infty < y < +\infty.$$

注意：二维正态随机变量的两个边缘分布都是一维正态分布，且都不依赖于参数 ρ，即对给定的 μ_1、μ_2、σ_1、σ_2，不同的 ρ 对应不同的二维正态分布，但它们的边缘分布都是相同的，因此仅有关于 X 和关于 Y 的边缘分布，一般来说是不能确定二维随机变量 (X,Y) 的联合分布的.

习题 3.2

1. 设二维随机变量 (X,Y) 的联合分布列为

X \ Y	−1	3
−3	0.15	0.05
5	0.30	0.12
9	0.35	0.03

求关于 X 和关于 Y 的边缘分布.

2．设随机变量 X 在 1、2、3、4 这 4 个整数中等可能地取一个值，另一个随机变量 Y 在 $1\sim X$ 中等可能地取一整数值，试求关于 X 和关于 Y 的边缘分布.

3．设 (X,Y) 的概率密度为

$$f(x,y)=\begin{cases} cy(2-x), & 0\leqslant x\leqslant 1,\ 0\leqslant y\leqslant x, \\ 0, & \text{其他} \end{cases},$$

求：（1）常数 c 的值；（2）两个随机变量的边缘概率密度.

4．设二维随机变量 (X,Y) 的概率密度为

$$f(x,y)=\begin{cases} e^{-y}, & 0<x<y, \\ 0, & \text{其他} \end{cases},$$

求边缘概率密度.

5．设二维随机变量 (X,Y) 的概率密度为

$$f(x,y)=\begin{cases} cx^2y, & x^2\leqslant y\leqslant 1, \\ 0, & \text{其他} \end{cases},$$

（1）试确定常数 c；
（2）求边缘概率密度.

6．设平面区域 D 由曲线 $y=\dfrac{1}{x}$ 及直线 $y=0$、$x=1$、$x=e^2$ 所围成，二维随机变量 (X,Y) 在区域 D 上服从均匀分布，试求 X 的边缘密度函数.

3.3　条　件　分　布

本节主要探讨多维随机变量的条件分布，下面分别讨论二维离散型和二维连续型随机变量的条件分布.

3.3.1　二维离散型随机变量的条件分布

定义 3.3.1　设 (X,Y) 是二维离散型随机变量，对于固定的 j，若 $P(Y=y_j)>0$，则称

$$P(X=x_i\,|\,Y=y_j)=\frac{P(X=x_i,Y=y_j)}{P(Y=y_j)},\quad i=1,2,\cdots,$$

为在 $Y=y_j$ 条件下随机变量 X 的**条件分布列**（**Conditional Distribution**）.

同样，对于固定的 i，若 $P(X=x_i)>0$，则称 $P(Y=y_j\,|\,X=x_i)=\dfrac{P(X=x_i,Y=y_j)}{P(X=x_i)}$，$j=1,2,\cdots$

为在 $X=x_i$ 条件下随机变量 Y 的条件分布列.

【例 3.3.1】 已知 (X, Y) 的联合分布列为

Y \ X	1	2	3	4	$P(Y = y_j)$
1	$\frac{1}{4}$	$\frac{1}{8}$	$\frac{1}{12}$	$\frac{1}{16}$	$\frac{25}{48}$
2	0	$\frac{1}{8}$	$\frac{1}{12}$	$\frac{1}{16}$	$\frac{13}{48}$
3	0	0	$\frac{1}{12}$	$\frac{2}{16}$	$\frac{10}{48}$
$P(X = x_i)$	$\frac{1}{4}$	$\frac{1}{4}$	$\frac{1}{4}$	$\frac{1}{4}$	

求:

（1）在 $Y = 1$ 的条件下, X 的条件分布列;

（2）在 $X = 2$ 的条件下, Y 的条件分布列.

解 （1）由联合分布列可知边缘分布列. 于是

$$P(X = 1 | Y = 1) = \frac{\frac{1}{4}}{\frac{25}{48}} = \frac{12}{25};$$

$$P(X = 2 | Y = 1) = \frac{\frac{1}{8}}{\frac{25}{48}} = \frac{6}{25};$$

$$P(X = 3 | Y = 1) = \frac{\frac{1}{12}}{\frac{25}{48}} = \frac{4}{25};$$

$$P(X = 4 | Y = 1) = \frac{\frac{1}{16}}{\frac{25}{48}} = \frac{3}{25}.$$

即在 $Y = 1$ 的条件下, X 的条件分布列为

X	1	2	3	4
P	$\frac{12}{25}$	$\frac{6}{25}$	$\frac{4}{25}$	$\frac{3}{25}$

（2）同理, 可得在 $X = 2$ 的条件下, Y 的条件分布列为

Y	1	2	3
P	$\frac{1}{2}$	$\frac{1}{2}$	0

【例 3.3.2】 一射手进行射击, 击中的概率为 p（$0 < p < 1$）, 射击到击中目标两次为止. 记 X 表示首次击中目标时的射击次数, Y 表示射击的总次数. 试求 X、Y 的联合分布列与条件分布列.

解 依题意, $X = m$, $Y = n$ 表示前 $m-1$ 次不中, 第 m 次击中, 接着又 $n-1-m$ 次不中, 第 n 次击中. 因各次射击是独立的, 故 X、Y 的联合分布列为

$$P(X=m, Y=n) = p^2(1-p)^{n-2}, \quad 1 \leqslant m < n = 2,3,\cdots,$$

又因
$$P(X=m) = \sum_{n=m+1}^{\infty} P(X=m, Y=n) = \sum_{n=m+1}^{\infty} p^2(1-p)^{n-2}$$

$$= p^2 \sum_{n=m+1}^{\infty} (1-p)^{n-2} = p(1-p)^{m-1}, \quad m=1,2,\cdots,$$

$$P(Y=n) = (n-1)p^2(1-p)^{n-2}, \quad n=2,3,\cdots.$$

因此，所求的条件分布列为

$$P(X=m \,|\, Y=n) = \frac{P(X=m,Y=n)}{P(Y=n)} = \frac{p^2(1-p)^{n-2}}{(n-1)p^2(1-p)^{n-2}} = \frac{1}{n-1}, \quad 1 \leqslant m < n = 2,3,\cdots,$$

$$P(Y=n \,|\, X=m) = \frac{P(X=m,Y=n)}{P(X=m)} = \frac{p^2(1-p)^{n-2}}{p(1-p)^{m-1}} = p(1-p)^{n-m-1}, \quad m<n, m=1,2,\cdots.$$

3.3.2　二维连续型随机变量的条件分布

对于连续型随机变量 (X,Y)，因为 $P(X=x, Y=y)=0$，所以不能直接由定义 3.3.1 来定义条件分布，但是对于任意的 $\varepsilon > 0$，若 $P(y-\varepsilon < Y \leqslant y+\varepsilon) > 0$，则可以考虑

$$P(X \leqslant x \,|\, y-\varepsilon < Y \leqslant y+\varepsilon) = \frac{P(X \leqslant x, y-\varepsilon < Y \leqslant y+\varepsilon)}{P(y-\varepsilon < Y \leqslant y+\varepsilon)}.$$

当 $\varepsilon \to 0^+$ 时，上述条件概率的极限存在，自然可以将此极限值定义为在 $Y=y$ 条件下 X 的条件分布.

定义 3.3.2　设对于任何固定的 $\varepsilon > 0$，$P(y-\varepsilon < Y \leqslant y+\varepsilon) > 0$，若

$$\lim_{\varepsilon \to 0^+} P(X \leqslant x \,|\, y-\varepsilon < Y \leqslant y+\varepsilon) = \lim_{\varepsilon \to 0^+} \frac{P(X \leqslant x, y-\varepsilon < Y \leqslant y+\varepsilon)}{P(y-\varepsilon < Y \leqslant y+\varepsilon)}$$

存在，则称此极限为**在 $Y=y$ 的条件下 X 的条件分布函数**，记为 $P(X \leqslant x \,|\, Y=y)$ 或 $F_{X|Y}(x\,|\,y)$.

设二维连续型随机变量 (X,Y) 的分布函数为 $F(x,y)$，分布密度函数为 $f(x,y)$，且 $f(x,y)$ 和边缘分布密度函数 $f_Y(y)$（$f_Y(y)>0$）连续，不难验证，在 $Y=y$ 的条件下 X 的条件分布函数为

$$F_{X|Y}(x\,|\,y) = \int_{-\infty}^{x} \frac{f(u,y)}{f_Y(y)} \, \mathrm{d}u.$$

若记 $f_{X|Y}(x\,|\,y)$ 为在 $Y=y$ 的条件下 X 的条件分布密度，则

$$f_{X|Y}(x\,|\,y) = \frac{f(x,y)}{f_Y(y)}.$$

类似地，若边缘分布密度函数 $f_X(x)$（$f_X(x)>0$）连续，则在 $X=x$ 的条件下 Y 的条件分布函数为

$$F_{Y|X}(y\,|\,x) = \int_{-\infty}^{y} \frac{f(x,v)}{f_X(x)} \, \mathrm{d}v.$$

若记 $f_{Y|X}(y\,|\,x)$ 为在 $X=x$ 的条件下 Y 的条件分布密度，则

$$f_{Y|X}(y\,|\,x)=\frac{f(x,y)}{f_X(x)}.$$

【例 3.3.3】 设 $(X,Y)\sim N(0,0,1,1,\rho)$ ，求 $f_{X|Y}(x\,|\,y)$ 与 $f_{Y|X}(y\,|\,x)$.

解 易知 $f(x,y)=\dfrac{1}{2\pi\sqrt{1-\rho^2}}\mathrm{e}^{\frac{x^2-2\rho xy+y^2}{2(1-\rho^2)}}$ ， $-\infty<x,y<+\infty$ ，

所以

$$f_{X|Y}(x\,|\,y)=\frac{f(x,y)}{f_Y(y)}=\frac{1}{\sqrt{2\pi(1-\rho^2)}}\mathrm{e}^{\frac{(x-\rho y)^2}{2(1-\rho^2)}};$$

$$f_{Y|X}(y\,|\,x)=\frac{f(x,y)}{f_X(x)}=\frac{1}{\sqrt{2\pi(1-\rho^2)}}\mathrm{e}^{\frac{(y-\rho x)^2}{2(1-\rho^2)}}.$$

【例 3.3.4】 设随机变量 $X\sim U(0,1)$ ，当观察到 $X=x\,(0<x<1)$ 时， $Y\sim U(x,1)$ ，求 Y 的概率密度 $f_Y(y)$.

解 按题意， X 具有概率密度

$$f_X(x)=\begin{cases}1, & 0<x<1\\ 0, & \text{其他}\end{cases}.$$

类似地，对于任意给定的值 $x\,(0<x<1)$ ，在 $X=x$ 的条件下， Y 的条件概率密度

$$f_{Y|X}(y\,|\,x)=\begin{cases}\dfrac{1}{1-x}, & x<y<1\\ 0, & \text{其他}\end{cases}.$$

因此， X 和 Y 的联合概率密度为

$$f(x,y)=f_{Y|X}(y\,|\,x)\,f_X(x)=\begin{cases}\dfrac{1}{1-x}, & 0<x<y<1\\ 0, & \text{其他}\end{cases},$$

于是，关于 Y 的边缘概率密度为

$$f_Y(y)=\int_{-\infty}^{+\infty}f(x,y)\,\mathrm{d}x=\begin{cases}\displaystyle\int_0^y\frac{1}{1-x}\mathrm{d}x=-\ln(1-y), & 0<y<1\\ 0, & \text{其他}\end{cases}.$$

习题 3.3

1．设随机变量 X 在 1、2、3、4 这 4 个整数中等可能地取一个值，另一个随机变量 X 在 $1\sim X$ 中等可能地取一整数值，求当 $X=1$ 时 Y 的条件分布列.

2．100 件产品中有 50 件一等品，30 件二等品，20 件三等品．从中有放回地任取 5 件，以 X 、 Y 分别表示取的 5 件产品中一等品、二等品的件数，求当 $Y=5$ 时 X 的条件分布列.

3．设随机变量 (X,Y) 的概率密度为

$$f(x,y)=\begin{cases}1, & 0<x<1,\,|y|<x\\ 0, & \text{其他}\end{cases}.$$

求条件概率密度 $f_{Y|X}(y|x)$、$f_{X|Y}(x|y)$.

4．设 (X,Y) 服从单位圆上的均匀分布，概率密度为

$$f(x,y) = \begin{cases} \dfrac{1}{\pi}, & x^2 + y^2 \leqslant 1 \\ 0, & \text{其他} \end{cases}.$$

求：（1）$f_{Y|X}(y|x)$，$f_{X|Y}(x|y)$；

（2）$P\left(X > \dfrac{1}{2} \middle| 0 < Y\right)$，$P\left(X > \dfrac{1}{2} \middle| \dfrac{1}{2} < Y\right)$.

5．已知二维随机变量 (X,Y) 在以 $(0,0)$、$(1,-1)$、$(1,1)$ 为顶点的三角形区域上服从均匀分布．

（1）求 (X,Y) 的联合密度函数；

（2）求边缘密度函数 $f_X(x)$、$f_Y(y)$；

（3）求条件密度函数 $f_{Y|X}(y|x)$、$f_{X|Y}(x|y)$；

（4）计算概率 $P(X > 0, 0 < Y)$、$P\left(X > \dfrac{1}{2} \middle| 0 < Y\right)$.

3.4　随机变量的独立性

在多维随机变量中，各分量的取值有时会相互影响，但有时会毫无影响．比如一个人的身高和体重会相互影响，但是与收入一般无影响．当两个随机变量的取值相互不影响时，就称它们是相互独立的．下面介绍随机变量的独立性，它在概率论和数理统计的研究中占有十分重要的地位．

定义 3.4.1　设随机变量 (X,Y) 的联合分布函数为 $F(x,y)$，边缘分布函数为 $F_X(x)$、$F_Y(y)$，若对任意实数 x、y，有

$$P(X \leqslant x, Y \leqslant y) = P(X \leqslant x)P(Y \leqslant y)，$$

或

$$F(x,y) = F_X(x) \cdot F_Y(y)，$$

则称**随机变量 X 和 Y 相互独立**（Mutually Independent）．

对于离散型随机变量 (X,Y)，若对 (X,Y) 的所有可能取值 (x_i, y_j)，有

$$P(X = x_i, Y = y_j) = P(X = x_i)P(Y = y_j)，$$

记为

$$p_{ij} = p_{i\cdot}p_{\cdot j} \qquad i, j = 1, 2, \cdots，$$

则称 X 和 Y 相互独立．

对二维连续型随机变量 (X,Y)，若对任意的 x、y，有

$$f(x,y) = f_X(x) \cdot f_Y(y)，$$

则称 X 和 Y 相互独立．

类似地，设 n 维随机变量 $(X_1, X_2, \cdots, X_n)$ 的联合分布函数为 $F(x_1, x_2, \cdots, x_n)$，$F_i(x_i)$ 为 X_i 的边缘分布．如果对任意 n 个实数 $x_1, x_2, \cdots, x_n$，有

$$F(x_1, x_2, \cdots, x_n) = \prod_{i=1}^{n} F_i(x_i),$$

则称 $X_1, X_2, \cdots, X_n$ 相互独立.

在离散随机变量场合，如果对任意 n 个取值 $x_1, x_2, \cdots, x_n$，有

$$P(X_1 = x_1, X_2 = x_2, \cdots, X_n = x_n) = \prod_{i=1}^{n} P(X_i = x_i),$$

则称 $X_1, X_2, \cdots, X_n$ 相互独立.

在连续随机变量场合，如果对任意 n 个实数 $x_1, x_2, \cdots, x_n$，有

$$f(x_1, \cdots, x_n) = \prod_{i=1}^{n} f_i(x_i),$$

则称 $X_1, X_2, \cdots, X_n$ 相互独立.

【例 3.4.1】 设 X 与 Y 的联合概率分布为

Y \\ X	0	1	2
−1	0.1	0.3	0.15
0	0.2	0.05	0
2	0	0.1	0.1

（1）求当 $Y = 0$ 时，X 的条件概率分布，以及当 $X = 0$ 时，Y 的条件概率分布；

（2）判断 X 与 Y 是否相互独立.

解 （1） $P(Y = 0) = 0.2 + 0.05 + 0 = 0.25$，

当 $Y = 0$ 时，X 的条件概率分布为

$$P(X = 0 \mid Y = 0) = \frac{P(X = 0, Y = 0)}{P(Y = 0)} = \frac{0.2}{0.25} = 0.8,$$

$$P(X = 1 \mid Y = 0) = \frac{P(X = 1, Y = 0)}{P(Y = 0)} = \frac{0.05}{0.25} = 0.2,$$

$$P(X = 2 \mid Y = 0) = \frac{P(X = 2, Y = 0)}{P(Y = 0)} = \frac{0}{0.25} = 0,$$

又 $P(X = 0) = 0.1 + 0.2 + 0 = 0.3$，故当 $X = 0$ 时，Y 的条件概率分布为

$$P(Y = -1 \mid X = 0) = \frac{0.1}{0.3} = \frac{1}{3},$$

$$P(Y = 0 \mid X = 0) = \frac{0.2}{0.3} = \frac{2}{3},$$

$$P(Y = 2 \mid X = 0) = 0.$$

（2）因 $P(X = 0) = 0.1 + 0.2 + 0 = 0.3$，$P(Y = -1) = 0.1 + 0.3 + 0.15 = 0.55$，而 $P(X = 0, Y = -1) = 0.1$，即 $P(X = 0, Y = -1) \neq P(X = 0) P(Y = -1)$，所以，$X$ 与 Y 不独立.

【例 3.4.2】 设 (X, Y) 服从单位圆上的均匀分布

$$f(x, y) = \begin{cases} \dfrac{1}{\pi}, & x^2 + y^2 \leq 1, \\ 0, & \text{其他} \end{cases}$$

问 X 与 Y 是否相互独立？

解　(X,Y) 的联合分布密度为

$$f(x,y)=\begin{cases}\dfrac{1}{\pi}, & x^2+y^2\leqslant 1,\\[2mm]0, & \text{其他}\end{cases}$$

由此可得

$$f_X(x)=\int_{-\infty}^{+\infty}f(x,y)\mathrm{d}y=\begin{cases}\dfrac{2}{\pi}\sqrt{1-x^2}, & -1\leqslant x\leqslant 1,\\[2mm]0, & \text{其他}\end{cases}$$

$$f_Y(y)=\int_{-\infty}^{+\infty}f(x,y)\mathrm{d}x=\begin{cases}\dfrac{2}{\pi}\sqrt{1-y^2}, & -1\leqslant y\leqslant 1,\\[2mm]0, & \text{其他}\end{cases}$$

可见在单位圆 $x^2+y^2\leqslant 1$ 上，$f(x,y)\neq f_X(x)\cdot f_Y(y)$，故 X 和 Y 不相互独立.

【例 3.4.3】　设 $(X,Y)\sim N(\mu_1,\mu_2,\sigma_1^2,\sigma_2^2,\rho)$.

（1）求 $f_{X|Y}(x|y)$ 和 $f_{Y|X}(y|x)$；

（2）证明 X 与 Y 相互独立的充要条件是 $\rho=0$.

解　（1）$f_{X|Y}(x|y)=\dfrac{f(x,y)}{f_Y(y)}=\dfrac{\dfrac{1}{2\pi\sigma_1\sigma_2\sqrt{1-\rho^2}}\mathrm{e}^{-\frac{1}{2(1-\rho^2)}\left[\left(\frac{x-\mu_1}{\sigma_1}\right)^2-2\rho\left(\frac{x-\mu_1}{\sigma_1}\right)\left(\frac{y-\mu_2}{\sigma_2}\right)+\left(\frac{y-\mu_2}{\sigma_2}\right)^2\right]}}{\dfrac{1}{\sqrt{2\pi}\sigma_2}\mathrm{e}^{-\frac{(y-\mu_2)^2}{2\sigma_2^2}}}$

$$=\dfrac{1}{\sqrt{2\pi}\sigma_1\sqrt{1-\rho^2}}\mathrm{e}^{-\frac{1}{2(1-\rho^2)}\left[\frac{x-\mu_1}{\sigma_1}-\rho\frac{y-\mu_2}{\sigma_2}\right]^2}=\dfrac{1}{\sqrt{2\pi}\sigma_1\sqrt{1-\rho^2}}\mathrm{e}^{-\frac{1}{2\sigma_1^2(1-\rho^2)}\left[x-\mu_1-\frac{\sigma_1}{\sigma_2}\rho(y-\mu_2)\right]^2}.$$

故在 $Y=y$ 的条件下，X 服从正态分布 $N\left(\mu_1+\dfrac{\sigma_1}{\sigma_2}\rho(y-\mu_2),\sigma_1^2(1-\rho^2)\right)$.

对称地，在 $X=x$ 的条件下，Y 服从正态分布 $N\left(\mu_2+\dfrac{\sigma_2}{\sigma_1}\rho(x-\mu_1),\sigma_2^2(1-\rho^2)\right)$.

（2）比较 $N(\mu_1,\mu_2,\sigma_1^2,\sigma_2^2,\rho)$ 与 $N(\mu_1,\sigma_1^2)$、$N(\mu_2,\sigma_2^2)$ 的密度函数 $f(x,y)$ 与 $f_X(x)$、$f_Y(y)$ 易知：$\rho=0\Leftrightarrow f(x,y)=f_X(x)f_Y(y)$，即当且仅当 $\rho=0$ 时，X 与 Y 相互独立.

习题 3.4

1. 随机变量 X 与 Y 相互独立，下表列出了二维随机变量 (X,Y) 联合分布律及关于 X 和关于 Y 的边缘分布列中的部分数值，试将其余数值填入表中的空白处.

X \ Y	y_1	y_2	y_3	$P(X=x_i)=p_i$
x_1		1/8		
x_2	1/8			
$P(Y=y_j)=p_j$	1/6			1

2. 设 (X,Y) 的分布列如下

X \ Y	1	2	3
1	1/6	1/9	1/18
2	1/3	α	β

当 α、β 为何值时，X 与 Y 相互独立？

3. 从一个装有 2 个红球、3 个白球和 4 个黑球的袋中随机地取 3 个球，设 X 和 Y 分别表示取出的红球数和白球数，随机变量 X 与 Y 是否相互独立？

4. 甲、乙两人独立地进行两次射击，假设甲的命中率为 0.2，乙的命中率为 0.5，以 X 和 Y 分别表示甲和乙的命中次数，试求：（1）X 和 Y 的联合分布列；（2）X 和 Y 的边缘分布列.

5. 设 (X,Y) 的概率密度为

（1）$f(x,y) = \begin{cases} xe^{-(x+y)}, & x>0, \ y>0 \\ 0, & 其他 \end{cases}$；

（2）$f(x,y) = \begin{cases} 2, & 0<x<y, \ 0<y<1 \\ 0, & 其他 \end{cases}$.

问 X 和 Y 是否独立？

6. 设 X 和 Y 是两个相互独立的随机变量，X 在 $(0,1)$ 上服从均匀分布，Y 的概率密度为

$$f_Y(y) = \begin{cases} \dfrac{1}{2}e^{\frac{-y}{2}}, & y>0 \\ 0, & 其他 \end{cases}$$

（1）求 X 和 Y 的联合概率密度；

（2）设含有 a 的二次方程为 $a^2 + 2aX + Y = 0$，试求 a 有实根的概率.

7. 设 $f(x,y) = \begin{cases} 4xy, & 0 \leqslant x \leqslant 1, \ 0 \leqslant y \leqslant 1 \\ 0, & 其他 \end{cases}$，试判断 X 与 Y 是否相互独立.

3.5 随机变量函数的分布

本节主要讨论两个随机变量函数的分布问题，即已知 Z 与 X、Y 的函数关系式 $Z = g(X,Y)$，求 $Z = g(X,Y)$ 的分布函数问题.

3.5.1 二维离散型随机变量函数的分布

设 (X,Y) 是二维离散型随机变量，则 $Z = g(X,Y)$ 作为 (X,Y) 的函数仍然是一个离散型随机变量. 若 (X,Y) 的概率分布为

$$P(X = x_i, Y = y_j) = p_{ij}, \quad i,j = 1,2,\cdots$$

且 $Z = g(X,Y)$ 的所有可能取值为 $z_k, k = 1,2,\cdots$，则 Z 的概率分布为

$$P(Z = z_k) = P(g(X,Y) = z_k) = \sum_{g(x_i,y_j) = z_k} P(X = x_i, Y = y_j), \quad k = 1,2,\cdots.$$

【例 3.5.1】　设 (X, Y) 的分布列为

Y \ X	−1	2
−1	5/20	3/20
1	2/20	3/20
2	6/20	1/20

求 $Z = X + Y$ 和 $Z = XY$ 的分布列.

解　先列出下表

P	5/20	2/20	6/20	3/20	3/20	1/20
$X + Y$	−2	0	1	1	3	4
XY	1	−1	−2	−2	2	4
(X, Y)	(−1,−1)	(−1,1)	(−1,2)	(2,−1)	(2,1)	(2,2)

从表中看出 $Z = X + Y$ 的可能取值为−2、0、1、3、4，且

$$P(Z = -2) = P(X + Y = -2) = P(X = -1, Y = -1) = 5/20 ;$$

$$P(Z = 0) = P(X + Y = 0) = P(X = -1, Y = 1) = 2/20 ;$$

$$P(Z = 1) = P(X + Y = 1) = P(X = -1, Y = 2) + P(X = 2, Y = -1) = 9/20 ;$$

$$P(Z = 3) = P(X + Y = 3) = P(X = 2, Y = 1) = 3/20 ;$$

$$P(Z = 3) = P(X + Y = 4) = P(X = 2, Y = 2) = 1/20 .$$

于是 $Z = X + Y$ 的分布列为

$X + Y$	−2	0	1	3	4
P	$\dfrac{5}{20}$	$\dfrac{2}{20}$	$\dfrac{9}{20}$	$\dfrac{3}{20}$	$\dfrac{1}{20}$

同理可得，$Z = XY$ 的分布列为

XY	−2	−1	1	2	4
P	$\dfrac{9}{20}$	$\dfrac{2}{20}$	$\dfrac{5}{20}$	$\dfrac{3}{20}$	$\dfrac{1}{20}$

【例 3.5.2】　若 X 和 Y 相互独立，且 $X \sim B(n_1, p)$，$Y \sim B(n_2, p)$，求证 $Z = X + Y \sim B(n_1 + n_2, p)$.

证明　由题意 $X \sim B(n_1, p)$，$Y \sim B(n_2, p)$，且 X 和 Y 相互独立，可知 Z 的可能值为 $0, 1, 2, \cdots, n_1 + n_2$，$Z$ 的分布列为

$$P(Z = k) = P(X + Y = k) = \sum_{i=0}^{k} P(X = i) P(Y = k - i)$$

$$= \sum_{i=0}^{k} P(X = i) P(Y = k - i)$$

$$= \sum_{i=0}^{k} C_{n_1}^{i} p^{i} (1-p)^{n_1 - i} \cdot C_{n_2}^{k-i} p^{k-i} (1-p)^{n_2 - (k-i)}$$

$$= \sum_{i=0}^{k} C_{n_1}^{i} C_{n_2}^{k-i} p^{k} (1-p)^{n_1 + n_2 - k} .$$

又因为 $\sum_{i=0}^{k} C_{n_1}^{i} C_{n_2}^{k-i} = C_{n_1+n_2}^{k}$ ，所以

$$P(Z=k) = \sum_{i=0}^{k} C_{n_1}^{i} C_{n_2}^{k-i} p^k (1-p)^{n_1+n_2-k} = C_{n_1+n_2}^{k} p^k (1-p)^{n_1+n_2-k}.$$

所以 $Z = X + Y \sim B(n_1 + n_2, p)$.

从例 3.5.2 可知，若 X 和 Y 相互独立，且 $X \sim B(n_1, p)$ ，$Y \sim B(n_2, p)$ ，则 $Z = X + Y \sim B(n_1 + n_2, p)$. 把具有"同一类分布的独立随机变量和的分布仍是此类分布"性质的分布称为具有可加性. 二项分布是一个具有可加性的分布.

思考问题:

若 X 和 Y 相互独立，且 $X \sim P(\lambda_1)$ ，$Y \sim P(\lambda_2)$ ，则 $X + Y \sim P(\lambda_1 + \lambda_2)$ 是否成立?

3.5.2 二维连续型随机变量函数的分布

设 (X, Y) 是二维连续型随机向量，其概率密度函数为 $f(x, y)$ ，$Z = g(X, Y)$ 是 (X, Y) 的函数，且是连续型随机变量. 用类似求一元随机变量函数分布的方法来求 $Z = g(X, Y)$ 的分布函数和概率密度函数.

设 $Z = g(X, Y)$ 的分布函数为 $F_Z(z)$ ，由定义可得 $Z = g(X, Y)$ 的分布函数为

$$F_Z(z) = P(Z \leq z) = P(g(X, Y) \leq z) = P((X, Y) \in G_z) = \iint_{G_z} f(x, y) \mathrm{d}x \mathrm{d}y,$$

其中，$G_z = \{(x, y) \mid g(x, y) \leq z\}$.

根据分布函数与密度函数的关系，对分布函数求导，则有

$$f_Z(z) = F_Z'(z)$$

下面讨论几个具体的随机变量函数的分布.

1. 和的分布

设 X 和 Y 的联合密度为 $f(x, y)$ ，求 $Z = X + Y$ 的密度.

由定义可得 $Z = X + Y$ 的分布函数为

$$F_Z(z) = P(Z \leq z) = \iint_{x+y \leq z} f(x, y) \mathrm{d}x \mathrm{d}y,$$

其中积分区域 $G_z = \{(x, y) \mid x + y \leq z\}$ 是直线 $x + y = z$ 左下方的半平面，化成累次积分得

$$F_Z(z) = \int_{-\infty}^{+\infty} \left[\int_{-\infty}^{z-y} f(x, y) \mathrm{d}x \right] \mathrm{d}y.$$

固定 z 和 y ，对积分 $\int_{-\infty}^{z-y} f(x, y) \mathrm{d}x$ 做变量变换，令 $x = u - y$ ，得

$$\int_{-\infty}^{z-y} f(x, y) \mathrm{d}x = \int_{-\infty}^{z} f(u - y, y) \mathrm{d}u.$$

于是

$$F_Z(z) = \int_{-\infty}^{+\infty} \left[\int_{-\infty}^{z} f(u - y, y) \mathrm{d}u \right] \mathrm{d}y = \int_{-\infty}^{z} \left[\int_{-\infty}^{+\infty} f(u - y, y) \mathrm{d}y \right] \mathrm{d}u.$$

由概率密度的定义，即得 Z 的概率密度为

$$f_Z(z) = \int_{-\infty}^{+\infty} f(z-y, y)\,\mathrm{d}y$$

由 X 和 Y 的对称性，$f_Z(z)$ 又可写成

$$f_Z(z) = \int_{-\infty}^{+\infty} f(x, z-x)\,\mathrm{d}x\,.$$

由此得到了两个随机变量的和的概率密度的一般公式.

特别地，当 X 和 Y 相互独立时，设 (X,Y) 关于 X、Y 的边缘概率密度分别为 $f_X(x)$、$f_Y(y)$，则有

$$f_Z(z) = \int_{-\infty}^{+\infty} f_X(z-y)f_Y(y)\,\mathrm{d}y\,;$$

$$f_Z(z) = \int_{-\infty}^{+\infty} f_X(x)f_Y(z-x)\,\mathrm{d}x\,.$$

这两个公式称为卷积（Convolution）公式，记为 $f_X * f_Y(y)$，即

$$f_X * f_Y = \int_{-\infty}^{+\infty} f_X(z-y)f_Y(y)\,\mathrm{d}y = \int_{-\infty}^{+\infty} f_X(x)f_Y(z-x)\,\mathrm{d}x\,. \quad \text{（连续卷积公式）}$$

同理，若 X 和 Y 是两个相互独立的随机变量，它们都取非负整数值，其概率分布分别为 $\{a_r\}$、$\{b_r\}$，下面计算 $Z = X + Y$ 的概率分布. 因为

$$P(Z=k) = P(X=0, Y=k) + P(X=1, Y=k-1) + \cdots + P(X=k-1, Y=1) + P(X=k, Y=0)$$

利用独立性的性质可得

$$c_k = a_0 b_k + a_1 b_{k-1} + a_2 b_{k-2} + \cdots + a_k b_0\,，\text{其中 } c_k = P(Z=k), \quad k = 0,1,2,\cdots\text{（离散卷积公式）}$$

【例 3.5.3】　设 X 和 Y 是两个相互独立的随机变量. 它们都服从 $N(0,1)$ 分布，其概率密度为

$$f_X(x) = \frac{1}{\sqrt{2\pi}} \mathrm{e}^{-\frac{x^2}{2}}, \quad -\infty < x < +\infty\,.$$

$$f_Y(y) = \frac{1}{\sqrt{2\pi}} \mathrm{e}^{-\frac{y^2}{2}}, \quad -\infty < y < +\infty\,.$$

求 $Z = X + Y$ 的概率密度.

解　由卷积公式得

$$f_Z(z) = \int_{-\infty}^{+\infty} f_X(x)f_Y(z-x)\,\mathrm{d}x = \frac{1}{2\pi} \int_{-\infty}^{+\infty} \mathrm{e}^{-\frac{x^2}{2}} \cdot \mathrm{e}^{-\frac{(z-x)^2}{2}}\,\mathrm{d}x$$

$$= \frac{1}{2\pi} \mathrm{e}^{-\frac{z^2}{4}} \int_{-\infty}^{+\infty} \mathrm{e}^{-\left(x-\frac{z}{2}\right)^2}\,\mathrm{d}x \xrightarrow{t = x - \frac{z}{2}} \frac{1}{2\pi} \mathrm{e}^{-\frac{z^2}{4}} \int_{-\infty}^{+\infty} \mathrm{e}^{-t^2}\,\mathrm{d}t$$

$$= \frac{1}{2\pi} \mathrm{e}^{-\frac{z^2}{4}} \sqrt{\pi} = \frac{1}{2\sqrt{\pi}} \mathrm{e}^{-\frac{z^2}{4}}\,，\text{即 } Z \sim N(0,2)\,.$$

定理 3.5.1　设 X、Y 相互独立，且 $X \sim N(\mu_1, \sigma_1^2)$，$Y \sim N(\mu_2, \sigma_2^2)$ 则 $Z = X + Y$ 仍然服从正态分布，且 $Z \sim N(\mu_1 + \mu_2, \sigma_1^2 + \sigma_2^2)$.

思考问题:

若 $X_i \sim N(\mu_i, \sigma_i^2)$ ($i = 1, 2, \cdots, n$) 且它们相互独立，则对任意不全为零的常数 $a_1, a_2, \cdots, a_n$，

$\sum\limits_{i=1}^{n} a_i X_i \sim N\left(\sum\limits_{i=1}^{n} a_i \mu_i, \sum\limits_{i=1}^{n} a_i \sigma_i^2\right)$ 成立吗？

【例 3.5.4】 设 X 和 Y 是两个相互独立的随机变量，其概率密度分别为

$$f_X(x) = \begin{cases} 1, & 0 \leqslant x \leqslant 1 \\ 0, & \text{其他} \end{cases}, \quad f_Y(y) = \begin{cases} e^{-y}, & y > 0 \\ 0, & \text{其他} \end{cases}$$

求随机变量 $Z = X + Y$ 的概率密度.

解 因为 X、Y 相互独立，所以由卷积公式知

$$f_Z(z) = \int_{-\infty}^{+\infty} f_X(x) f_Y(z-x) \mathrm{d}x .$$

由题设可知 $f_X(x) \, f_Y(y)$ 只有当 $0 \leqslant x \leqslant 1$ 且 $y > 0$，即当 $0 \leqslant x \leqslant 1$ 且 $z - x > 0$ 时才不等于零. 现在所求的积分变量为 x，z 是参数，当积分变量满足 x 的不等式组 $0 \leqslant x \leqslant 1$，$z > x$ 时，被积函数 $f_X(x) \, f_Y(z-x) \neq 0$. 下面针对参数 z 的不同取值范围来计算积分.

当 $z < 0$ 时，上述不等式组无解，故 $f_X(x) \, f_Y(z-x) = 0$；当 $0 \leqslant z \leqslant 1$ 时，不等式组的解为 $0 \leqslant x \leqslant z$；当 $z > 1$ 时，不等式组的解为 $0 \leqslant x \leqslant 1$. 所以

$$f_Z(z) = \begin{cases} \displaystyle\int_0^z e^{-(z-x)} \mathrm{d}x = 1 - e^{-z}, & 0 \leqslant z \leqslant 1 \\ \displaystyle\int_0^1 e^{-(z-x)} \mathrm{d}x = e^{-z}(e-1), & z > 1 \\ 0, & \text{其他} \end{cases} .$$

2. 商的分布

设二维随机向量 (X, Y) 的密度函数为 $f(x, y)$，求 $Z = \dfrac{X}{Y}$ 的密度函数.

由定义可得 $Z = \dfrac{X}{Y}$ 的分布函数为

$$F_Z(z) = P(Z \leqslant z) = P\left(\frac{X}{Y} \leqslant z\right) = \iint\limits_{\frac{x}{y} \leqslant z} f(x, y) \mathrm{d}x\mathrm{d}y .$$

令 $u = y$，$v = \dfrac{x}{y}$，即 $x = uv$，$y = u$. 这一变换的雅可比（Jacobi）行列式为

$$J = \begin{vmatrix} v & u \\ 1 & 0 \end{vmatrix} = -u .$$

于是，代入得

$$F_Z(z) = \iint\limits_{v \leqslant z} f(uv, u) |J| \mathrm{d}u\mathrm{d}v = \int_{-\infty}^{z} \left[\int_{-\infty}^{+\infty} f(uv, u) |u| \mathrm{d}u \right] \mathrm{d}v .$$

这就是说，随机变量 Z 的密度函数为

$$f_Z(z) = \int_{-\infty}^{+\infty} f(uz, u) |u| \, du .$$

特别地，当 X 和 Y 独立时，有

$$f_Z(z) = \int_{-\infty}^{+\infty} f_X(uz) f_Y(u) |u| \, du ,$$

其中 $f_X(x)$、$f_Y(y)$ 分别为 (X, Y) 关于 X 和关于 Y 的边缘概率密度.

【例 3.5.5】 设 X 和 Y 相互独立，它们都服从参数为 λ 的指数分布. 求 $Z = \dfrac{X}{Y}$ 的密度函数.

解 依题意，知

$$f_X(x) = \begin{cases} \lambda e^{-\lambda x}, & x \geqslant 0 \\ 0, & x < 0 \end{cases}, \quad f_Y(y) = \begin{cases} \lambda e^{-\lambda y}, & y \geqslant 0 \\ 0, & y < 0 \end{cases},$$

因 X 与 Y 相互独立，故 $f(x, y) = f_X(x) f_Y(y)$.

由商的分布，知

$$f_Z(z) = \int_{-\infty}^{+\infty} |y| f_X(yz) f_Y(y) \, dy ,$$

当 $z \leqslant 0$ 时，$f_Z(z) = 0$；

当 $z > 0$ 时，$f_Z(z) = \lambda^2 \displaystyle\int_0^{+\infty} e^{-\lambda y(1+z)} y \, dy = 1/(1+z)^2$，

故 Z 的密度函数为 $f_Z(z) = \begin{cases} 1/(1+z)^2, & z > 0 \\ 0, & z \leqslant 0 \end{cases}$.

【例 3.5.6】 设 X 和 Y 相互独立，均服从 $N(0, 1)$ 分布，求 $Z = \dfrac{X}{Y}$ 的密度函数 $f_Z(z)$.

解 由商的分布，有

$$f_Z(z) = \int_{-\infty}^{+\infty} f_X(zu) f_Y(u) |u| \, du = \frac{1}{2\pi} \int_{-\infty}^{+\infty} e^{-\frac{u^2(1+z^2)}{2}} |u| \, du$$

$$= \frac{1}{\pi} \int_0^{+\infty} u e^{-\frac{u^2(1+z^2)}{2}} \, du = \frac{1}{\pi(1+z^2)}, \quad -\infty < z < +\infty.$$

3. 积的分布

类似商的分布，可得积的分布.

设 (X, Y) 具有密度函数 $f(x, y)$，则 $Z = XY$ 的概率密度为

$$f_Z(z) = \int_{-\infty}^{\infty} f\left(x, \frac{z}{x}\right) \frac{1}{|x|} \, dx.$$

【例 3.5.7】 设二维随机向量 (X, Y) 在矩形 $G = \{(x, y) \mid 0 \leqslant x \leqslant 2, 0 \leqslant y \leqslant 1\}$ 上服从均匀分布，试求边长为 X 和 Y 的矩形面积 S 的密度函数 $f(s)$.

解法 1 二维随机变量 (X, Y) 的密度函数为 $f(x, y) = \begin{cases} 1/2, & (x, y) \in G \\ 0, & (x, y) \notin G \end{cases}$,

令 $F(s)$ 为 S 的分布函数，则 $F(s) = P\{S \leqslant s\} = \iint\limits_{xy \leqslant s} f(x, y)\mathrm{d}x\mathrm{d}y$.

显然当 $s \leqslant 0$ 时，$F(s) = 0$；当 $s \geqslant 2$ 时，$F(s) = 1$；而当 $0 < s < 2$ 时（见图 3.5.1），有

$$\iint\limits_{xy \leqslant s} f(x, y)\mathrm{d}x\mathrm{d}y = 1 - \frac{1}{2}\int_s^2 \mathrm{d}x \int_{s/x}^1 \mathrm{d}y = \frac{s}{2}(1 + \ln 2 - \ln s),$$

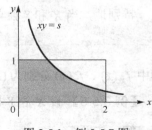

于是

$$F(s) = \begin{cases} 0, & s \leqslant 0 \\ s(1 + \ln 2 - \ln s)/2, & 0 < s < 2 \\ 1, & s \geqslant 2 \end{cases},$$

图 3.5.1　例 3.5.7 图

从而

$$f(s) = F'(s) = \begin{cases} (\ln 2 - \ln s)/2, & 0 < s < 2 \\ 0, & \text{其他} \end{cases}.$$

解法 2　二维随机变量 (X, Y) 的密度函数为 $f(x, y) = \begin{cases} 1/2, & (x, y) \in G \\ 0, & (x, y) \notin G \end{cases}$，

于是

$$f_S(s) = \int_{-\infty}^{+\infty} f\left(z, \frac{s}{z}\right)\frac{1}{|z|}\mathrm{d}z.$$

因为仅当 $0 < z \leqslant 2$，$0 \leqslant \dfrac{s}{z} \leqslant 1$ 时，$f\left(z, \dfrac{s}{z}\right) \neq 0$，所以

$$f_S(s) = \int_{-\infty}^{+\infty} f\left(z, \frac{s}{z}\right)\mathrm{d}z = \int_s^2 \frac{1}{2} \cdot \frac{1}{z}\mathrm{d}z = \frac{1}{2}(\ln 2 - \ln s), \quad 0 < s < 2.$$

其他情形，$f_S(s) = 0$.

从而

$$f(s) = F'(s) = \begin{cases} (\ln 2 - \ln s)/2, & 0 < s < 2 \\ 0, & \text{其他} \end{cases}.$$

4. 最大值、最小值的分布

设随机变量 X、Y 相互独立，其分布函数分别为 $F_X(x)$ 和 $F_Y(y)$. 求 $M = \max(X, Y)$ 及 $N = \min(X, Y)$ 的分布.

由于 $M = \max(X, Y)$ 不大于 z 等价于 X 和 Y 都不大于 z，则有

$$P(M \leqslant z) = P(X \leqslant z, Y \leqslant z)$$

又因为随机变量 X、Y 相互独立，故有

$$\begin{aligned} F_M(z) = P(M \leqslant z) &= P(X \leqslant z, Y \leqslant z) \\ &= P(X \leqslant z)P(Y \leqslant z) = F_X(z)F_Y(z); \end{aligned}$$

类似地，可得 $N = \min(X, Y)$ 的分布函数

$$\begin{aligned} F_N(z) = P(N \leqslant z) &= 1 - P(N > z) = 1 - P(X > z, Y > z) \\ &= 1 - P(X > z)P(Y > z) = 1 - [1 - F_X(z)][1 - F_Y(z)]. \end{aligned}$$

将以上结果推广到 n 个相互独立的随机变量的情况，则有下列结论成立：

设 $X_1,X_2,\cdots,X_n$ 是 n 个相互独立的随机变量,它们的分布函数分别为 $F_{X_i}(x_i)(i=1,2,\cdots,n)$,则 $M=\max(X_1,X_2,\cdots,X_n)$ 及 $N=\min(X_1,X_2,\cdots,X_n)$ 的分布函数分别为

$$F_M(z)=F_{X_1}(z)F_{X_2}(z)\cdots F_{X_n}(z);$$

$$F_N(z)=1-[1-F_{X_1}(z)][1-F_{X_2}(z)]\cdots[1-F_{X_n}(z)].$$

特别地,当 $X_1,X_2,\cdots,X_n$ 是相互独立且有相同分布函数 $F(x)$ 时,有

$$F_M(z)=[F(z)]^n;$$

$$F_N(z)=1-[1-F(z)]^n.$$

【例 3.5.8】 设 X、Y 相互独立,且都服从参数为 1 的指数分布,求 $Z=\max\{X,Y\}$ 的密度函数.

解 设 X、Y 的分布函数为 $F(x)$,则

$$F(x)=\begin{cases}1-e^{-x}, & x\geqslant 0\\ 0, & x<0\end{cases}.$$

由于 Z 的分布函数为

$$F_Z(z)=P(Z\leqslant z)=P(X\leqslant z,Y\leqslant z)=P(X\leqslant z)P(Y\leqslant z)=F^2(z),$$

所以,Z 的密度函数为

$$f_Z(z)=F'_Z(z)=2F(z)F'(z)=\begin{cases}2e^{-z}(1-e^{-z}), & z\geqslant 0\\ 0, & z<0\end{cases}.$$

【例 3.5.9】 设 X、Y 相互独立,且都服从 $N(0,\sigma^2)$,求 $Z=\sqrt{X^2+Y^2}$ 的密度函数.

解 先求分布函数

$$F_Z(z)=P(Z\leqslant z)=P(\sqrt{X^2+Y^2}\leqslant z).$$

当 $z\leqslant 0$ 时,$F_Z(z)=0$;

当 $z>0$ 时,

$$F_Z(z)=P(Z\leqslant z)=P(\sqrt{X^2+Y^2}\leqslant z)=\iint\limits_{\sqrt{x^2+y^2}\leqslant z}\frac{1}{2\pi\sigma^2}e^{-\frac{x^2+y^2}{2\sigma^2}}dxdy.$$

进行极坐标变换 $x=r\cos\theta$,$y=r\sin\theta$ $(0\leqslant r\leqslant z,0\leqslant\theta<2\pi)$(见图 3.5.2),于是有

$$F_Z(z)=\frac{1}{2\pi\sigma^2}\int_0^{2\pi}d\theta\int_0^z re^{-\frac{r^2}{2\sigma^2}}dr=1-e^{-\frac{z^2}{2\sigma^2}}.$$

故所求 Z 的密度函数为

$$f_Z(z)=F'_Z(z)=\begin{cases}\dfrac{z}{\sigma^2}e^{-\frac{z^2}{2\sigma^2}}, & z>0\\ 0, & z\leqslant 0\end{cases}.$$

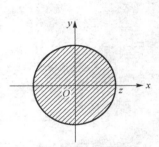

图 3.5.2　极坐标

此分布称为**瑞利（Rayleigh）分布**，它很有用. 例如，炮弹着点的坐标为 (X,Y) ，设横向偏差 $X \sim N(0,\sigma^2)$ ，纵向偏差 $Y \sim N(0,\sigma^2)$ ，X、Y 相互独立，那么弹着点到原点的距离 D 便服从瑞利分布，瑞利分布还在噪声、海浪等理论中得到应用.

习题 3.5

1. 证明定理 3.5.1.
2. 已知 (X,Y) 的分布列为

X\\Y	0	1	2
0	0.10	0.25	0.15
1	0.15	0.20	0.15

求：（1） $Z = X + Y$ ；

（2） $Z = XY$ ；

（3） $Z = \sin\left(\dfrac{\pi(X+Y)}{2}\right)$ ；

（4） $Z = \max\{X,Y\}$ 的分布律.

3. 若 X 和 Y 独立，具有共同的概率密度

$$f(x) = \begin{cases} 1, & 0 \le x \le 1 \\ 0, & \text{其他} \end{cases}$$

求 $Z = X + Y$ 的概率密度.

4. 设随机变量 X_1、X_2 相互独立，并且有相同的几何分布：

$$P\{X_i = k\} = pq^{k-1}, \quad k = 1,2,\cdots, \quad i = 1,2, \quad q = 1 - p.$$

求 $Y = \max(X_1, X_2)$ 的分布.

5. 若 $X_1, X_2, \cdots, X_n$ 相互独立，均服从 $N(0,1)$ ，求 $Y = X_1^2 + X_2^2 + \cdots + X_n^2$ 的密度函数（称 Y 服从自由度为 n 的 χ^2 分布）.

6. 在 $(0,a)$ 线段上随机地投掷两点，试求两点间距离的分布函数.

7. 若气体分子的速度是随机变量 $V = (X,Y,Z)$ ，各分量是相互独立的，且均服从 $(0,\sigma^2)$ ，试证 $S = \sqrt{X^2 + Y^2 + Z^2}$ 服从麦克斯韦分布律

$$f(s) = \sqrt{\frac{2}{\pi}} \frac{s^2}{\sigma^3} e^{-\frac{s^2}{2\sigma^2}}, \; s > 0.$$

第4章 随机变量的数字特征

前面讨论了随机变量的分布函数,其全面地描述了随机变量的统计特性.在实际问题中,不仅很难求出某些随机变量的分布函数,而且不需要全面考察随机变量的变化情况,只需知道随机变量的某些数字特征就够了.例如,在考察一个班级学生的学习成绩时,只要知道这个班级的平均成绩及其分散程度,就可以对该班的学习情况做出比较客观的判断了.平均值及表示分散程度的数字虽然不能完整地描述随机变量,但能更突出、更直接、更简洁地描述随机变量在某些方面的重要特征,称它们为随机变量的数字特征.本章将介绍随机变量的常用数字特征:数学期望、方差、相关系数和矩等.

4.1 随机变量的数学期望

4.1.1 数学期望的概念

中学就已经学过数学期望.下面分别对离散型随机变量和连续型随机变量给出数学期望的定义.

1. 离散型随机变量的数学期望

定义 4.1.1 设离散型随机变量 X 的概率分布为

$$P\{X = x_i\} = p_i, \quad i = 1, 2, \cdots.$$

如果

$$\sum_{i=1}^{\infty} |x_i| \, p_i < \infty,$$

即 $\sum_{i=1}^{\infty} x_i p_i$ 绝对收敛,则称

$$E(X) = \sum_{i=1}^{\infty} x_i p_i$$

为随机变量 X 的**数学期望**,或称为该分布的数学期望(Mathematical Expectation),简称**期望**或**均值**.若级数 $\sum_{i=1}^{\infty} |x_i| \, p_i$ 不收敛,则称随机变量 X 的数学期望不存在.

【**例 4.1.1**】 甲、乙两人进行打靶,所得分数分别记为 X_1、X_2,它们的分布律分别为

X_1	0	1	2
p_i	0	0.2	0.8

X_2	0	1	2
p_i	0.6	0.3	0.1

试评定他们的成绩的好坏.

解　X_1 的数学期望为 $E(X_1)=0\times 0+1\times 0.2+2\times 0.8=1.8$.

这意味着，如果甲进行很多次射击，那么，所得分数的算术平均就接近 1.8，而乙所得分数的数学期望为 $E(X_2)=0\times 0.6+1\times 0.3+2\times 0.1=0.5$.

很明显，乙的成绩远不如甲的成绩.

【例 4.1.2】　按规定，某车站每天 8:00～9:00 和 9:00～10:00 都恰有一辆客车到站，但到站的时刻是随机的，且两者到站的时间相互独立．其规律为

8:00～9:00 到站时间 9:00～10:00 到站时间	8:10 9:10	8:30 9:30	8:50 9:50
概率	1/6	3/6	2/6

一位旅客 8:20 到车站，求他候车时间的数学期望.

解　设旅客的候车时间为 X（以分钟计），其分布律为

X	10	30	50	70	90
p_i	$\dfrac{3}{6}$	$\dfrac{2}{6}$	$\dfrac{1}{6}\times\dfrac{1}{6}$	$\dfrac{1}{6}\times\dfrac{3}{6}$	$\dfrac{1}{6}\times\dfrac{2}{6}$

在上表中，例如 $P\{X=70\}=P(AB)=P(A)P(B)=\dfrac{1}{6}\times\dfrac{3}{6}$，其中 A 为事件"第一班车在 8:10 到站"，B 为"第二班车在 9:30 到站"．候车时间的数学期望为

$$E(X)=10\times\frac{3}{6}+30\times\frac{2}{6}+50\times\frac{1}{36}+70\times\frac{3}{36}+90\times\frac{2}{36}=27.22（分钟）.$$

2. 连续型随机变量的数学期望

定义 4.1.2　设 X 是连续型随机变量，其密度函数为 $f(x)$，如果

$$\int_{-\infty}^{\infty}|x|f(x)\mathrm{d}x<\infty,$$

即 $\int_{-\infty}^{\infty}xf(x)\mathrm{d}x$ 绝对收敛，则称

$$E(X)=\int_{-\infty}^{\infty}xf(x)\mathrm{d}x$$

为随机变量 X 的数学期望，或称为该分布的数学期望，简称期望或均值．若级数 $\int_{-\infty}^{\infty}|x|f(x)\mathrm{d}x$ 不收敛，则称随机变量 X 的数学期望不存在.

【例 4.1.3】　已知随机变量 X 的分布函数 $F(X)=\begin{cases}0, & x\leqslant 0\\ x/5, & 0<x\leqslant 5 \\ 1, & x>5\end{cases}$，求随机变量 X 的数学期望.

解　随机变量 X 的密度函数为 $f(x)=F'(x)=\begin{cases}1/5, & 0<x\leqslant 5\\ 0, & 其他\end{cases}$

由连续型数学期望定义可知，$E(X)=\int_{-\infty}^{+\infty}xf(x)\mathrm{d}x=\int_{0}^{5}x\cdot\frac{1}{5}\mathrm{d}x=\frac{x^2}{10}\Big|_{0}^{5}=2.5.$

【例 4.1.4】　设随机变量 X 服从柯西（Cauchy）分布，其概率密度为

$$f(x) = \frac{1}{\pi(1+x^2)}, \ -\infty < x < +\infty,$$

试证 $E(X)$ 不存在.

　　证明　由于

$$\int_{-\infty}^{+\infty} |x| f(x) \mathrm{d}x = \int_{-\infty}^{+\infty} |x| \frac{1}{\pi(1+x^2)} \mathrm{d}x = \infty,$$

故 $E(X)$ 不存在.

4.1.2　随机变量函数的数学期望

　　设 X 是一随机变量，$g(x)$ 为一实函数，则 $Y = g(X)$ 也是一随机变量. 理论上，虽然可通过 X 的分布求出 $g(X)$ 的分布，再按定义求出 $g(X)$ 的数学期望 $E[g(X)]$，但这种求法一般比较复杂. 下面不加证明地引入有关计算随机变量函数的数学期望的定理.

　　定理 4.1.1　设 X 是一个随机变量，$Y = g(X)$ 且 $E(Y)$ 存在，则

　　（1）若 X 为离散型随机变量，其概率分布为

$$P\{X = x_i\} = p_i, \ i = 1, 2, \cdots,$$

则 Y 的数学期望为

$$E(Y) = E[g(X)] = \sum_{i=1}^{\infty} g(x_i) p_i.$$

　　（2）若 X 为连续型随机变量，其概率密度为 $f(x)$，则 Y 的数学期望为

$$E(Y) = E[g(X)] = \int_{-\infty}^{\infty} g(x) f(x) \mathrm{d}x.$$

　　由定理 4.1.1 可知，当求 $E(Y)$ 时，不需要知道 $Y = g(X)$ 的分布，只需知道 X 的分布就可求出 $E(Y)$. 当然，也可由已知的 X 的分布，先求出随机变量函数 $Y = g(X)$ 的分布，再根据数学期望的定义去求 $E[g(X)]$. 然而，很多情况下求 $Y = g(X)$ 的分布是很难的，所以一般不采用后一种方法. 定理 4.1.1 为求随机变量函数的数学期望带来很大方便.

　　类似地，上述定理可推广到二维或二维以上随机变量的情形，即有以下定理.

　　定理 4.1.2　设 (X, Y) 是二维随机向量，随机变量函数 $Z = g(X, Y)$，且 $E(Z)$ 存在，则

　　（1）若 (X, Y) 为离散型随机向量，其概率分布为

$$P\{X = x_i, Y = y_j\} = p_{ij}, \ i, j = 1, 2, \cdots,$$

则 Z 的数学期望为

$$E(Z) = E[g(X, Y)] = \sum_{j=1}^{\infty} \sum_{i=1}^{\infty} g(x_i, y_j) p_{ij}.$$

　　（2）若 (X, Y) 为连续型随机向量，其概率密度为 $f(x, y)$，则 Z 的数学期望为

$$E(Z) = E[g(X, Y)] = \int_{-\infty}^{+\infty} \int_{-\infty}^{+\infty} g(x, y) f(x, y) \mathrm{d}x \mathrm{d}y.$$

【例 4.1.5】 设 (X,Y) 的联合概率分布为

X \ Y	0	1	2	3
1	0	3/8	3/8	0
3	1/8	0	0	1/8

求 $E(X)$、$E(Y)$、$E(X+Y)$.

解 要求 $E(X)$ 和 $E(Y)$，需先求出关于 X 和 Y 的边缘分布. 关于 X 和 Y 的边缘分布为

X	1	3
P	3/4	1/4

Y	0	1	2	3
P	1/8	3/8	3/8	1/8

则有

$$E(X) = 1 \times \frac{3}{4} + 3 \times \frac{1}{4} = \frac{3}{2},$$

$$E(Y) = 0 \times \frac{1}{8} + 1 \times \frac{3}{8} + 2 \times \frac{3}{8} + 3 \times \frac{1}{8} = \frac{3}{2},$$

$$E(X+Y) = (1+0) \times 0 + (1+1) \times \frac{3}{8} + (1+2) \times \frac{3}{8} + (1+3) \times 0 + (3+0) \times \frac{1}{8} + (3+1) \times 0 +$$

$$(3+2) \times 0 + (3+3) \times \frac{1}{8} = 3.$$

【例 4.1.6】 设随机变量 X 在 $[0,\pi]$ 上服从均匀分布，求 $E(\sin X)$、$E(X^2)$、$E[X-E(X)]^2$.

解 根据随机变量函数数学期望的计算公式，有

$$E(X) = \int_{-\infty}^{+\infty} xf(x)\mathrm{d}x = \int_0^{\pi} x \cdot \frac{1}{\pi}\mathrm{d}x = \frac{\pi}{2},$$

$$E(\sin X) = \int_{-\infty}^{+\infty} \sin x f(x)\mathrm{d}x = \int_0^{\pi} \sin x \cdot \frac{1}{\pi}\mathrm{d}x = \frac{1}{\pi}(-\cos x)\Big|_0^{\pi} = \frac{2}{\pi},$$

$$E(X^2) = \int_{-\infty}^{+\infty} x^2 f(x)\mathrm{d}x = \int_0^{\pi} x^2 \cdot \frac{1}{\pi}\mathrm{d}x = \frac{\pi^2}{3},$$

$$E[X-E(X)]^2 = E\left(X - \frac{\pi}{2}\right)^2 = \int_0^{\pi}\left(x - \frac{\pi}{2}\right)^2 \cdot \frac{1}{\pi}\mathrm{d}x = \frac{\pi^2}{12}.$$

4.1.3 数学期望的性质

定理 4.1.3 设随机变量 X、Y 的数学期望 $E(X)$、$E(Y)$ 存在.

（1）设 C 是常数，则 $E(C) = C$；

（2）若 k 是常数，则 $E(kX) = kE(X)$；

（3） $E(X+Y) = E(X) + E(Y)$；

（4）设 X、Y 独立，则 $E(XY) = E(X)E(Y)$.

证明 就连续型的情况，来证明性质（3）、（4），离散型情况和其他性质的证明留给读者.

设二维随机变量 (X,Y) 的概率密度为 $f(x,y)$，其边缘概率密度为 $f_X(x)$、$f_Y(y)$，则

$$E(X+Y) = \int_{-\infty}^{+\infty}\int_{-\infty}^{+\infty}(x+y)f(x,y)\,\mathrm{d}x\mathrm{d}y$$

$$= \int_{-\infty}^{+\infty} \int_{-\infty}^{+\infty} x\,f(x,y)\,\mathrm{d}x\mathrm{d}y + \int_{-\infty}^{+\infty} \int_{-\infty}^{+\infty} y\,f(x,y)\,\mathrm{d}x\mathrm{d}y$$

$$= \int_{-\infty}^{+\infty} xf_X(x)\,\mathrm{d}x + \int_{-\infty}^{+\infty} yf_Y(y)\,\mathrm{d}y = E(X)+E(Y).$$

又若 X 和 Y 相互独立，则此时

$$f(x,y) = f_X(x)f_Y(y),$$

故
$$E(XY) = \int_{-\infty}^{+\infty} \int_{-\infty}^{+\infty} xyf(x,y)\,\mathrm{d}x\mathrm{d}y = \int_{-\infty}^{+\infty} \int_{-\infty}^{+\infty} xyf_X(x)f_Y(y)\,\mathrm{d}x\mathrm{d}y$$

$$= \int_{-\infty}^{+\infty} xf_X(x)\,\mathrm{d}x \cdot \int_{-\infty}^{+\infty} yf_Y(y)\,\mathrm{d}y = E(X)E(Y).$$

性质（3）可推广到任意有限个随机变量之和的情形；性质（4）可推广到任意有限个相互独立的随机变量之积的情形.

【例 4.1.7】 设一电路中电流 I（安）与电阻 R（欧）是两个相互独立的随机变量，其概率密度分别为

$$g(i)=\begin{cases} 2i, & 0\leqslant i\leqslant 1 \\ 0, & 其他 \end{cases}, \qquad h(r)=\begin{cases} \dfrac{r^2}{9}, & 0\leqslant r\leqslant 3 \\ 0, & 其他 \end{cases},$$

试求电压 $V=IR$ 的均值.

解

$$E(V)=E(IR)=E(I)E(R)=\left[\int_{-\infty}^{+\infty} ig(i)\mathrm{d}i\right]\left[\int_{-\infty}^{+\infty} rh(r)\mathrm{d}r\right]=\left[\int_0^1 2i^2\mathrm{d}i\right]\left[\int_0^3 \frac{r^3}{9}\mathrm{d}r\right]=\frac{3}{2} （伏）.$$

思考问题：

已知 $E(XY)=E(X)E(Y)$，则一定能推出 X、Y 独立吗？

4.1.4 常用分布的数学期望

1．0-1 分布

设 X 服从参数为 p （$0<p<1$）的 0-1 分布，其分布律为

X	0	1
P	$1-p$	p

则
$$E(X)=P\{X=1\}=p.$$

2．二项分布：$X\sim B(n,p)$

X 表示 n 重伯努利试验中"成功"的次数. 若设

$$X_i=\begin{cases} 1, & 如第 i 次试验成功 \\ 0, & 如第 i 次试验失败 \end{cases} \quad i=1,2,\cdots,n,$$

则 $X=\sum_{i=1}^{n} X_i$ 是 n 次试验中"成功"的次数，且 X_i 服从 0-1 分布.

可得
$$E(X_i) = P\{X_i = 1\} = p \text{ ,}$$

所以 $E(X) = \sum_{i=1}^{n} E(X_i) = np$.

思考问题：
请用数学期望的定义求二项分布 $X \sim B(n, p)$ 的数学期望 $E(X)$.

3．泊松分布：$X \sim P(\lambda)$

X 的分布律为 $P\{X = k\} = \dfrac{\lambda^k \mathrm{e}^{-\lambda}}{k!}$，$k = 0, 1, 2, \cdots, \lambda > 0$，则

$$E(X) = \sum_{k=0}^{\infty} k \frac{\lambda^k \mathrm{e}^{-\lambda}}{k!} = \lambda \mathrm{e}^{-\lambda} \sum_{k=1}^{\infty} \frac{\lambda^{k-1}}{(k-1)!} = \lambda \mathrm{e}^{-\lambda} \mathrm{e}^{\lambda} = \lambda \text{ .}$$

4．均匀分布：$X \sim U(a, b)$

X 的概率密度为 $f(x) = \begin{cases} \dfrac{1}{b-a}, & a < x < b \\ 0, & \text{其他} \end{cases}$，

故
$$E(X) = \int_{-\infty}^{+\infty} x f(x) \mathrm{d}x = \int_{a}^{b} \frac{x}{b-a} \mathrm{d}x = \frac{a+b}{2} \text{ .}$$

5．指数分布：$X \sim E(\lambda)$

X 的概率密度为 $f(x) = \begin{cases} \lambda \mathrm{e}^{-\lambda x}, & x > 0 \\ 0, & x \leqslant 0 \end{cases}$

$$E(X) = \int_{-\infty}^{+\infty} x f(x) \mathrm{d}x = \int_{0}^{+\infty} x \lambda \mathrm{e}^{-\lambda x} \mathrm{d}x = -x \mathrm{e}^{-\lambda x} \Big|_{0}^{+\infty} + \int_{0}^{+\infty} \mathrm{e}^{-\lambda x} \mathrm{d}x = \frac{1}{\lambda} \text{ ,}$$

即有 $E(X) = \dfrac{1}{\lambda}$.

6．正态分布：$X \sim N(\mu, \sigma^2)$

先求标准正态变量 $Z = \dfrac{X - \mu}{\sigma}$ 的数学期望和方差. 因为 Z 的概率密度为

$$\phi(t) = \frac{1}{\sqrt{2\pi}} \mathrm{e}^{-t^2/2}, \quad -\infty < t < +\infty \text{ ,}$$

于是 $E(Z) = \dfrac{1}{\sqrt{2\pi}} \displaystyle\int_{-\infty}^{+\infty} t \mathrm{e}^{-t^2/2} \mathrm{d}t = \dfrac{1}{\sqrt{2\pi}} \mathrm{e}^{-t^2/2} \Big|_{-\infty}^{+\infty} = 0$.

因 $X = \mu + \sigma Z$，即得

$$E(X) = E(\mu + \sigma Z) = \mu \text{ .}$$

思考问题：

请用数学期望的定义求正态分布 $X \sim N(\mu, \sigma^2)$ 的数学期望 $E(X)$.

习题 4.1

1. 设甲、乙两人玩必分胜负的赌博游戏，假定游戏的规则不公正，以致两人获胜的概率不等，甲为 p，乙为 q，$p > q$，$p + q = 1$. 为了补偿乙的不利，另行规定两人下的赌注不相等，甲为 a，乙为 b，$a > b$. 现在的问题是：a 究竟应比 b 大多少，才能做到公正？

2. 某种新药在 400 名病人中进行临床试验. 有一半人服用，一半人未服，5 天后，有 210 人痊愈，其中 190 人是服了新药的. 试用概率统计方法说明新药的疗效.

3. 把数字 $1, 2, \cdots, n$ 任意地排成一列，若数字 k 恰好出现在第 k 个位置上，则称为一个巧合，求巧合个数的数学期望.

4. 一民航送客车载有 20 位旅客自机场开出，旅客有 10 个车站可以下车. 如到达一个车站没有旅客下车就不停车. 以 X 表示停车的次数，求 $E(X)$（设每位旅客在各个车站下车与否是等可能的，并设各旅客是否下车相互独立）.

5. 某人有 n 把钥匙，其中只有一把能打开自己家里的房门，现任取一把试开，不能打开者除去，求打开此门所需要次数的数学期望.

6. 设随机变量 (X, Y) 的概率密度

$$f(x, y) = \begin{cases} \dfrac{3}{2x^3 y^2}, & \dfrac{1}{x} < y < x,\ x > 1, \\ 0, & \text{其他} \end{cases}$$

求数学期望 $E(Y)$、$E\left(\dfrac{1}{XY}\right)$.

7. 设 $E(X)$、$E(X^2)$ 均存在，证明 $E[X - E(X)]^2 = E(X^2) - [E(X)]^2$.

8. 对圆的直径做近似测量，设其均匀分布于 $[a, b]$，求圆的直径的数学期望.

9. 在植物大战僵尸的游戏中，对某一个僵尸要射击 N 次才能彻底打倒它，假定各次射击是独立的，并且每次射中的概率为 p，试求彻底打倒这个僵尸平均消耗的炮弹数.

10. 某个体户经营豆芽菜，每出售 1kg 可获利 a 元，每剩余 1kg 将亏损 b 元，假定每天销售量 X（单位：kg）服从参数为 λ 的泊松分布，问一天应该准备多少千克豆芽菜最适合？

4.2　方　　差

前面讨论的随机变量的数学期望是对随机变量取值平均水平的综合评价. 本节讨论判断随机现象性质的另一个十分重要的指标——方差，它反映了随机变量取值的稳定性. 下面给出方差的定义.

4.2.1　方差的定义

定义 4.2.1 设 X 是一个随机变量，若 $E[(X - E(X))^2]$ 存在，则称它为 X 的方差（Variance），记为

$$D(X) = E[(X - E(X)]^2 = \begin{cases} \sum_{i=1}^{\infty} [x - E(X)]^2 p_i, & X是离散型随机变量 \\ \int_{-\infty}^{\infty} [x - E(X)]^2 f(x)\mathrm{d}x, & X是连续型随机变量 \end{cases},$$

方差的算术平方根 $\sqrt{D(X)}$ 称为**标准差**（Standard Deviation）或**均方差**（Mean Square Deviation），它与 X 具有相同的度量单位，在实际中经常使用.

从方差的定义可知，方差刻画了随机变量 X 的取值与其数学期望的偏离程度. 若 X 的取值比较集中，则方差较小；若 X 的取值比较分散，则方差较大.

此外，由数学期望的性质可得

$$D(X) = E[X - E(X)]^2 = E\{X^2 - 2X + [E(X)]^2\}$$
$$= E(X^2) - 2E(X) + [E(X)]^2 = E(X^2) - [E(X)]^2,$$

即有计算公式

$$D(X) = E(X^2) - [E(X)]^2.$$

【**例 4.2.1**】 设有甲、乙两种棉花，从中各抽取等量的样品进行检验，结果如下：

X	28	29	30	31	32
P	0.1	0.15	0.5	0.15	0.1

Y	28	29	30	31	32
P	0.13	0.17	0.4	0.17	0.13

其中 X、Y 分别表示甲、乙两种棉花的纤维的长度（单位：mm），求 $D(X)$ 与 $D(Y)$，并评定它们的质量.

解 由于

$$E(X) = 28 \times 0.1 + 29 \times 0.15 + 30 \times 0.5 + 31 \times 0.15 + 32 \times 0.1 = 30,$$

$$E(Y) = 28 \times 0.13 + 29 \times 0.17 + 30 \times 0.4 + 31 \times 0.17 + 32 \times 0.13 = 30,$$

故得

$$D(X) = (28-30)^2 \times 0.1 + (29-30)^2 \times 0.15 + (30-30)^2 \times 0.5 + (31-30)^2 \times 0.15 + (32-30)^2 \times 0.1$$
$$= 4 \times 0.1 + 1 \times 0.15 + 0 \times 0.5 + 1 \times 0.15 + 4 \times 0.1 = 1.1,$$

$$D(Y) = (28-30)^2 \times 0.13 + (29-30)^2 \times 0.17 + (30-30)^2 \times 0.4 + (31-30)^2 \times 0.17 + (32-30)^2 \times 0.13$$
$$= 4 \times 0.13 + 1 \times 0.17 + 0 \times 0.4 + 1 \times 0.17 + 4 \times 0.13 = 1.38.$$

因 $D(X) < D(Y)$，所以甲种棉花纤维长度的方差小些，说明其纤维长度变化要小些，也就是要均匀些，故甲种棉花质量较好.

【**例 4.2.2**】 设随机变量 X 的概率密度为

$$f(X) = \begin{cases} 1+x, & -1 \leqslant x < 0 \\ 1-x, & 0 \leqslant x < 1 \\ 0, & 其他 \end{cases},$$

求 $D(X)$.

解
$$E(X) = \int_{-1}^{0} x(1+x)\mathrm{d}x + \int_{0}^{1} x(1-x)\mathrm{d}x = 0 ,$$

$$E(X^2) = \int_{-1}^{0} x^2(1+x)\mathrm{d}x + \int_{0}^{1} x^2(1-x)\mathrm{d}x = 1/6 ,$$

于是
$$D(X) = E(X^2) - [E(X)]^2 = 1/6.$$

4.2.2　方差的性质

定理 4.2.1　设随机变量 X、Y 的方差存在，则：

（1）设 C 是常数，则 $D(C) = 0$；

（2）若 X 是随机变量，C 是常数，则
$$D(CX) = C^2 D(X) ;$$

（3）设 X、Y 是两个随机变量，则
$$D(X \pm Y) = D(X) + D(Y) \pm 2E\{[X - E(X)][Y - E(Y)]\} ;$$

特别地，若 X、Y 相互独立，则
$$D(X \pm Y) = D(X) + D(Y)$$

此结论可以推广到 n 维情形，若 $X_1, X_2, \cdots, X_n$ 相互独立，且 $c_i(i=1,2,\cdots,n)$ 为常数，则

$$D\left[\sum_{i=1}^{n} X_i\right] = \sum_{i=1}^{n} D(X_i), \quad D\left[\sum_{i=1}^{n} c_i X_i\right] = \sum_{i=1}^{n} c_i^2 D(X_i).$$

（4）对任意的常数 $c \neq E(X)$，有 $D(X) < E[(X-c)^2]$.

证明　仅证性质（3）和（4）.

下面首先证明性质（3）：

$$\begin{aligned}
D(X \pm Y) &= E[(X \pm Y) - E(X \pm Y)]^2 \\
&= E[(X - E(X)) \pm (Y - E(Y))]^2 \\
&= E[X - E(X)]^2 \pm 2E[(X - E(X))(Y - E(Y))] + E[Y - E(Y)]^2 \\
&= D(X) + D(Y) \pm 2E[(X - E(X))(Y - E(Y))].
\end{aligned}$$

当 X 与 Y 相互独立时，$X - E(X)$ 与 $Y - E(Y)$ 也相互独立，由数学期望的性质有

$$E\{[X - E(X)][Y - E(Y)]\} = E[X - E(X)]E[Y - E(Y)] = 0.$$

因此有
$$D(X \pm Y) = D(X) + D(Y).$$

然后证明性质（4）：

对任意常数 c，有

$$\begin{aligned}
E[(X-c)^2] &= E\{[X - E(X) + E(X) - c]^2\} \\
&= E\{[X - E(X)]^2\} + 2[E(X) - c] \cdot E[X - E(X)] + [E(X) - c]^2 \\
&= D(X) + [E(X) - c]^2.
\end{aligned}$$

故对任意常数 $c \neq EX$，有 $D(X) < E[(X-c)^2]$.

【**例 4.2.3**】 设离散型随机变量 X 的分布列为 $P\{X=k\} = p(1-p)^{k-1}$，$k=1,2,\cdots$，其中 $0 < p < 1$，则称 X 服从几何分布，求 $E(X)$、$D(X)$.

解 设 $q = 1-p$.

$$E(X) = \sum_{k=1}^{\infty} kpq^{k-1} = p\sum_{k=1}^{\infty}(q^k)' = p\left(\sum_{k=1}^{\infty}q^k\right)' = p\left(\frac{q}{1-q}\right)' = \frac{1}{p},$$

$$E(X^2) = \sum_{k=1}^{\infty}k^2pq^{k-1} = p\left[\sum_{k=1}^{\infty}k(k-1)q^{k-1} + \sum_{k=1}^{\infty}kq^{k-1}\right]$$

$$= qp\left(\sum_{k=1}^{\infty}q^k\right)'' + E(X) = qp\left(\frac{q}{1-q}\right)'' + \frac{1}{p} = qp\frac{2}{(1-q)^3} + \frac{1}{p} = \frac{2q}{p^2} + \frac{1}{p} = \frac{2-p}{p^2},$$

故 $D(X) = E(X^2) - [E(X)]^2 = \dfrac{1-p}{p^2}$.

【**例 4.2.4**】 设随机变量 X 和 Y 相互独立，试证

$$D(XY) = D(X)D(Y) + [E(X)]^2 D(Y) + [E(Y)]^2 D(X).$$

证明 因为随机变量 X 与 Y 独立，所以

$$E(XY) = E(X)E(Y),\ \ E(X^2Y^2) = E(X^2)E(Y^2),$$

于是有

$$D(XY) = E(X^2Y^2) - [E(XY)]^2 = E(X^2)E(Y^2) - [E(X)]^2[E(Y)]^2,$$

又因为

$$D(X) = E(X^2) - [E(X)]^2,\ \ D(Y) = E(Y^2) - [E(Y)]^2,$$

所以

$$E(X^2) = D(X) + [E(X)]^2,\ \ E(Y^2) = D(Y) + [E(Y)]^2,$$

从而

$$D(XY) = \{D(X) + [E(X)]^2\}E(Y^2) - [E(X)]^2[E(Y)]^2.$$

将 $E(Y^2)$ 代入上式，得结论成立.

思考问题：

设随机变量 X 的数学期望为 $E(X)$，方差 $D(X) = \sigma^2$（$\sigma > 0$），令 $Y = \dfrac{X - E(X)}{\sigma}$，则 $E(Y)$ 和 $D(Y)$ 是多少？

4.2.3　常用分布的方差

1. 0-1 分布

设 X 服从参数为 $p(0 < p < 1)$ 的 0-1 分布，其分布律为

X	0	1
P	$1-p$	p

因为

$$E(X) = p,\ \ E(X^2) = 0^2 \times (1-p) + 1^2 \times p = p,$$

故

$$D(X) = E(X^2) - [E(X)]^2 = p - p^2 = p(1-p).$$

2．二项分布：$X \sim B(n,p)$

X 表示 n 重伯努利试验中"成功"的次数．若设

$$X_i = \begin{cases} 1, & \text{如第 } i \text{ 次试验成功} \\ 0, & \text{如第 } i \text{ 次试验失败} \end{cases} \quad i = 1, 2, \cdots, n$$

则 $X = \sum_{i=1}^{n} X_i$ 是 n 次试验中"成功"的次数，且 X_i 服从 0-1 分布．因为

$$E(X_i) = P\{X_i = 1\} = p, \quad E(X_i^2) = p,$$

故　　　　　　$D(X_i) = E(X_i^2) - [E(X_i)]^2 = p - p^2 = p(1-p), \quad i = 1, 2, \cdots, n,$

由于 $X_1, X_2, \cdots, X_n$ 相互独立，于是 $D(X) = \sum_{i=1}^{n} D(X_i) = np(1-p)$．

3．泊松分布：$X \sim P(\lambda)$

X 的分布律为 $P\{X = k\} = \dfrac{\lambda^k \mathrm{e}^{-\lambda}}{k!}$，$k = 0, 1, 2, \cdots, \lambda > 0$，则 $E(X) = \lambda$，

而　　　$E(X^2) = E[X(X-1) + X] = E[X(X-1)] + E(X) = \sum_{k=0}^{\infty} k(k-1) \dfrac{\lambda^k \mathrm{e}^{-\lambda}}{k!} + \lambda$

$$= \lambda^2 \mathrm{e}^{-\lambda} \sum_{k=2}^{\infty} \dfrac{\lambda^{k-2}}{(k-2)!} + \lambda = \lambda^2 \mathrm{e}^{-\lambda} \mathrm{e}^{\lambda} + \lambda = \lambda^2 + \lambda.$$

故方差 $D(X) = E(X^2) - [E(X)]^2 = \lambda$．

由此可知，泊松分布的数学期望与方差相等，都等于参数 λ．因为泊松分布只含有一个参数 λ，只要知道它的数学期望或方差，就能完全确定它的分布了．

4．均匀分布：$X \sim U(a,b)$

X 的概率密度为 $f(x) = \begin{cases} \dfrac{1}{b-a}, & a < x < b \\ 0, & \text{其他} \end{cases}$，

而 $E(X) = \displaystyle\int_{-\infty}^{+\infty} x f(x) \mathrm{d}x = \int_a^b \dfrac{x}{b-a} \mathrm{d}x = \dfrac{a+b}{2}$，故所求方差为

$$D(X) = E(X^2) - [E(X)]^2 = \int_a^b x^2 \dfrac{1}{b-a} \mathrm{d}x - \left(\dfrac{a+b}{2} \right)^2 = \dfrac{(b-a)^2}{12}.$$

5．指数分布：$X \sim E(\lambda)$

X 的概率密度为 $f(x) = \begin{cases} \lambda \mathrm{e}^{-\lambda x}, & x > 0 \\ 0, & x \leqslant 0 \end{cases}$，

$$E(X) = \int_{-\infty}^{+\infty} x f(x) \mathrm{d}x = \int_0^{+\infty} x \lambda \mathrm{e}^{-\lambda x} \mathrm{d}x = -x \mathrm{e}^{-\lambda x} \Big|_0^{+\infty} + \int_0^{+\infty} \mathrm{e}^{-\lambda x} \mathrm{d}x = \dfrac{1}{\lambda},$$

$$E(X^2) = \int_{-\infty}^{+\infty} x^2 f(x)\mathrm{d}x = \int_0^{+\infty} x^2 \frac{1}{\theta} \mathrm{e}^{-\lambda x}\mathrm{d}x = -x^2 \mathrm{e}^{-\lambda x}\Big|_0^{+\infty} + \int_0^{+\infty} 2x\mathrm{e}^{-\lambda x}\mathrm{d}x = 2\frac{1}{\lambda^2},$$

于是

$$D(X) = E(X^2) - [E(X)]^2 = 2\frac{1}{\lambda^2} - \frac{1}{\lambda^2} = \frac{1}{\lambda^2},$$

即有

$$E(X) = \frac{1}{\lambda}, \quad D(X) = \frac{1}{\lambda^2}.$$

6. 正态分布：$X \sim N(\mu, \sigma^2)$

先求标准正态变量 $Z = \dfrac{X - \mu}{\sigma}$ 的数学期望和方差. 因为 Z 的概率密度为

$$\phi(z) = \frac{1}{\sqrt{2\pi}} \mathrm{e}^{-z^2/2}, \quad -\infty < z < +\infty.$$

于是 $E(Z) = 0$，

$$D(Z) = E(Z^2) = \frac{1}{\sqrt{2\pi}} \int_{-\infty}^{+\infty} z^2 \mathrm{e}^{-z^2/2}\mathrm{d}z = -\frac{1}{\sqrt{2\pi}} \int_{-\infty}^{+\infty} z\mathrm{d}(\mathrm{e}^{-z^2/2}),$$

$$= -\frac{z}{\sqrt{2\pi}} \mathrm{e}^{-z^2/2}\Big|_{-\infty}^{+\infty} + \frac{1}{\sqrt{2\pi}} \int_{-\infty}^{+\infty} \mathrm{e}^{-z^2/2}\mathrm{d}z = \frac{1}{\sqrt{\pi}} \int_{-\infty}^{+\infty} \mathrm{e}^{-(z/\sqrt{2})^2}\mathrm{d}\left(\frac{z}{\sqrt{2}}\right) = 1,$$

其中利用泊松积分 $\displaystyle\int_{-\infty}^{+\infty} \mathrm{e}^{-x^2}\mathrm{d}x = \sqrt{\pi}$.

因 $X = \mu + \sigma Z$，由数学期望和方差的性质得

$$E(X) = E(\mu + \sigma Z) = \mu,$$

$$D(X) = D(\mu + \sigma Z) = E[\mu + \sigma Z - E(\mu + \sigma Z)]^2 = E(\sigma^2 Z^2) = \sigma^2 E(Z^2) = \sigma^2 D(Z) = \sigma^2$$

或者

$$D(X) = D(\mu + \sigma Z) = D(\mu) + D(\sigma Z) = 0 + D(\sigma Z) = \sigma^2 D(Z) = \sigma^2.$$

这就是说，正态分布的概率密度中的两个参数 μ 和 σ 分别就是该分布的数学期望和均方差，因而正态分布完全可由它的数学期望和方差所确定.

由第 3 章知道，若 $X_i \sim N(\mu, \sigma^2)$，$i = 1, 2, \cdots, n$，且它们相互独立，则它们的线性组合 $c_1 X_1 + c_2 X_2 + \cdots + c_n X_n$（$c_1, c_2, \cdots, c_n$ 是不全为零的常数）仍然服从正态分布. 于是由数学期望和方差的性质得：

$$c_1 X_1 + c_2 X_2 + \cdots + c_n X_n \sim N\left(\sum_{i=1}^{n} c_i \mu_i, \sum_{i=1}^{n} c_i^2 \sigma_i^2\right).$$

这是一个重要的结果.

习题 4.2

1. 设连续型随机变量 X 的概率密度函数为

$$f(x) = \begin{cases} x, & 0 \leqslant x < 1 \\ 2 - x, & 1 \leqslant x \leqslant 2 \\ 0, & 其他 \end{cases},$$

求 $E(X)$、$D(X)$.

2．设随机变量 X 的概率分布律为

X	–1	0	1/2	1	2
P_i	1/3	1/6	1/6	1/12	1/4

随机变量函数 $Y = -X + 1$ 及 $Z = X^2$，求其中 $E(Y)$、$E(Z)$ 及 $D(Y)$、$D(Z)$.

3．设活塞的直径（单位：cm）$X \sim N(22.40, 0.03^2)$，气缸的直径 $Y \sim N(22.50, 0.04^2)$，X、Y 相互独立，任取一只活塞，任取一只气缸，求活塞能装入气缸的概率.

4．某投资商可投资两个项目：娱乐产业和健康产业，其收益都与市场状态有关. 把未来市场分为好、中、差三个等级，则其发生的概率分别为 0、0.7、0.1. 通过调查，该投资商认为投资娱乐产业的收益 X（万元）和投资健康产业的收益 Y（万元）的分布律分别为

X	11	3	–3
P	0.2	0.7	0.1

Y	6	4	–1
P	0.2	0.7	0.1

请问：该投资商如何投资好？

5．若随机变量 X 的分布函数为 $F(x) = \begin{cases} \dfrac{e^2}{2}, & x < 0 \\[2mm] \dfrac{1}{2}, & 0 \leqslant x < 1 \\[2mm] 1 - \dfrac{1}{2} e^{-\frac{1}{2}(x-1)}, & x \geqslant 1 \end{cases}$

求 $E(X)$、$D(X)$、$D(3X + 2)$.

6．袋中有 n 张卡片，编号 $1, 2, \cdots, n$，从中有放回地抽出 m 张卡片，求所得号码之和的方差.

7．设随机变量 $X_1, \cdots, X_n$ 相互独立，且 $D(X_i) = \sigma^2$，$E(X_i) = a$，$i = 1, 2, \cdots, n$，令 $\overline{X} = \dfrac{1}{n} \sum_{i=1}^{n} X_i$，求 $E(\overline{X})$、$D(\overline{X})$.

4.3　协方差与相关系数

前面讨论的随机变量的数学期望和方差是判断随机现象性质十分重要的指标，但它们仅仅反映了各自的平均值与偏离平均值的程度. 对多维随机变量而言，人们还关心随机变量之间的关系. 在实际问题中，每对随机变量往往相互影响、相互联系. 例如，人的体重与身高；某种产品的产量与价格等. 随机变量的这种相互联系称为相关关系，它们也是一类重要的数字特征，本节讨论二维随机变量有关这方面的数字特征.

4.3.1　协方差的定义

定义 4.3.1　设 (X, Y) 为二维随机向量，若

$$E\{[X - E(X)][Y - E(Y)]\}$$

存在，则称其为随机变量 X 和 Y 的**协方差**（**Covariance**），记为 $\text{Cov}(X, Y)$，即

$$\text{Cov}(X,Y) = E\{[X-E(X)][Y-E(Y)]\}.$$

若 (X,Y) 为离散型随机向量，其概率分布为

$$P\{X=x_i, Y=y_j\} = p_{ij} \quad i,j=1,2,\cdots,$$

则

$$\text{Cov}(X,Y) = \sum_i \sum_j [x_i - E(X)][y_j - E(Y)]p_{ij}.$$

若 (X,Y) 为连续型随机向量，其概率分布为 $f(x,y)$，则

$$\text{Cov}(X,Y) = \int_{-\infty}^{+\infty} \int_{-\infty}^{+\infty} \{[x-E(X)][y-E(Y)]\}f(x,y)\text{d}x\text{d}y.$$

此外，由协方差定义和数学期望的性质可得以下有用的计算公式

$$\begin{aligned}\text{Cov}(X,Y) &= E\{[X-E(X)][Y-E(Y)]\} \\ &= E(XY) - E(X)E(Y) - E(Y)E(X) + E(X)E(Y) \\ &= E(XY) - E(X)E(Y).\end{aligned}$$

特别地，当 X 与 Y 独立时，有 $\text{Cov}(X,Y)=0$。

【例 4.3.1】 已知离散型随机向量 (X,Y) 的概率分布为

X \ Y	-1	0	2
0	0.1	0.2	0
1	0.3	0.05	0.1
2	0.15	0	0.1

求 $\text{Cov}(X,Y)$。

解 容易求得 X 的概率分布为 $P\{X=0\}=0.3$, $P\{X=1\}=0.45$, $P\{X=2\}=0.25$；
Y 的概率分布为 $P\{Y=-1\}=0.55$, $P\{Y=0\}=0.25$, $P\{Y=2\}=0.2$,
于是有

$$E(X) = 0\times0.3 + 1\times0.45 + 2\times0.25 = 0.95,$$
$$E(Y) = (-1)\times0.55 + 0\times0.25 + 2\times0.2 = -0.15.$$

计算得 $E(XY) = 0\times(-1)\times0.1 + 0\times0\times0.2 + 0\times2\times0 + 1\times(-1)\times0.3 + 1\times0\times0.5 + 1\times2\times0.1 +$

$2\times(-1)\times0.15 + 2\times0\times0 + 2\times2\times0.1 = 0.$

于是 $\text{Cov}(X,Y) = E(XY) - E(X)E(Y) = 0.95\times0.15 = 0.1425.$

【例 4.3.2】 设 (X,Y) 的概率密度为

$$f(x,y) = \begin{cases} x+y, & 0<x<1, 0<y<1 \\ 0, & \text{其他} \end{cases},$$

求 $\text{Cov}(X,Y)$。

解 由于 $f_X(x) = \begin{cases} x+\dfrac{1}{2}, & 0<x<1 \\ 0, & \text{其他} \end{cases}$, $f_Y(y) = \begin{cases} y+\dfrac{1}{2}, & 0<y<1 \\ 0, & \text{其他} \end{cases}$,

$$E(X) = \int_0^1 x\left(x+\frac{1}{2}\right)\text{d}x = \frac{7}{12},$$

$$E(Y)=\int_0^1 y\left(y+\frac{1}{2}\right)\mathrm{d}y=\frac{7}{12},$$

$$E(XY)=\int_0^1\int_0^1 xy(x+y)\mathrm{d}x\mathrm{d}y=\int_0^1\int_0^1 x^2y\mathrm{d}x\mathrm{d}y+\int_0^1\int_0^1 xy^2\mathrm{d}x\mathrm{d}y=\frac{1}{3}.$$

因此
$$\mathrm{Cov}(X,Y)=E(XY)-E(X)E(Y)=\frac{1}{3}-\frac{7}{12}\times\frac{7}{12}=-\frac{1}{144}.$$

4.3.2 协方差的性质

定理 4.3.1 设随机变量 X、Y 的方差存在，则

（1）$\mathrm{Cov}(X,X)=D(X)$；

（2）$\mathrm{Cov}(X,Y)=\mathrm{Cov}(Y,X)$；

（3）$\mathrm{Cov}(aX,bY)=ab\mathrm{Cov}(X,Y)$，其中 a，b 是常数；

（4）$\mathrm{Cov}(C,X)=0$，C 为任意常数；

（5）$\mathrm{Cov}(X_1+X_2,Y)=\mathrm{Cov}(X_1,Y)+\mathrm{Cov}(X_2,Y)$；

（6）当 X 与 Y 相互独立时，则 $\mathrm{Cov}(X,Y)=0$；

（7）$D(X+Y)=D(X)+D(Y)+2\mathrm{Cov}(X,Y)$.

特别地，若 X 与 Y 相互独立时，则

$$D(X+Y)=D(X)+D(Y).$$

证明 仅证性质（5）

$$\begin{aligned}\mathrm{Cov}(X_1+X_2,Y)&=E[(X_1+X_2)Y]-E(X_1+X_2)E(Y)\\&=E(X_1Y)+E(X_2Y)-E(X_1)E(Y)-E(X_2)E(Y)\\&=[E(X_1Y)-E(X_1)E(Y)]+[E(X_2Y)-E(X_2)E(Y)]\\&=\mathrm{Cov}(X_1,Y)+\mathrm{Cov}(X_2,Y).\end{aligned}$$

【例 4.3.3】 设连续型随机变量 (X,Y) 的密度函数为

$$f(x,y)=\begin{cases}8xy, & 0\leqslant x\leqslant y\leqslant 1\\0, & \text{其他}\end{cases},$$

求 $\mathrm{Cov}(X,Y)$ 和 $D(X+Y)$.

解 由 (X,Y) 的密度函数可求得其边缘密度函数分别为

$$f_X(x)=\begin{cases}4x(1-x^2), & 0\leqslant x\leqslant 1\\0, & \text{其他}\end{cases},\quad f_Y(y)=\begin{cases}4y^3, & 0\leqslant y\leqslant 1\\0, & \text{其他}\end{cases},$$

于是

$$E(X)=\int_{-\infty}^{+\infty}xf_X(x)\mathrm{d}x=\int_0^1 x\cdot 4x(1-x^2)\mathrm{d}x=8/15,$$

$$E(Y)=\int_{-\infty}^{+\infty}yf_Y(y)\mathrm{d}y=\int_0^1 y\cdot 4y^3\mathrm{d}y=4/5,$$

$$E(XY)=\int_{-\infty}^{+\infty}\int_{-\infty}^{+\infty}xyf(x,y)\mathrm{d}x\mathrm{d}y=\int_0^1\mathrm{d}x\int_x^1 xy\cdot 8xy\cdot\mathrm{d}y=4/9,$$

从而 $$\text{Cov}(X,Y) = E(XY) - E(X)E(Y) = 4/225,$$

又 $$E(X^2) = \int_{-\infty}^{+\infty} x^2 f_X(x)\mathrm{d}x = \int_0^1 x^2 \cdot 4x(1-x^2)\mathrm{d}x = 1/3,$$

$$E(Y^2) = \int_{-\infty}^{+\infty} y^2 f_Y(y)\mathrm{d}y = \int_0^1 y^2 \cdot 4y^3 \mathrm{d}y = 2/3,$$

所以 $$D(X) = E(X^2) - [E(X)]^2 = 11/225, \quad D(Y) = E(Y^2) - [E(Y)]^2 = 2/75,$$

故 $$D(X+Y) = D(X) + D(Y) + 2\text{Cov}(X,Y) = 1/9.$$

4.3.3 相关系数的定义与性质

定义 4.3.2 设 (X,Y) 为二维随机变量，$D(X) > 0$，$D(Y) > 0$，称

$$\frac{\text{Cov}(X,Y)}{\sqrt{D(X)}\sqrt{D(Y)}}$$

为随机变量 X 和 Y 的相关系数（**Correlation Coefficient**）或标准协方差（**Standard Covariance**）。记为 ρ_{XY}，即

$$\rho_{XY} = \frac{\text{Cov}(X,Y)}{\sqrt{D(X)D(Y)}}.$$

在不引起混淆的情况下，有时也记 ρ_{XY} 为 ρ。

下面给出相关系数 ρ_{XY} 的几条重要性质，并说明 ρ_{XY} 的含义。

性质 4.3.1 $|\rho_{XY}| \leqslant 1$。

性质 4.3.2 若 X 和 Y 相互独立，则 $\rho_{XY} = 0$。

性质 4.3.3 $|\rho_{XY}| = 1$ 的充要条件是存在常数 a，$b(a \neq 0)$，使 $P\{Y = aX + b\} = 1$，而且当 $a > 0$ 时，$\rho_{XY} = 1$；当 $a < 0$ 时，$\rho_{XY} = -1$。

由协方差的性质及相关系数的定义可知性质 4.3.2 成立，性质 4.3.3 的证明较复杂，从略。下面仅证明性质 4.3.1。

证明 对任意实数 t，有

$$
\begin{aligned}
D(Y - tX) &= E[(Y - tX) - E(Y - tX)]^2 = E[(Y - E(Y)) - t(X - E(X))]^2 \\
&= E[Y - E(Y)]^2 - 2tE[Y - E(Y)][X - E(X)] + t^2 E[X - E(X)]^2 \\
&= t^2 D(X) - 2t\text{Cov}(X,Y) + D(Y) \\
&= D(X)\left[t - \frac{\text{Cov}(X,Y)}{D(X)}\right]^2 + D(Y) - \frac{[\text{Cov}(X,Y)]^2}{D(X)}.
\end{aligned}
$$

令 $t = \dfrac{\text{Cov}(X,Y)}{D(X)} = b$，于是

$$D(Y - bX) = D(Y) - \frac{[\text{Cov}(X,Y)]^2}{D(X)} = D(Y)\left[1 - \frac{[\text{Cov}(X,Y)]^2}{D(X)D(Y)}\right] = D(Y)(1 - \rho_{XY}^2).$$

由于方差不能为负，所以 $1 - \rho_{XY}^2 \geqslant 0$，从而 $|\rho_{XY}| \leqslant 1$。

注意：相关系数 ρ_{XY} 刻画了随机变量 Y 与 X 之间的"线性相关"程度. $|\rho_{XY}|$ 的值越接近 1，Y 与 X 的线性相关程度越高；$|\rho_{XY}|$ 的值越接近 0，Y 与 X 的线性相关程度越弱. 当 $|\rho_{XY}|=1$ 时，Y 与 X 的变化可完全由 X 的线性函数给出，即 X 与 Y 存在着完全线性关系，是一种极端情况；当 $\rho=1$ 时，称为完全正相关；当 $\rho=-1$ 时，称为完全负相关；当 $\rho_{XY}=0$ 时，Y 与 X 之间不是线性关系，是另一种极端情况.

当 $\rho_{XY}=0$ 时，称 X 与 Y 不相关，由性质 4.3.2 可知，当 X 与 Y 相互独立时，$\rho_{XY}=0$，即称 X 与 Y 不相关. 反之，成立否？

【例 4.3.4】 设 θ 服从 $[-\pi,\pi]$ 上的均匀分布，$X=\sin\theta$，$Y=\cos\theta$. 判断 X 与 Y 是否不相关，是否独立.

解 由于 $E(X)=\frac{1}{2\pi}\int_{-\pi}^{\pi}\sin\theta\mathrm{d}\theta=0$，$E(Y)=\frac{1}{2\pi}\int_{-\pi}^{\pi}\cos\theta\mathrm{d}\theta=0$，

而 $E(XY)=\frac{1}{2\pi}\int_{-\pi}^{\pi}\sin\theta\cos\theta\mathrm{d}\theta=0$.

因此 $\rho_{XY}=\frac{\mathrm{Cov}(X,Y)}{\sqrt{D(X)D(Y)}}=\frac{E(XY)-E(X)E(Y)}{\sqrt{D(X)D(Y)}}=0$，从而 X 与 Y 不相关. 但由于 X 与 Y 满足关系 $X^2+Y^2=1$，所以 X 与 Y 不独立.

注意：当两个随机变量不相关时，它们并不一定相互独立，它们之间还可能存在其他的函数关系.

【例 4.3.5】 设二维随机变量 $(X,Y)\sim N(\mu_1,\mu_2,\sigma_1,\sigma_2,\rho)$，求相关系数 ρ_{XY}.

解 根据二维正态分布的边缘概率密度知

$$E(X)=\mu_1,\ E(Y)=\mu_2,\ D(X)=\sigma_1^2,\ D(Y)=\sigma_2^2,$$

而

$$\mathrm{Cov}(X,Y)=\int_{-\infty}^{+\infty}\int_{-\infty}^{+\infty}(x-\mu_1)(x-\mu_2)f(x,y)\mathrm{d}x\mathrm{d}y=\frac{1}{2\pi\sigma_1\sigma_2\sqrt{1-\rho^2}}\int_{-\infty}^{+\infty}\int_{-\infty}^{+\infty}(x-\mu_1)(y-\mu_2)\times$$

$$\exp\left[\frac{-1}{2(1-\rho^2)}\left(\frac{y-\mu_2}{\sigma_2}-\rho\frac{x-\mu_1}{\sigma_1}\right)^2-\frac{(x-\mu_1)^2}{2\sigma_1^2}\right]\mathrm{d}x\mathrm{d}y.$$

令 $t=\frac{1}{\sqrt{1-\rho^2}}\left(\frac{y-\mu_2}{\sigma_2}-\rho\frac{x-\mu_1}{\sigma_1}\right)$，$u=\frac{x-\mu_1}{\sigma_1}$，则有

$$\mathrm{Cov}(X,Y)=\frac{1}{2\pi}\int_{-\infty}^{+\infty}\int_{-\infty}^{+\infty}(\sigma_1\sigma_2\sqrt{1-\rho^2}tu+\rho\sigma_1\sigma_2u^2)\mathrm{e}^{-(u^2+t^2)/2}\mathrm{d}t\mathrm{d}u$$

$$=\frac{\rho\sigma_1\sigma_2}{2\pi}\left(\int_{-\infty}^{+\infty}u^2\mathrm{e}^{-\frac{u^2}{2}}\mathrm{d}u\right)\left(\int_{-\infty}^{+\infty}\mathrm{e}^{-\frac{t^2}{2}}\mathrm{d}t\right)+\frac{\sigma_1\sigma_2\sqrt{1-\rho^2}}{2\pi}\left(\int_{-\infty}^{+\infty}u\mathrm{e}^{-\frac{u^2}{2}}\mathrm{d}u\right)\left(\int_{-\infty}^{+\infty}t\mathrm{e}^{-\frac{t^2}{2}}\mathrm{d}t\right)$$

$$=\frac{\rho\sigma_1\sigma_2}{2\pi}\sqrt{2\pi}\cdot\sqrt{2\pi},$$

即有 $\mathrm{Cov}(X,Y)=\rho\sigma_1\sigma_2$，于是 $\rho_{XY}=\frac{\mathrm{Cov}(X,Y)}{\sqrt{D(X)}\sqrt{D(Y)}}=\rho$.

注意：从本例的结果可见，二维正态随机变量 (X,Y) 的分布完全由 X 和 Y 各自的数学期

望、方差及它们的相关系数所确定. 此外, 易见有结论: 若 (X,Y) 服从二维正态分布, 则 X 与 Y 相互独立, 当且仅当 X 与 Y 不相关.

习题 4.3

1. 下列事实是等价的吗?
（1）$\mathrm{Cov}(X,Y)=0$；
（2）X 与 Y 不相关；
（3）$E(XY)=E(X)E(Y)$；
（4）$D(X+Y)=D(X)+D(Y)$.

2. 下列命题中哪些对? 哪些错? 为什么?
（1）若 X 与 Y 独立, 则 X 与 Y 不相关；
（2）若 X 与 Y 不相关, 则 X 与 Y 独立；
（3）若 X 与 Y 相关, 则 X 与 Y 不独立；
（4）若 X 与 Y 不独立, 则 X 与 Y 相关.

3. 对随机变量 X 和 Y, 已知 $D(X)=2$, $D(Y)=3$, $\mathrm{Cov}(X,Y)=-1$, 计算 $\mathrm{Cov}(3X–2Y+1,X+4Y–3)$.

4. 设二维随机变量 (X,Y) 的概率密度为

$$f(x,y)=\begin{cases}\dfrac{1}{r^2\pi}, & x^2+y^2\leqslant r^2 \\ 0, & \text{其他}\end{cases},$$

问：（1）X 和 Y 是否相关? （2）X 和 Y 是否相互独立?

5. 设 X 服从 $[0,2\pi]$ 上的均匀分布, $Y=\cos X$, $Z=\cos(X+a)$, 这里 a 是常数. 求 ρ_{YZ}.

6. 已知 $X\sim N(1,3^2)$, $Y\sim N(0,4^2)$, 且 X 与 Y 的相关系数

$$\rho_{XY}=-\frac{1}{2}.$$

设 $Z=\dfrac{X}{3}-\dfrac{Y}{2}$, 求 $D(Z)$ 及 ρ_{XZ}.

7. 设二维随机变量 (X,Y) 在以 $(0,0)$、$(0,1)$、$(1,0)$ 为顶点的三角形区域上服从均匀分布, 求 $\mathrm{Cov}(X,Y)$、ρ_{XY}.

8. 随机变量 (X,Y) 在矩形区域 $D=\{(x,y)|a<x<b,c<y<d\}$（其中 $a<b$, $c<d$）服从均匀分布, 求 (X,Y) 的相关系数, 问随机变量 X、Y 是否相关? 是否相互独立?

4.4 矩、协方差矩阵

本节讨论另一类更为广泛的数字特征——矩（Moment）, 前面讨论的随机变量的数学期望、方差、协方差是都是特殊的矩.

4.4.1 矩的定义

定义 4.4.1 设 X 和 Y 为随机变量, k, l 为正整数.
若 $E(X^k)$ 存在, 则称它为 X 的 k 阶原点矩, 简称 k 阶矩.
若 $E([X-E(X)]^k)$ 存在, 则称它为 X 的 k 阶中心矩.

若 $E(|X|^k)$ 存在，则称它为 X 的 **k 阶绝对原点矩**.

若 $E(|X-E(X)|^k)$ 存在，则称它为 X 的 **k 阶绝对中心矩**.

若 $E(X^k Y^l)$ 存在，则称它为 X 和 Y 的 **$k+l$ 阶混合矩**.

若 $E\{[X-E(X)]^k[Y-E(Y)]^l\}$ 存在，则称它为 X 和 Y 的 **$k+l$ 阶混合中心矩**.

由定义可知，X 的数学期望 $E(X)$ 是 X 的一阶原点矩，方差 $D(X)$ 是 X 的二阶中心矩，协方差 $\mathrm{Cov}(X,Y)$ 是 X 和 Y 的 1+1 阶（二阶）混合中心矩.

当 X 为离散型随机变量时，其分布律为 $P\{X=x_i\}=p_i$，则

$$E(X^k)=\sum_{i=1}^{\infty}x_i^k p_i,$$

$$E([X-E(X)]^k)=\sum_{i=1}^{\infty}[x_i-E(X)]^k p_i.$$

当 X 为连续型随机变量时，其概率密度为 $f(x)$，则

$$E(X^k)=\int_{-\infty}^{+\infty}x^k f(x)\mathrm{d}x,$$

$$E([X-E(X)]^k)=\int_{-\infty}^{+\infty}[x-E(X)]^k f(x)\mathrm{d}x.$$

4.4.2　协方差矩阵

将二维随机变量 (X_1,X_2) 的 4 个二阶中心矩

$$\sigma_{11}=E\{[X_1-E(X_1)]^2\},\quad \sigma_{22}=E\{[X_2-E(X_2)]^2\},$$
$$\sigma_{12}=E\{[X_1-E(X_1)][X_2-E(X_2)]\},$$
$$\sigma_{21}=E\{[X_2-E(X_2)][X_1-E(X_1)]\}.$$

排成矩阵的形式：$\begin{pmatrix}\sigma_{11} & \sigma_{12}\\ \sigma_{21} & \sigma_{22}\end{pmatrix}$（对称矩阵），称此矩阵为 (X_1,X_2) 的**协方差矩阵**.

类似定义 n 维随机变量 $(X_1,X_2,\cdots,X_n)$ 的协方差矩阵.

若 $\sigma_{ij}=\mathrm{Cov}(X_i,X_j)=E\{[X_i-E(X_i)][X_j-E(X_j)]\}$（$i,j=1,2,\cdots,n$）都存在，则称

$$\boldsymbol{\Sigma}=\begin{pmatrix}\sigma_{11} & \sigma_{12} & \cdots & \sigma_{1n}\\ \sigma_{21} & \sigma_{22} & \cdots & \sigma_{2n}\\ \vdots & \vdots & \ddots & \vdots\\ \sigma_{n1} & \sigma_{n2} & \cdots & \sigma_{nn}\end{pmatrix}$$

为 $(X_1,X_2,\cdots,X_n)$ 的协方差矩阵.

协方差矩阵给出了 n 维随机变量的全部方差及协方差，因此在研究 n 维随机变量的统计规律时，协方差矩阵是很重要的. 利用协方差矩阵还可以引入 n 维正态分布的概率密度.

4.4.3　n 维正态分布的概率密度

首先用协方差矩阵重写二维正态随机变量 (X_1,X_2) 的概率密度.

$$f(x_1,x_2)=\frac{1}{2\pi\sigma_1\sigma_2\sqrt{1-\rho^2}}\times\mathrm{e}^{-\frac{1}{2(1-\rho^2)}\left[\frac{(x_1-\mu_1)^2}{\sigma_1^2}-2\rho\frac{(x_1-\mu_1)(x_2-\mu_2)}{\sigma_1\sigma_2}+\frac{(x_2-\mu_2)^2}{\sigma_2^2}\right]}$$

令 $\boldsymbol{X}=\begin{pmatrix} x_1 \\ x_2 \end{pmatrix}$，$\boldsymbol{\mu}=\begin{pmatrix} \mu_1 \\ \mu_2 \end{pmatrix}$，$(X_1,X_2)$ 的协方差矩阵为

$$\boldsymbol{\Sigma}=\begin{pmatrix} \sigma_{11} & \sigma_{12} \\ \sigma_{21} & \sigma_{22} \end{pmatrix}=\begin{pmatrix} \sigma_1^{\,2} & \rho\sigma_1\sigma_2 \\ \rho\sigma_1\sigma_2 & \sigma_2^{\,2} \end{pmatrix}.$$

它的行列式 $|\boldsymbol{\Sigma}|=\sigma_1^{\,2}\sigma_2^{\,2}(1-\rho^2)$，逆矩阵

$$\boldsymbol{\Sigma}^{-1}=\frac{1}{|\boldsymbol{\Sigma}|}\begin{pmatrix} \sigma_2^{\,2} & -\rho\sigma_1\sigma_2 \\ -\rho\sigma_1\sigma_2 & \sigma_1^{\,2} \end{pmatrix}.$$

由于

$$(\boldsymbol{X}-\boldsymbol{\mu})^{\mathrm{T}}\boldsymbol{\Sigma}^{-1}(\boldsymbol{X}-\boldsymbol{\mu})=\frac{1}{|\boldsymbol{\Sigma}|}(x_1-\mu_1,x_2-\mu_2)\begin{pmatrix} \sigma_2^{\,2} & -\rho\sigma_1\sigma_2 \\ -\rho\sigma_1\sigma_2 & \sigma_1^{\,2} \end{pmatrix}\begin{pmatrix} x_1-\mu_1 \\ x_2-\mu_2 \end{pmatrix}.$$

$$=\frac{1}{1-\rho^2}\left[\frac{(x_1-\mu_1)^2}{\sigma_1^{\,2}}-2\rho\frac{(x_1-\mu_1)(x_2-\mu_2)}{\sigma_1\sigma_2}+\frac{(x_2-\mu_2)^2}{\sigma_2^{\,2}}\right],$$

因此 (X_1,X_2) 的概率密度可写成

$$f(x_1,x_2)=\frac{1}{2\pi\sqrt{|\boldsymbol{\Sigma}|}}\exp\left\{-\frac{1}{2}(\boldsymbol{X}-\boldsymbol{\mu})^{\mathrm{T}}\boldsymbol{\Sigma}^{-1}(\boldsymbol{X}-\boldsymbol{\mu})\right\}.$$

上式容易推广到 n 维的情形.

设 $(X_1,X_2,\cdots,X_n)$ 是 n 维随机变量，令

$$\boldsymbol{X}=\begin{pmatrix} x_1 \\ x_2 \\ \vdots \\ x_n \end{pmatrix},\quad \boldsymbol{\mu}=\begin{pmatrix} \mu_1 \\ \mu_2 \\ \vdots \\ \mu_n \end{pmatrix}=\begin{pmatrix} E(X_1) \\ E(X_2) \\ \vdots \\ E(X_n) \end{pmatrix},$$

定义 n 维正态随机变量 $(X_1,X_2,\cdots,X_n)$ 的概率密度为

$$f(x_1,x_2,\cdots,x_n)=\frac{1}{2\pi\sqrt{|\boldsymbol{\Sigma}|}}\mathrm{e}^{-\frac{1}{2}(\boldsymbol{X}-\boldsymbol{\mu})^{\mathrm{T}}\boldsymbol{\Sigma}^{-1}(\boldsymbol{X}-\boldsymbol{\mu})}.$$

其中 $\boldsymbol{\Sigma}$ 是 $(X_1,X_2,\cdots,X_n)$ 的协方差矩阵.

n 维正态随机变量具有以下几条重要性质.

（1）n 维随机变量 $(X_1,X_2,\cdots,X_n)$ 服从 n 维正态分布的充要条件是 $X_1,X_2,\cdots,X_n$ 的任意的线性组合

$$l_1X_1+l_2X_2+\cdots+l_nX_n$$

服从一维正态分布（其中 $l_1,l_2,\cdots,l_n$ 不全为零）.

（2）若 $(X_1,X_2,\cdots,X_n)$ 服从 n 维正态分布，设 $Y_1,Y_2,\cdots,Y_k$ 是 $X_1,X_2,\cdots,X_n$ 的线性函数，则 $(Y_1,Y_2,\cdots,Y_k)$ 服从 k 维正态分布.

（3）设 $(X_1,X_2,\cdots,X_n)$ 服从 n 维正态分布，则 $X_1,X_2,\cdots,X_n$ 相互独立的充要条件是 $X_1,X_2,\cdots,X_n$ 两两不相关.

【例 4.4.1】设随机变量 X 和 Y 相互独立，且 $X\sim N(1,2)$，$Y\sim N(0,1)$，试求 $Z=2X-Y+3$ 的概率密度.

解　$X \sim N(1,2)$，$Y \sim N(0,1)$，且 X 与 Y 独立，故 X 和 Y 的联合分布为正态分布，X 和 Y 的任意线性组合是正态分布，即 $Z \sim N(E(Z),\ D(Z))$，

$$E(Z) = 2E(X) - E(Y) + 3 = 2 + 3 = 5，$$

$$D(Z) = 4D(X) + D(Y) = 8 + 1 = 9，$$

$$Z \sim N(5, 3^2)，$$

即 Z 的概率密度是 $f_Z(z) = \dfrac{1}{3\sqrt{2\pi}} e^{-\frac{(z-5)^2}{18}}$，$-\infty < z < +\infty$.

习题 4.4

1．设随机变量 X 和 Y 相互独立，且 $X \sim N(0,1)$，$Y \sim N(2,4)$，试求 $Z = X + 3Y - 5$ 的概率密度及 $E(Z)$ 和 $D(Z)$.

2．已知随机变量 X 和 Y 分别服从正态分布 $N(1, 3^2)$ 和 $N(0, 4^2)$，且 X 与 Y 的相关系数 $\rho_{XY} = -1/2$，设 $Z = \dfrac{X}{3} + \dfrac{Y}{2}$.

（1）求 Z 的数学期望 $E(Z)$ 和方差 $D(Z)$；

（2）求 X 与 Z 的相关系数 ρ_{XZ}；

（3）X 与 Z 是否相互独立？为什么？

3．设 $X \sim N(\mu, \sigma^2)$，求 X 的 k 阶中心矩 $E([X - E(X)]^k)$ 和 k 阶中心绝对矩 $E(|X - E(X)^k|)$.

第5章 大数定律和中心极限定理

第1章已经指出，虽然个别随机事件在某次试验中可能发生也可能不发生，但是在大量重复试验中却呈现出明显的规律性，即在相同的条件下进行大量重复试验时，会呈现某种稳定性，而这些稳定性如何从理论上给予证明，就是本章介绍的大数定律所要回答的问题.

下面首先介绍两种收敛的定义及其有关性质.

5.1 随机变量序列的两种收敛性

本节主要讨论随机变量的两种重要收敛：依概率收敛和按分布收敛. 后面讨论的大数定律主要涉及的是依概率收敛；而中心极限定理主要涉及的是按分布收敛. 下面给出两种收敛的定义.

5.1.1 依概率收敛

定义 5.1.1 设 $X_1, X_2, \cdots, X_n, \cdots$ 是一个随机变量序列，a 为一个常数，若对于任意给定的正数 ε，有

$$\lim_{n \to \infty} P(|X_n - a| < \varepsilon) = 1,$$

则称序列 $X_1, X_2, \cdots, X_n, \cdots$ **依概率收敛**于 a，记为 $X_n \xrightarrow{P} a$（$n \to \infty$）.

依概率收敛的定义表明，绝对偏差 $|X_n - a|$ 小于任意给定正数的可能性将随 n 的增大而越来越接近 1.

当随机变量序列依概率收敛于常数时，我们能得到依概率收敛的四则运算性质.

定理 5.1.1 设 $\{X_n\}$、$\{Y_n\}$ 是两个随机变量序列，a、b 是两个常数. 如果

$$X_n \xrightarrow{P} a, \quad Y_n \xrightarrow{P} b,$$

则有：

（1）$X_n \pm Y_n \xrightarrow{P} a \pm b$；

（2）$X_n \times Y_n \xrightarrow{P} a \times b$；

（3）$X_n \div Y_n \xrightarrow{P} a \div b (b \neq 0)$.

证明 略.

定理 5.1.2 设 $X_n \xrightarrow{P} a$，$Y_n \xrightarrow{P} b$，又设函数 $g(x, y)$ 在点 (a, b) 连续，则

$$g(X_n, Y_n) \xrightarrow{P} g(a, b).$$

证明 略.

5.1.2　按分布收敛、弱收敛

分布函数全面描述了随机变量的统计规律,因此讨论随机变量分布函数序列 $\{F(x_n)\}$ 的收敛有重要的意义.

定义 5.1.2　设随机变量 $X, X_1, X_2, \cdots$ 的分布函数分别为 $F(x), F_1(x), F_2(x), \cdots$. 若对 $F(x)$ 的任意连续点 x,都有

$$\lim_{n \to \infty} F_n(x) = F(x),$$

则称 $\{F_n(x)\}$ **弱收敛**于 $F(x)$,记为 $F_n(x) \xrightarrow{W} F(x)$. 也称 $\{X_n\}$ **按分布收敛**于 X,记为 $X_n \xrightarrow{L} X$.

依概率收敛与弱收敛之间有什么关系呢?下面定理给出依概率收敛是比弱收敛更强的收敛.

定理 5.1.3　$X_n \xrightarrow{P} X \Rightarrow X_n \xrightarrow{L} X$.

证明　略.

上面定理说明了若随机变量序列 $\{X_n\}$ 依概率收敛于 X,则一定按分布收敛于 X. 反之,不一定成立. 那么在什么情况下,这两种收敛等价呢?下面定理给出了两种收敛等价的条件.

定理 5.1.4　若 c 为常数,则 $X_n \xrightarrow{P} c$ 的充要条件是 $X_n \xrightarrow{L} c$.

证明　略.

习题 5.1

1. 若随机变量 X, Y, X_n, Y_n 满足 $X_n \xrightarrow{P} X$,$Y_n \xrightarrow{P} Y$,证明:

(1) $P(X = Y) = 1$;

(2) $X_n + Y_n \xrightarrow{P} X + Y$;

(3) $X_n Y_n \xrightarrow{P} XY$.

2. 若 $X_n \xrightarrow{P} a$(a 为常数),则对任意的常数 k,有 $kX_n \xrightarrow{P} ka$.

3. 设 $F(x)$ 为退化分布,$F(x) = \begin{cases} 0, x < 0 \\ 1, x \geq 0 \end{cases}$,则下列分布函数列的极限函数是否仍是分布函数?

(1) $\{F(x + n)\}$;　(2) $\left\{ F\left(x + \dfrac{1}{n}\right) \right\}$;　(3) $\left\{ F\left(x - \dfrac{1}{n}\right) \right\}$.

4. 若 $X_n \xrightarrow{L} X$,且数列 $a_n \xrightarrow{n} a$,$b_n \to b$,证明:$a_n X_n \xrightarrow{L} aX + b$.

5. 设随机变量 X_n 服从柯西分布,其密度函数为 $f_n(x) = \dfrac{n}{\pi(1 + n^2 x^2)}$($x \in R$). 证明:$X_n \xrightarrow{P} 0$.

5.2　大　数　定　律

从第 1 章我们知道频率具有稳定性,这种稳定性从直观来看,就是一个随机事件发生的频率在某一固定值附近摆动. 但是如何摆动我们并不清楚,本节研究的大数定律就能很清楚地解释. 在讨论大数定律之前,首先介绍一个重要的不等式.

5.2.1 切比雪夫不等式

定理 5.2.1 设随机变量 X 有期望 $E(X) = \mu$ 和方差 $D(X) = \sigma^2$，则对于任给 $\varepsilon > 0$，有

$$P(|X - \mu| \geqslant \varepsilon) \leqslant \frac{\sigma^2}{\varepsilon^2} \quad \text{或者} \quad P(|X - \mu| < \varepsilon) \geqslant 1 - \frac{\sigma^2}{\varepsilon^2},$$

称上述不等式为切比雪夫（**Chebyshev**）不等式.

证明 如果 X 是连续型随机变量，设 X 的概率密度为 $f(x)$，则有

$$P(|x - E(X)| \geqslant \varepsilon) = \int_{|x-E(X)| \geqslant \varepsilon} f(x)\mathrm{d}x \leqslant \int_{|x-E(X)| \geqslant \varepsilon} \frac{|x - E(X)|^2}{\varepsilon^2} f(x)\mathrm{d}x$$

$$\leqslant \frac{1}{\varepsilon^2} \int_{-\infty}^{+\infty} [x - E(X)]^2 f(x)\mathrm{d}x = \frac{D(X)}{\varepsilon^2} = \frac{\sigma^2}{\varepsilon^2}.$$

请读者自己证明 X 是离散型随机变量的情况.

由切比雪夫不等式可以看出，若 σ^2 越小，则事件 $(|X - E(X)| < \varepsilon)$ 的概率越大，即随机变量 X 集中在期望附近的可能性越大. 由此可见方差刻画了随机变量取值的离散程度.

当方差已知时，切比雪夫不等式给出了 X 与它的期望的偏差不小于 ε 的概率的估计式. 如取 $\varepsilon = 3\sigma$，则有

$$P(|X - E(X)| \geqslant 3\sigma) \leqslant \frac{\sigma^2}{9\sigma^2} \approx 0.111.$$

故对任意的分布，只要期望和方差 σ^2 存在，随机变量 X 取值偏离 $E(X)$ 超过 3σ 的概率就小于 0.111. 即随机变量 X 取值偏离 $E(X)$ 不超过 3σ 的概率是大于或等于 0.889，这就是常讲的 3σ 原则. 这个不等式给出了在随机变量 X 的分布未知的情况下，事件 $(|X - E(X)| < \varepsilon)$ 的概率的下限估计.

【例 5.2.1】 已知正常男性成人血液中，每一毫升白细胞数平均是 7300，均方差是 700. 利用切比雪夫不等式估计每毫升白细胞数在 5200~9400 范围内的概率.

解 设每毫升白细胞数为 X，依题意，$\mu = 7300$，$\sigma^2 = 700^2$，
所求概率为

$$P(5200 \leqslant X \leqslant 9400) = P(5200 - 7300 \leqslant X - 7300 \leqslant 9400 - 7300)$$

$$= P(-2100 \leqslant X - \mu \leqslant 2100) = P(|X - \mu| \leqslant 2100).$$

由切比雪夫不等式

$$P(|X - \mu| \leqslant 2100) \geqslant 1 - \sigma^2 / (2100)^2 = 1 - (700 / 2100)^2 = 1 - 1/9 = 8/9,$$

即每毫升白细胞数在 5200~9400 范围内的概率不小于 8/9.

【例 5.2.2】 在每次试验中，事件 A 发生的概率为 0.75，利用切比雪夫不等式求：事件 A 出现的频率在 0.74~0.76 范围内的概率不低于 0.90？

解 设 X 为试验中事件 A 出现的次数，则

$$X \sim B(n, 0.75), \quad \mu = 0.75n, \quad \sigma^2 = 0.75 \times 0.25n = 0.1875n,$$

所求满足 $P(0.74 < X / n < 0.76) \geqslant 0.90$ 的最小的 n.

$$P\left(0.74<\frac{X}{n}<0.76\right)=P(0.74n<X<0.76n)=P(-0.01n<X-0.75n<0.01n)=P(|X-\mu|<0.01n)$$

在切比雪夫不等式中取 $\varepsilon=0.01n$，则

$$P\left(0.74<\frac{X}{n}<0.76\right)=P(|X-\mu|<0.01n)\geqslant1-\frac{\sigma^2}{(0.01n)^2}=1-\frac{0.1875n}{0.0001n^2}=1-\frac{1875}{n}.$$

依题意，取 n 使 $1-\dfrac{1875}{n}\geqslant0.9$，解得 $n\geqslant\dfrac{1875}{1-0.9}=18750$，即 $n=18750$ 时，可以使得在 n 次独立重复试验中，事件 A 出现的频率在 $0.74\sim0.76$ 范围内的概率至少为 0.90.

5.2.2　常用的几个大数定律

大数定律有多种形式. 下面从最简单的伯努利大数定律开始，逐步介绍各种大数定律.

1. 伯努利大数定律

定理 5.2.2（伯努利大数定律）　设 n_A 是 n 重伯努利试验中事件 A 发生的次数，p 是事件 A 在每次试验中发生的概率，则对任意的 $\varepsilon>0$，有

$$\lim_{n\to\infty}P\left\{\left|\frac{n_A}{n}-p\right|<\varepsilon\right\}=1\quad\text{或}\quad\lim_{n\to\infty}P\left\{\left|\frac{n_A}{n}-p\right|\geqslant\varepsilon\right\}=0.$$

伯努利大数定律表明：当重复试验次数 n 充分大时，事件 A 发生的频率 $\dfrac{n_A}{n}$ 依概率收敛于事件 A 发生的概率 p. 此定理以严格的数学形式表达了频率的稳定性. 在实际应用中，当试验次数很大时，便可以用事件发生的频率来近似代替事件的概率.

此外，如果事件 A 的概率很小，则由伯努利大数定律知事件 A 发生的频率也是很小的，或者说事件 A 很少发生. 即"概率很小的随机事件在个别试验中几乎不会发生"，这一原理称为**小概率原理**，它的实际应用很广泛.

思考问题：

请分析小概率事件与不可能事件的区别.

【例 5.2.3】　（用蒙特卡洛方法计算定积分（随机投点法））设 $0\leqslant f(x)\leqslant1$，求 $f(x)$ 在区间 $[0,1]$ 上的积分值 $J=\displaystyle\int_0^1f(x)\mathrm{d}x$.

解　设二维随机变量 (X,Y) 服从正方形 $\{0\leqslant x\leqslant1,0\leqslant y\leqslant1\}$ 上的均匀分布，则 X、Y 都服从 $[0,1]$ 上的均匀分布，且 X 与 Y 独立，又记事件

$$A=(Y\leqslant f(X)),$$

则 A 的概率为

$$p=P(Y\leqslant f(X))=\int_0^1\int_0^{f(x)}\mathrm{d}y\mathrm{d}x=J.$$

即定积分的值 J 就是事件 A 的概率 p. 又由伯努利大数定律，可以用重复试验中 A 出现的频率作为 p 的估计值，这种求定积分的方法称为**随机投点法**，即将 (X,Y) 视为向正方形 $\{0\leqslant x\leqslant1,0\leqslant y\leqslant1\}$ 内随机投的点，用随机点落在区域 $\{y\leqslant f(x)\}$ 中的频率作为定积分的近似值.

　　下面用蒙特卡洛方法计算 A 出现的频率：

　　（1）先用计算机产生 $(0,1)$ 上均匀分布的 $2n$ 个随机数，组成 n 对随机数 (x_i, y_i)，$i=1,2,\cdots,n$，这里的 n 可以很大，比如 $n=10^4$，甚至 $n=10^5$.

　　（2）对 n 对数据 (x_i, y_i)，$i=1,2,\cdots,n$，记录满足不等式 $\{y_i \leqslant f(x_i)\}$ 的次数，即是事件 A 发生的频数 S_n，于是得到事件 A 发生的频率 $\dfrac{S_n}{n}$，则

$$J \approx \frac{S_n}{n}.$$

如计算 $\displaystyle\int_0^1 \frac{1}{\sqrt{2\pi}} \mathrm{e}^{-\frac{x^2}{2}} \mathrm{d}x$，其精确值与在 $n=10^4$、$n=10^5$ 时的模拟值如下：

精确值	$n=10^4$	$n=10^5$
0.341 344	0.340 698	0.341 355

2.切比雪夫大数定律

　　定理 5.2.3（切比雪夫大数定律）　设 $X_1, X_2, \cdots, X_n, \cdots$ 是两两不相关的随机变量序列，它们的数学期望和方差均存在，且方差有共同的上界，即 $D(X_i) \leqslant K$，$i=1,2,\cdots$，则对任意 $\varepsilon>0$，有

$$\lim_{n\to\infty} P\left\{ \left| \frac{1}{n}\sum_{i=1}^n X_i - \frac{1}{n}\sum_{i=1}^n E(X_i) \right| < \varepsilon \right\} = 1.$$

　　切比雪夫大数定律表明：当 n 很大时，随机变量序列 $\{X_n\}$ 的算术平均值 $\dfrac{1}{n}\displaystyle\sum_{i=1}^n X_i$ 依概率收敛于 $\dfrac{1}{n}\displaystyle\sum_{i=1}^n E(X_i)$.

　　【例 5.2.4】 设 $\{X_n\}$ 是独立同分布的随机变量序列，$E(X_n^4)<\infty$，若设 $E(X_n)=\mu$，$D(X_n)=\sigma^2$，考察

$$Y_n = (X_n - \mu)^2, \quad n=1,2,\cdots,$$

则随机变量序列 $\{Y_n\}$ 服从大数定律.

　　证明　显然 $\{Y_n\}$ 是独立同分布随机变量序列，其方差

$$D(Y_n) = D(X_n - \mu)^2 = E(X_n - \mu)^4 - \sigma^4.$$

　　由于 $E(X_n^4)<\infty$，即 $E(X_n^4)$ 存在，则 $E(X_n^3)$、$E(X_n^2)$、$E(X_n-\mu)^4$ 也存在，由切比雪夫大数定律知

$$\lim_{n\to\infty} P\left(\left| \frac{1}{n}\sum_{i=1}^n Y_i - \frac{1}{n}\sum_{i=1}^n E(Y_i) \right| \geqslant \varepsilon \right) = 0.$$

其中，$\dfrac{1}{n}\displaystyle\sum_{i=1}^n Y_i = \dfrac{1}{n}\displaystyle\sum_{i=1}^n (X_i-\mu)^2$，$\dfrac{1}{n}\displaystyle\sum_{i=1}^n E(Y_i) = \sigma^2$.

　　因此随机变量序列 $\{Y_n\}$ 服从大数定律.

3. 马尔可夫大数定律

定理 5.2.4（马尔可夫大数定律） 对随机变量序列 $\{X_n\}$，若有 $\dfrac{1}{n^2}D\left(\displaystyle\sum_{i=1}^{n}X_i\right)\to 0$ 成立，则 $\{X_n\}$ 服从大数定律，即对任意的 $\varepsilon>0$，有

$$\lim_{n\to\infty}P\left\{\left|\frac{1}{n}\sum_{i=1}^{n}X_i-\frac{1}{n}\sum_{i=1}^{n}E(X_i)\right|<\varepsilon\right\}=1.$$

【例5.2.5】 设 $\{X_n\}$ 为独立随机变量序列，证明：若 X_n 的方差 σ_n^2 一致有界，即存在常数 c，使得 $\sigma_n^2\leqslant c,\ n=1,2,\cdots$，则 $\{X_n\}$ 服从大数定律.

证明 因为

$$\frac{1}{n^2}D\left(\sum_{i=1}^{n}X_i\right)=\frac{1}{n^2}\sum_{i=1}^{n}\sigma_i^2\leqslant\frac{c}{n}\to 0\,(n\to\infty),$$

所以，由马尔可夫大数定律知 $\{X_n\}$ 服从大数定律.

4. 辛钦大数定理

定理 5.2.5（辛钦大数定律） 设随机变量 $X_1,X_2,\cdots,X_n,\cdots$ 相互独立，服从同一分布，且具有数学期望 $E(X_i)=\mu,\ i=1,2,\cdots$，则对任意 $\varepsilon>0$，有

$$\lim_{n\to\infty}P\left\{\left|\frac{1}{n}\sum_{i=1}^{n}X_i-\mu\right|<\varepsilon\right\}=1.$$

此定理不要求随机变量的方差存在，伯努利大数定律是辛钦大数定律的特殊情况. 辛钦大数定律为寻找随机变量的期望值提供了一条实际可行的途径. 例如，要估计某地区的平均亩产量，可收割某些有代表性的地块，如 n 块，计算其平均亩产量，则当 n 较大时，可用它作为整个地区平均亩产量的一个估计. 此类做法在实际应用中具有重要意义.

【例 5.2.6】 设 $\{X_n\}$ 为独立同分布的随机变量序列，其共同分布

$$P\left(X_n=\frac{2^k}{k^2}\right)=\frac{1}{2^k},\ k=1,2,\cdots,$$

试问 $\{X_n\}$ 是否服从大数定律？

解 因为 $E(X_n)=\displaystyle\sum_{k=1}^{\infty}\frac{2^k}{k^2}\cdot\frac{1}{2^k}=\sum_{k=1}^{\infty}\frac{1}{k^2}=\frac{\pi^2}{6}<+\infty$，即 $E(X_n)$ 存在，由辛钦大数定律可知 $\{X_n\}$ 服从大数定律.

【例 5.2.7】 （用蒙特卡洛方法计算定积分（平均值法））计算定积分 $J=\displaystyle\int_0^1 f(x)\mathrm{d}x$.

解 设随机变量 X 服从 $(0,1)$ 上的均匀分布，则 $Y=f(X)$ 的数学期望为

$$E(f(X))=\int_0^1 f(x)\mathrm{d}x=J.$$

所以估计 J 的值就是估计 $f(X)$ 的数学期望的值. 由辛钦大数定律，可以用 $f(X)$ 观察值的平均值估计 $f(X)$ 的数学期望. 具体做法如下：

先用计算机产生 n 个 $(0,1)$ 上均匀分布的随机数 x_i，$i = 1,2,\cdots,n$，然后对每个 x_i 计算 $f(x_i)$，最后得 J 的估计值为

$$J \approx \frac{1}{n}\sum_{i=1}^{n}f(x_i).$$

如计算 $\int_0^1 \frac{1}{\sqrt{2\pi}}\mathrm{e}^{-\frac{x^2}{2}}\mathrm{d}x$，其精确值与在 $n=10^4$、$n=10^5$ 时的模拟值如下：

精确值	$n=10^4$	$n=10^5$
0.341 344	0.341 329	0.341 334

思考问题：

设 $\{X_n\}$ 为独立同分布的随机变量序列，其共同分布函数为

$$F(x) = \frac{1}{2} + \frac{1}{\pi}\arctan\frac{x}{a}, \quad x \in R,$$

问辛钦大数定律是否适用于此随机变量序列？

习题 5.2

1. 设 X 是掷一颗骰子所出现的点数，若给定 $\varepsilon = 1,2$，求概率 $P(|X - E(X)| \geqslant \varepsilon)$，并验证切比雪夫不等式成立.

2. 连续掷一颗骰子 6 次，点数总和记为 X，求概率 $P(12 < X < 20)$.

3. 设某电站供电网有 10000 盏电灯，夜晚每一盏灯开灯的概率都是 0.7，设开、关时间彼此之间相互独立，求夜晚同时开着的灯数在 6700~7100 范围内的概率.

4. 设 $\{X_n\}$ 是独立的随机变量序列，已知 $P(X_n = \pm\sqrt{\ln k}) = \frac{1}{2}$，$k = 1,2,\cdots$，证明：$\{X_n\}$ 服从大数定律.

5. 设 $\{X_n\}$ 是独立同分布的随机变量序列，且已知 X_n 服从参数为 $\sqrt{n}$ 的泊松分布，试问 $\{X_n\}$ 是否服从大数定律？

6. 分别用随机投点法和平均值法求下列定积分：

（1）$J_1 = \int_0^1 \frac{\mathrm{e}^x - 1}{\mathrm{e} - 1}\mathrm{d}x$；（2）$J_2 = \int_{-1}^1 \mathrm{e}^x\mathrm{d}x$.

5.3　中心极限定理

在实际问题中，许多随机现象是由大量相互独立的随机因素综合影响所形成的，虽然每一个因素在总的影响中所起的作用是微小的，但叠加起来却对总和有显著影响. 本节主要讨论独立随机变量和的极限分布.

下面讨论的中心极限定理（Central Limit Theorem）回答了独立随机变量和 Y_n 的极限分布为正态分布.

5.3.1　独立同分布下的中心极限定理

定理 5.3.1（林德伯格–莱维）　设随机变量 $X_1, X_2, \cdots, X_n, \cdots$ 相互独立，服从同一分布，且

具有数学期望和方差 $E(X_i)=\mu$，$D(X_i)=\sigma^2$，$i=1,2,\cdots,n,\cdots$，则随机变量

$$Y_n=\frac{\sum\limits_{k=1}^{n}X_k-E\left(\sum\limits_{k=1}^{n}X_k\right)}{\sqrt{D\left(\sum\limits_{k=1}^{n}X_k\right)}}=\frac{\sum\limits_{k=1}^{n}X_k-n\mu}{\sqrt{n}\sigma}$$

的分布函数 $F_n(x)$ 对于任意 x 满足

$$\lim_{n\to\infty}F_n(x)=\lim_{n\to\infty}P\left\{\frac{\sum\limits_{k=1}^{n}X_k-n\mu}{\sqrt{n}\sigma}\leqslant x\right\}=\int_{-\infty}^{x}\frac{1}{\sqrt{2\pi}}\mathrm{e}^{-\frac{t^2}{2}}\mathrm{d}t .$$

从定理 5.3.1 的结论可知，当 n 充分大时，近似地有

$$Y_n=\frac{\sum\limits_{k=1}^{n}X_k-n\mu}{\sqrt{n\sigma^2}}\sim N(0,1) .$$

或者说，当 n 充分大时，近似地有

$$\sum_{k=1}^{n}X_k\sim N(n\mu,n\sigma^2).$$

虽然在一般情况下很难求出 $X_1+X_2+\cdots+X_n$ 的分布的确切形式，但当 n 很大时，可求出其近似分布. 由定理结论有

$$\frac{\sum\limits_{i=1}^{n}X_i-n\mu}{\sigma\sqrt{n}}\overset{\text{近似}}{\sim}N(0,1)\Rightarrow\frac{\frac{1}{n}\sum\limits_{i=1}^{n}X_i-\mu}{\sigma/\sqrt{n}}\overset{\text{近似}}{\sim}N(0,1)\Rightarrow\overline{X}\sim N(\mu,\sigma^2/n),\ \overline{X}=\frac{1}{n}\sum_{i=1}^{n}X_i.$$

故定理又可表述为：当 n 充分大时，均值为 μ，方差为 $\sigma^2>0$ 的独立同分布的随机变量 $X_1,X_2,\cdots,X_n,\cdots$ 的算术平均值 $\overline{X}$ 近似地服从均值为 μ，方差为 σ^2/n 的正态分布. 这一结果是数理统计中大样本统计推断的理论基础.

【例 5.3.1】　某汽车销售点每天出售的汽车数 X 服从参数为 $\lambda=2$ 的泊松分布，即 $X\sim P(2)$，若一年 365 天都经营汽车销售，且每天售出的汽车数是相互独立的，求一年中售出 700 辆以上的概率.

解　记 X_i 为第 i 天售出的汽车数，则 $Y=X_1+X_2+\cdots+X_{365}$ 为一年的总销售量，由题意知 $E(X_i)=D(X_i)=2$，则 $E(Y)=D(Y)=365\times2=730$，由定理 5.3.1 可得：

$$P(Y>700)=1-P(Y\leqslant700)=1-\varPhi\left(\frac{700-730}{\sqrt{730}}\right)=1-\varPhi(-1.11)=0.8665 ,$$

即该销售点一年售出 700 辆以上汽车的概率近似为 0.8665.

【例 5.3.2】　设 $X_1,X_2,\cdots,X_{48}$ 为独立同分布的随机变量，共同分布为 $U(0,5)$，其算术平均值为 $\overline{X}=\dfrac{1}{48}\sum\limits_{i=1}^{48}X_i$，求概率 $P(2\leqslant\overline{X}\leqslant3)$.

解　由均匀分布 $U(0,5)$ 可得

$$E(X_i)=2.5, \quad D(X_i)=\frac{25}{12}, \quad E(\bar{X})=2.5, \quad D(\bar{X})=\frac{25}{12\times48},$$

由定理 5.3.1 得，$P(2 \leqslant \bar{X} \leqslant 3) \approx \Phi\left(\dfrac{3-2.5}{5/24}\right) - \Phi\left(\dfrac{2-2.5}{5/24}\right) = 2\Phi(2.4)-1=0.9836.$

即来自均匀分布 $U(0,5)$ 的 48 个随机数的平均在 2 到 3 之间的概率近似为 0.9836，较接近于 1.

5.3.2　二项分布的正态近似

定理 5.3.2　设随机变量 Y_n 服从参数为 n、$p\,(0<p<1)$ 的二项分布，则对任意 x，有

（1）（棣莫佛-拉普拉斯定理）积分极限定理

$$\lim_{n\to\infty} P\left\{ \frac{Y_n - np}{\sqrt{np(1-p)}} \leqslant x \right\} = \int_{-\infty}^{x} \frac{1}{\sqrt{2\pi}} e^{-\frac{t^2}{2}} \mathrm{d}t = \Phi(x);$$

（2）（拉普拉斯定理）局部极限定理　当 $n \to \infty$ 时，

$$P(X=k) \approx \frac{1}{\sqrt{2\pi npq}} e^{-\frac{(k-np)^2}{2npq}} = \frac{1}{\sqrt{npq}} \phi\left(\frac{k-np}{\sqrt{npq}}\right),$$

其中 $p+q=1$，$k=0,1,2,\cdots,n$，$\phi(x)=\dfrac{1}{\sqrt{2\pi}} e^{-\frac{x^2}{2}}$.

这个定理表明，二项分布以正态分布为极限. 当 n 充分大时，可以利用上式来计算二项分布的概率.

【例 5.3.3】　某车间有 200 台车床，在生产期间由于需要检修、调换刀具、变换位置及调换工作等，因此常需停车. 设开工率为 0.6，并设每台车床的工作是独立的，且在开工时需电力 1 千瓦，问应供应多少瓦电力，就能以 99.9% 的概率保证该车间不会因供电不足而影响生产？

解　对每台车床的观察作为一次试验，每次试验观察一台车床在某时刻是否工作，工作的概率为 0.6，共进行 200 次试验. 用 X 表示在某时刻工作着的车床数，依题意，有 $X \sim B(200, 0.6)$，现在的问题是：求满足 $P\{X \leqslant N\} \geqslant 0.999$ 的最小的 N.

由定理 5.3.2，$\dfrac{X-np}{\sqrt{np(1-p)}}$ 近似服从 $N(0,1)$，这里 $np=120$，$np(1-p)=48$，

于是

$$P(X \leqslant N) \approx \Phi\left(\frac{N-120}{\sqrt{48}}\right).$$

由 $\Phi\left(\dfrac{N-120}{\sqrt{48}}\right) \geqslant 0.999$，查正态分布函数表得 $\Phi(3.1)=0.999$，故 $\dfrac{N-120}{\sqrt{48}} \geqslant 3.1$，从中解得 $N \geqslant 141.5$，即所求 $N=142$. 也就是说，应供应 142 千瓦电力，就能以 99.9% 的概率保证该车间不会因供电不足而影响生产.

5.3.3　独立不同分布下的中心极限定理

定理 5.3.3（李雅普诺夫定理）　设随机变量 $X_1, X_2, \cdots, X_n, \cdots$ 相互独立，它们具有数学期望和方差 $E(X_k)=\mu_k$，$D(X_k)=\sigma_k^2>0$，$i=1,2,\cdots$，记 $B_n^2=\displaystyle\sum_{k=1}^{n}\sigma_k^2$. 若存在正数 δ，使得当 $n \to \infty$ 时，

$$\frac{1}{B_n^{2+\delta}}\sum_{k=1}^{n}E\{|X_k-\mu_k|^{2+\delta}\}\to 0,$$

则随机变量之和 $\sum_{k=1}^{n}X_k$ 的标准化变量

$$Z_n=\frac{\sum_{k=1}^{n}X_k-E\left(\sum_{k=1}^{n}X_k\right)}{\sqrt{D\left(\sum_{k=1}^{n}X_k\right)}}=\frac{\sum_{k=1}^{n}X_k-\sum_{k=1}^{n}\mu_k}{B_n}$$

的分布函数 $F_n(x)$ 对于任意 x，满足

$$\lim_{n\to\infty}F_n(x)=\lim_{n\to\infty}P\left\{\frac{\sum_{k=1}^{n}X_k-\sum_{k=1}^{n}\mu_k}{B_n}\leqslant x\right\}=\int_{-\infty}^{x}\frac{1}{\sqrt{2\pi}}e^{-t^2/2}dt=\Phi(x).$$

定理 5.3.3 表明，在定理的条件下，当 n 很大时，随机变量

$$Z_n=\frac{\sum_{k=1}^{n}X_k-\sum_{k=1}^{n}\mu_k}{B_n}.$$

近似地服从正态分布 $N(0,1)$．由此，$\sum_{k=1}^{n}X_k=B_nZ_n+\sum_{k=1}^{n}\mu_k$ 近似地服从正态分布 $N\left(\sum_{k=1}^{n}\mu_k,B_n^2\right)$．这就是说，无论各个随机变量 $X_k(k=1,2,\cdots)$ 服从什么分布，只要满足定理的条件，那么当 n 很大时，它们的和 $\sum_{k=1}^{n}X_k$ 就近似地服从正态分布．这就是为什么正态随机变量在概率论中占有重要地位的一个基本原因．在很多问题中，所考虑的随机变量可以表示成很多独立的随机变量之和，例如，在任意指定时刻，一个城市的耗电量是大量用户耗电量的总和；一个物理实验的测量误差是由许多观察不到的、可加的微小误差所合成的，它们往往近似地服从正态分布．

习题 5.3

1．某军队对敌人的防御地进行了 100 次轰炸，假设每次轰炸命中目标的炸弹数目是一个随机变量，且其期望和方差分别为 2 和 1.69．试求这支军队在 100 次轰炸中有 170～210 颗炸弹命中防御地目标的概率．

2．设某个螺丝钉的质量是一个随机变量，且其期望和标准差分别是 1 两和 0.1 两．求 100 个同型号螺丝钉的质量超过 10.2 斤的概率（1 斤=500g，1 两=50g）．

3．某学校高一年级决定召开家长会，设来参加家长会的家长人数是一个随机变量，且假定一名学生有 2 名家长、有 1 名家长、无家长来参加家长会的概率分别为 0.16、0.8、0.04．若高一年级共有 500 名学生，各学生参加会议的家长数相互独立，且服从同一分布．

（1）求参加家长会的家长数 X 超过 550 的概率．

（2）求有 1 名家长来参加家长会的学生数不多于 440 的概率．

4．某药厂断言，该厂生产的某种药品对于医治一种疑难的血液病的治愈率为 0.85．某医

院检验员随机抽查 100 名服用此药品的病人，如果其中有多于 80 人被治愈，那么就接受这一断言，否则就拒绝这一断言.

(1) 若实际上此药品对这种疾病的治愈率是 0.85，则接受这一断言的概率是多少？

(2) 若实际上此药品对这种疾病的治愈率是 0.75，则接受这一断言的概率是多少？

5. 一份数学试卷共有 99 道题目，且题目已经按由易到难的顺序排列，设某学生答对第 1 道的概率为 0.99，答对第 2 道的概率为 0.98，一般地，答对第 i 道的概率为 $1-\dfrac{i}{100}$，$i=1,2,\cdots,$ 假设该学生回答各题是相互独立的，并且要正确回答其中 65 道以上（包括 65 道）题目才算通过考试，问该学生通过考试的可能性是多大？

6. 某保险公司里有 10000 人参加保险，每人每年付 15 元保险费，在一年内有一个人死亡的概率为 0.005，死亡者的家属可从这家保险公司获得 1500 元赔偿费. 求：

(1) 保险公司没有利润的概率为多大？

(2) 保险公司一年的利润不少于 70000 元的概率为多大？

第二篇 数理统计部分

第6章 数理统计的基本概念

第一篇介绍了概率论的基本内容，本篇将介绍数理统计的内容。数理统计是以概率论为理论基础的一个数学分支。它从实际观测的数据出发，研究随机现象的内在规律性，并做出一定精确程度的判断和预测。近年来，数理统计在自然科学、工程技术、管理科学及人文社会科学中得到越来越广泛的应用。

从本章开始将介绍数理统计的基本内容。下面从数理统计中最基本的概念——总体和样本开始，介绍数理统计的内容。

6.1 总体与样本

6.1.1 总体与个体

在数理统计中，将研究对象的某项数量指标值的全体称为**总体**（Population），总体中的每个元素称为**个体**（Individual）。在一些实际问题中，总体中的个体是一些实在的人或物。例如，研究某大学一年级新生的身高情况，则该校一年级全体新生的身高就构成了待研究的总体，一年级新生中的每个新生的身高即是一个个体。研究某厂所生产的一批灯泡的平均寿命，每一只灯泡的寿命就是一个个体，这批灯泡寿命值的全体就组成一个总体。若抛开实际背景，则总体就是一堆数，总体中的每一个个体是随机试验的一个观察值，这堆数中有大有小，有的出现的概率大，有的出现的概率小，故对总体的研究就相当于对一个随机变量的研究，因此用一个概率分布去描述和归纳总体是恰当的，从这个意义上看，总体就是一个分布，而其数量指标就是服从这个分布的随机变量。以后说"从总体中抽样"与"从某分布中抽样"是同一个意思。

在有些问题中，所关心的并非每个个体的所有性质，而仅仅是它的某一项或某几项数量指标。如前述总体（一年级新生的身高）中，我们关心的是个体的身高，也可考察该总体中每个个体的年龄、身高和体重，则可以用一个三维随机向量及其联合分布描述总体。这种总体称为多维总体。本书主要研究一维总体，某些地方也会涉及二维总体。

总体中所包含的个体的个数称为**总体的容量**。容量为有限的称为**有限总体**，容量为无限的称为**无限总体**。

6.1.2 样本

为推断总体分布及其各种特征，一般我们从总体中抽取部分个体进行观察，然后根据所得的数据来推断总体的性质。被抽出的部分个体称为总体的一组样本，样本中所含个体的数目称为样本的容量. 从总体抽取一个个体, 就是对总体 X 进行一次观察 (进行一次试验), 为了对总体 X 进行合理的统计推断, 需在相同的条件下进行 n 次重复的、独立的抽样观察, 将 n 次观察结果依次记为 $X_1, X_2, \cdots, X_n$. 由于 $X_1, X_2, \cdots, X_n$ 是对随机变量 X 观察的结果, 且各次观察是在相同的条件下独立进行的, 于是引出以下定义.

定义 6.1.1 设总体 X 是具有分布函数 $F(x)$ 的随机变量, 若 $X_1, X_2, \cdots, X_n$ 是与 X 具有同一分布 $F(x)$, 且相互独立的随机变量, 则称 $X_1, X_2, \cdots, X_n$ 为从总体 X 得到的容量为 n 的**简单随机样本** (Random Sample), 简称**样本**.

n 次观察一经完成, 就得到一组实数 $x_1, x_2, \cdots, x_n$, 它们依次是随机变量 $X_1, X_2, \cdots, X_n$ 的观察值, 称为**样本值**.

【例 6.1.1】 某饮料厂生产的一种瓶装饮料规定净含量为 650 克. 事实上不可能使得所有的饮料净含量均为 650 克. 现从该厂生产的饮料中随机抽取 12 瓶测定其净含量, 获得如下结果: 645, 652, 642, 646, 647, 643, 648, 649, 651, 649, 647, 646. 这是一个容量为 12 的样本观测值, 对应的总体为该厂生产的瓶装饮料的净含量.

简单随机样本是一种非常理想化的样本, 在实际应用中要获得严格意义下的简单随机样本并不容易. 无特别声明, 本书抽得的样本皆指简单随机样本. 样本 $X_1, X_2, \cdots, X_n$ 可以视为相互独立的具有同一分布的随机变量, 又称为独立同分布样本 (即为 iid 样本), 其联合分布即为总体分布.

若总体 X 的分布函数为 $F(x)$, $X_1, X_2, \cdots, X_n$ 为总体 X 的一个样本, 则 $X_1, X_2, \cdots, X_n$ 的联合分布函数为

$$F(x_1, x_2, \cdots, x_n) = \prod_{i=1}^{n} F(x_i).$$

当总体 X 为连续型随机变量时, 若其概率密度为 $f(x)$, 则样本的联合概率密度为

$$f(x_1, x_2, \cdots, x_n) = \prod_{i=1}^{n} f(x_i).$$

当总体 X 为离散型随机变量时, 若其概率分布为 $p(x) = P\{X = x\}$, 则样本的联合概率分布为

$$p(x_1, x_2, \cdots, x_n) = p\{X = x_1, X = x_2, \cdots, X = x_n\} = \prod_{i=1}^{n} p(x_i).$$

习题 6.1

1. 某市调查成年男性的吸烟率, 聘请 30 名统计专业三年级学生进行街头随机调查, 要求每位学生调查 150 名成年男子, 则该项目调查的总体和样本分别是什么? 总体用什么分布描述较好?

2. 根据我校毕业生返校情况记录, 我校毕业生的年平均收入为 48000 元, 请问你对这一情况有何看法?

3. 某地电视台想了解某电视节目在该地区的收视率情况, 于是委托一家市场咨询公司进行一次电话访查, 请问该项研究的总体和样本分别是什么?

6.2 样本数据的整理与显示

6.2.1 经验分布函数

设总体 X 的分布函数为 $F(x)$，$X_1, X_2, \cdots, X_n$ 是来自总体 X 的样本，若将样本观测值 $x_1, x_2, \cdots, x_n$ 由小到大进行排列，记为 $x_{(1)} \leqslant x_{(2)} \leqslant \cdots \leqslant x_{(n)}$，则称 $X_{(1)}, X_{(2)}, \cdots, X_{(n)}$ 为有序样本. 定义函数

$$F_n(x) = \begin{cases} 0, & x < x_{(1)} \\ k/n, & x_{(k)} \leqslant x < x_{(k+1)}, k = 1, 2, \cdots, n-1, \\ 1, & x \geqslant x_{(n)} \end{cases}$$

称 $F_n(x)$ 为**经验分布函数**. 显然 $F_n(x)$ 是一非减右连续函数，且满足 $F_n(-\infty) = 0$ 和 $F_n(+\infty) = 1$.

【例 6.2.1】 某食品厂生产听装饮料，现在从生产线上随机抽取 5 听饮料，称得其净重为（单位：g）

$$347 \quad 351 \quad 355 \quad 351 \quad 344.$$

求其经验分布函数.

解 经排序可得有序样本：

$$x_{(1)} = 344, \quad x_{(2)} = 347, \quad x_{(3)} = 351, \quad x_{(4)} = 351, \quad x_{(5)} = 355,$$

其经验分布函数为

$$F_{(n)} = \begin{cases} 0, & x < 344, \\ 0.2, & 344 \leqslant x < 347, \\ 0.4, & 347 \leqslant x < 351, \\ 0.8, & 351 \leqslant x < 355, \\ 1, & x \geqslant 355. \end{cases}$$

对于经验分布函数 $F_n(x)$，格里汶科（Glivenko）在 1933 年证明了以下结果.

定理 6.2.1（格里纹科定理） 设 $X_{(1)}, X_{(2)}, \cdots, X_{(n)}$ 是取自总体分布函数为 $F(x)$ 的样本，$F_n(x)$ 是其经验分布函数，当 $n \to \infty$ 时，有

$$P(\sup_{-\infty < x < \infty} |F_n(x) - F(x)| \to 0) = 1.$$

格里纹科定理表明：当 n 相当大时，经验分布函数是总体分布函数 $F(x)$ 的一个良好的近似.

证明 略.

6.2.2 频数-频率分布表

通过观察或试验得到的样本值一般都是杂乱无章的，通常没有什么价值，需要进行整理才能从总体上呈现其统计规律性. 样本数据的整理是统计研究的基础，频数分布表或频率分布表是整理数据的常用方法. 以下面的例子来介绍.

【例 6.2.2】 从贵州某高校中随机抽取 30 名学生，为了研究其月生活费情况，收集了这 30 学生未经整理的月生活费，如表 6.2.1 所示.

表 6.2.1　30 名学生未经整理的月生活费

学 生 序 号	月生活费（元）	学 生 序 号	月生活费（元）	学 生 序 号	月生活费（元）
1	530	11	595	21	480
2	420	12	435	22	525
3	550	13	490	23	575
4	455	14	485	24	605
5	545	15	515	25	525
6	455	16	585	26	475
7	550	17	425	27	530
8	535	18	530	28	640
9	495	19	505	29	555
10	470	20	525	30	505

以下以例 6.2.2 为例介绍频数分布表的制作方法. 表 6.2.1 是 30 名学生月生活费的原始资料，这些观测数据可以记为 $x_1, x_2, \cdots, x_{30}$，数据整理的具体步骤如下.

（1）对样本进行分组

首先确定组数 k，作为一般性的原则，组数通常为 5～20 个. 对容量较小的样本，通常将其分为 5 组或者 6 组，容量为 100 左右的样本可以分为 7～10 组，容量为 200 左右的样本可以分为 9～13 组，容量为 300 左右及以上的样本可分为 12～20 组，目的是使用足够的组数来表示数据的变异. 本例只有 30 个数据，将之分为 5 组，即 $k=5$.

（2）确定每组组距

每组区间的长度可以相同也可以不相同，在实际中常选用长度相同的区间方便进行比较，各组区间长度称为组距. 样本观测值 $x_1, x_2, \cdots, x_n$ 中的最小观测值为 $x_{(1)}$，最大观测值为 $x_{(n)}$，其近似公式为

$$组距\ d\ =（最大观测值\ x_{(n)}-最小观测值\ x_{(1)}）/组数.$$

本例中，数据最大观测值为 640，最小观测值为 420，故组距近似为

$$d = (640-420)/5=44.$$

为方便，取组距为 50.

（3）确定每组组限

各组区间端点为：$a_0, a_0 + d = a_1, a_0 + 2d = a_2, \cdots, a_0 + kd = a_k$.

各分组区间为：$(a_0, a_1], (a_1, a_2], \cdots, (a_{k-1}, a_k]$，其中，$a_0$ 略小于最小观测值，a_k 略大于最大观测值.

本例中取 $a_0=400$，$a_5=650$，因此本例的分组区间为

（400，450]，（450，500]，（500，550]，（550，600]，（600，650].

（4）列出频数-频率分布表

统计样本数据落入每个区间的个数——频数，然后列出其频数-频率分布表 6.2.2.

表 6.2.2　频数-频率分布表

组 序	分组区间	组 中 值	频 数	频 率	累积频数	累积频率
1	（400，450]	425	3	3/30	3	3/30
2	（450，500]	475	8	8/30	11	11/30
3	（500，550]	525	13	13/30	24	24/30
4	（550，600]	575	4	4/30	28	28/30
5	（600，650]	625	2	2/30	30	1
合计			30	1		

前面介绍了频数、频率的表格形式，它也可以用直方图表示，这在许多场合更直观. 频数分布在组距相等的场合常用宽度相等的长条矩形表示，矩形的高低表示频数的大小. 在图形上，它的横坐标表示所关心变量的取值区间，纵坐标表示频数，如图 6.2.1 所示. 如果将纵坐标改成频率，则得到频率直方图. 为使所有矩形面积和为 1，可将纵坐标表示频率/组距，如此得到的直方图称为单位频率直方图，或简称频率直方图. 此三种直方图的差别仅在于纵轴刻度的选择，直方图本身并无变化.

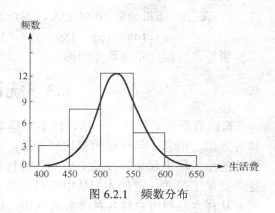

图 6.2.1　频数分布

用上述方法对抽取数据加以整理，编制频数分布表，作直方图，画出频率分布曲线，这就可以直观地看到数据分布的情况，在什么范围，较大较小的各有多少，在哪些地方分布得比较集中，以及分布图形是否对称等，所以，样本的频率分布是总体概率分布的近似. 样本是总体的反映，但是样本所含的信息不能直接用于解决我们所要研究的问题，而需要把样本所含的信息进行数学上的加工，使其浓缩起来，从而解决问题.

习题 6.2

1. 从贵州某厂生产的某种电子零件中随机抽取 100 个，测得其质量（单位：g）的数据如表 6.2.3 所示. 请列出分组表，并作频率直方图.

表 6.2.3　零件的质量

216	203	197	208	206	209	206	208	202	203
206	213	218	207	208	202	194	203	213	211
193	213	208	208	204	206	204	206	208	209
213	203	206	207	196	201	208	207	213	208
210	208	211	211	214	220	211	203	216	221
211	209	218	214	219	211	208	221	211	218
206	217	214	201	212	213	211	212	216	206
210	216	204	221	208	209	214	214	199	204
211	201	216	211	209	208	209	202	211	207
220	205	206	216	213	206	206	207	200	198

2. 根据调查，某集团公司的中层管理人员的年薪（单位：千元）数据如下：

　　36　37　44　33　44　43　48　40　45　31
　　46　32　42　39　49　37　45　37　36　42
　　33　40　45　46　34　33　43　37　44　48
　　35　48　34　36　37　37　45　36　46　41
　　37　48　34　38　47　35　29　41　40　42

（1）将上述数据整理成组距为 5 的频数表，第一组以 30 为起点；

（2）绘制样本直方图；

（3）写出经验分布函数.

3．某工厂随机抽取 10 名工人，调查发现其一周内生产的产品数如下：

　　　　148　155　159　137　148　152　152　168　155　155

请写出经验分布函数并作图．

6.3　统计量及其分布

6.1 节介绍了总体、个体、样本等基本概念，且知道样本来自总体，所以样本中含有总体各方面的信息，但这些信息比较分散，有时显得杂乱无章．为将这些分散在样本中的有关总体的信息集中起来以反映总体的各种特性，需要对样本进行加工，6.2 节讨论的表和图就是一类加工形式，它使人们从中获得对总体的初步认识．这种初步的认识是不够的，有时还需要从样本获得对总体各种参数的认识，最常用的方法是构造样本的函数，不同的样本函数反映总体的不同特征．下面首先介绍与样本的函数有关的概念．

6.3.1　统计量

定义 6.3.1　设 $X_1, X_2, \cdots, X_n$ 是来自总体 X 的一个样本，$T = T(X_1, X_2, \cdots, X_n)$ 是 $X_1, X_2, \cdots, X_n$ 的函数，若 T 中不含任何未知参数，则称 T 是一个**统计量**（Statistic）．设 $x_1, x_2, \cdots, x_n$ 是相应于样本 $X_1, X_2, \cdots, X_n$ 的样本值，则称 $T(x_1, x_2, \cdots, x_n)$ 是 $T(X_1, X_2, \cdots, X_n)$ 的观察值．

下面介绍一些常用的统计量．

设 $X_1, X_2, \cdots, X_n$ 是来自总体 X 的一个样本，$x_1, x_2, \cdots, x_n$ 是这一样本的观察值．定义

（1）样本均值：$\bar{X} = \dfrac{1}{n} \sum\limits_{i=1}^{n} X_i$ ；

（2）样本方差：$S^2 = \dfrac{1}{n-1} \sum\limits_{i=1}^{n} (X_i - \bar{X})^2$ ；

（3）样本标准差：$S = \sqrt{\dfrac{1}{n-1} \sum\limits_{i=1}^{n} (X_i - \bar{X})^2}$ ；

（4）样本（k 阶）原点矩：$A_k = \dfrac{1}{n} \sum\limits_{i=1}^{n} X_i^k,\ k = 1, 2, \cdots$ ；

（5）样本（k 阶）中心矩：$B_k = \dfrac{1}{n} \sum\limits_{i=1}^{n} (X_i - \bar{X})^k,\ k = 2, 3, \cdots$ ．

注意：上述 5 种统计量可统称为矩统计量，简称为样本矩，它们都是样本的显示函数，它们的观察值仍分别称为样本均值、样本方差、样本标准差、样本（k 阶）原点矩、样本（k 阶）中心矩，即分别为

样本均值　　　　　　　　　　　$\bar{x} = \dfrac{1}{n} \sum\limits_{i=1}^{n} x_i$ ；

样本方差　　　　　　$s^2 = \dfrac{1}{n-1} \sum\limits_{i=1}^{n} (x_i - \bar{x})^2 = \dfrac{1}{n-1} \left[\sum\limits_{i=1}^{n} x_i^2 - n\bar{x}^2 \right]$ ；

样本标准差　　　　　　　$s = \sqrt{\dfrac{1}{n-1} \sum\limits_{i=1}^{n} (x_i - \bar{x})^2}$ ；

样本（k 阶）原点矩 　　　　　$a_k = \dfrac{1}{n} \sum\limits_{i=1}^{n} x_i^k, \quad k = 1, 2, \cdots;$

样本（k 阶）中心矩 　　　　　$b_k = \dfrac{1}{n} \sum\limits_{i=1}^{n} (x_i - \bar{x})^k, \quad k = 2, 3, \cdots.$

（6）顺序统计量：将样本中的各分量按由小到大的次序排列成

$$X_{(1)} \leqslant X_{(2)} \leqslant \cdots \leqslant X_{(n)},$$

则称 $X_{(1)}, X_{(2)}, \cdots, X_{(n)}$ 为样本的一组**顺序统计量**，$X_{(i)}$ 称为样本的第 i 个顺序统计量. 特别地，称 $X_{(1)}$ 与 $X_{(n)}$ 分别为样本极小值与样本极大值，并称 $X_{(n)} - X_{(1)}$ 为样本的**极差**.

6.3.2 抽样分布

在参数统计推断问题中，常需利用总体的样本构造出合适的统计量，统计量既然是样本的函数，那么它是一个随机变量，且有分布. 统计量的分布称为**抽样分布**. 当总体的分布函数已知时，抽样分布是确定的，然而要求出统计量的精确分布，一般来说是困难的. 本节介绍来自正态总体的几个常用的统计量的分布.

1. χ^2 分布

定义 6.3.2 设 $X_1, X_2, \cdots, X_n$ 是取自总体 $N(0,1)$ 的样本，则称统计量

$$\chi^2 = X_1^2 + X_2^2 + \cdots + X_n^2 \tag{6.3.1}$$

服从自由度为 n 的 χ^2 分布，记为 $\chi^2 \sim \chi^2(n)$.

注意：自由度是指式（6.3.1）右端所包含的独立变量的个数.

$\chi^2(n)$ 分布的概率密度为

$$f(y) = \begin{cases} \dfrac{1}{2^{n/2} \, \Gamma(n/2)} y^{\frac{n}{2}-1} \mathrm{e}^{-\frac{1}{2}y}, & y > 0, \\ 0, & y \leqslant 0 \end{cases}$$

其中，$\Gamma(\cdot)$ 为 Gamma 函数，$f(y)$ 的图形如图 6.3.1 所示.

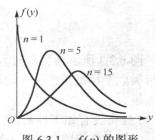

图 6.3.1 　$f(y)$ 的图形

由 χ^2 分布的定义可得以下性质.

（1）χ^2 分布的数学期望与方差：

若 $\chi^2 \sim \chi^2(n)$，则 $E(\chi^2) = n$，$D(\chi^2) = 2n$.

（2）χ^2 分布的可加性：

若 $\chi_1^2 \sim \chi^2(m)$，$\chi_2^2 \sim \chi^2(n)$，且 χ_1^2、χ_2^2 相互独立，则 $\chi_1^2 + \chi_2^2 \sim \chi^2(m+n)$.

（3）χ^2 分布的分位点：

设 $\chi^2 \sim \chi^2(n)$，对给定的实数 $\alpha(0 < \alpha < 1)$，称满足条件

$$P\{\chi^2 > \chi_\alpha^2(n)\} = \int_{\chi_\alpha^2(n)}^{+\infty} f(y)\mathrm{d}y = \alpha$$

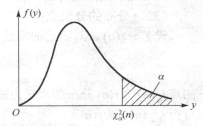

图 6.3.2 　$\chi^2(n)$ 分布的水平为 α 的上侧分位点

的点 $\chi_\alpha^2(n)$ 为 $\chi^2(n)$ 分布的水平为 α 的上侧分位点，简称为上 α 分位点（见图 6.3.2），对不同的 α 与 n，分位点的值已经编制成表供查用（参见附录 C）.

当 $n > 45$ 时，近似地有 $\chi_\alpha^2(n) \approx \frac{1}{2}(z_\alpha + \sqrt{2n-1})^2$，其中 z_α 是标准正态分布的上 α 分位点，例如

$$\chi_{0.05}^2(50) \approx \frac{1}{2}(1.645 + \sqrt{99})^2 = 67.221.$$

【例 6.3.1】 设 $X_1, \cdots, X_6$ 是来自总体 $N(0,1)$ 的样本，又设
$$Y = (X_1 + X_2 + X_3)^2 + (X_4 + X_5 + X_6)^2,$$
试求常数 C，使 CY 服从 χ^2 分布.

解 因为 $X_1 + X_2 + X_3 \sim N(0,3)$，$X_4 + X_5 + X_6 \sim N(0,3)$

所以　　　　　$\dfrac{X_1 + X_2 + X_3}{\sqrt{3}} \sim N(0,1)$，$\dfrac{X_4 + X_5 + X_6}{\sqrt{3}} \sim N(0,1)$，

且相互独立，于是

$$\left(\frac{X_1 + X_2 + X_3}{\sqrt{3}}\right)^2 + \left(\frac{X_4 + X_5 + X_6}{\sqrt{3}}\right)^2 \sim \chi^2(2),$$

故应取 $C = \dfrac{1}{3}$，则有 $\dfrac{1}{3}Y \sim \chi^2(2)$.

2. t 分布

定义 6.3.3 设 $X \sim N(0,1)$，$Y \sim \chi^2(n)$，且 X 与 Y 相互独立，则称
$$t = \frac{X}{\sqrt{Y/n}}$$
服从自由度为 n 的 t 分布，记为 $t \sim t(n)$.

$t(n)$ 分布的概率密度为
$$h(t) = \frac{\Gamma[(n+1)/2]}{\sqrt{\pi n}\,\Gamma(n/2)}\left(1 + \frac{t^2}{n}\right)^{-\frac{n+1}{2}}, \quad -\infty < t < +\infty.$$

图 6.3.3 所示为当 $n=1$ 和 10 时 $h(t)$ 的图形. $h(t)$ 的图形关于 $t=0$ 对称，当 n 充分大时，其图形类似于标准正态分布随机变量的概率密度的图形. 但对于较小的 n，t 分布与 $N(0,1)$ 分布相差很大.

t 分布具有如下性质：

（1）$h(t)$ 的图形关于 y 轴对称，且 $\lim\limits_{t \to \infty} h(t) = 0$；

（2）当 n 充分大时，t 分布近似于标准正态分布；

（3）t 分布的分位点：

设 $T \sim t(n)$，对给定的实数 $\alpha(0 < \alpha < 1)$，称满足条件
$$P\{T > t_\alpha(n)\} = \int_{t_\alpha(n)}^{+\infty} h(t)\mathrm{d}t = \alpha$$
的点 $t_\alpha(n)$ 为 $t(n)$ 分布的水平为 α 的上侧分位点（如图 6.3.4 所示）. 由密度函数 $h(t)$ 的对称性，可得 $t_{1-\alpha}(n) = -t_\alpha(n)$.

类似地，可以给出 t 分布的双侧分位点
$$P\{|T| > t_{\alpha/2}(n)\} = \int_{-\infty}^{-t_{\alpha/2}(n)} h(t)\mathrm{d}t + \int_{t_{\alpha/2}(n)}^{+\infty} h(t)\mathrm{d}t = \alpha,$$

显然有

$$P\{T > t_{\alpha/2}(n)\} = \frac{\alpha}{2}; \quad P\{T < -t_{\alpha/2}(n)\} = \frac{\alpha}{2}.$$

对不同的 α 与 n，t 分布的上侧分位点可从附录 D 查得.

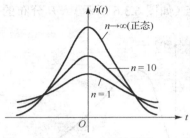 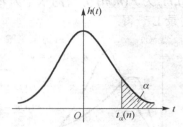

图 6.3.3　$h(t)$ 的图形　　　　　　图 6.3.4　$t(n)$ 分布的水平为 α 的上侧分位点

【例 6.3.2】　设随机变量 $X \sim N(2,1)$，随机变量 Y_1、Y_2、Y_3、Y_4 均服从 $N(0,4)$，且 X、Y_i（$i = 1,2,3,4$）都相互独立，令

$$T = \frac{4(X-2)}{\sqrt{\sum_{i=1}^{4} Y_i^2}},$$

试求 T 的分布，并确定 t_0 的值，使 $P\{|T| > t_0\} = 0.01$.

解　由于 $X - 2 \sim N(0,1)$，$Y_i / 2 \sim N(0,1)$，$i = 1,2,3,4$，
故由 t 分布的定义知

$$T = \frac{4(X-2)}{\sqrt{\sum_{i=1}^{4} Y_i^2}} = \frac{X-2}{\sqrt{\sum_{i=1}^{4} \left(\frac{Y_i}{4}\right)^2}} = \frac{X-2}{\sqrt{\sum_{i=1}^{4} \left(\frac{Y_i}{2}\right)^2 \Big/ 4}} \sim t(4),$$

即 T 服从自由度为 4 的 t 分布：$T \sim t(4)$.

由 $P\{|T| > t_0\} = 0.01$，则 $n = 4$，$\alpha = 0.01$，查附录 D，得 $t_0 = t_{\alpha/2} = t_{0.005}(4) = 4.6041$.

3. F 分布

定义 6.3.4　设 $X \sim \chi^2(m)$，$Y \sim \chi^2(n)$，且 X 与 Y 相互独立，则称

$$F = \frac{X/m}{Y/n} = \frac{nX}{mY}$$

服从自由度为 (m,n) 的 F 分布（F-distribution），记为 $F \sim F(m,n)$.

$F(m,n)$ 分布的概率密度为

$$\psi(y) = \begin{cases} \dfrac{\Gamma[(m+n)/2]}{\Gamma(m/2)\Gamma(n/2)} \left(\dfrac{m}{n}\right) \left(\dfrac{m}{n}y\right)^{\frac{m}{2}-1} \left(1 + \dfrac{m}{n}y\right)^{-\frac{1}{2}(m+n)}, & y > 0, \\ 0, & y \leqslant 0 \end{cases}$$

$\psi(y)$ 的图形如图 6.3.5 所示.

F 分布具有如下性质：

（1）若 $T \sim t(n)$，则 $T^2 \sim F(1,n)$；

（2）若 $F \sim F(m,n)$，则 $\dfrac{1}{F} \sim F(n,m)$.

（3）F 分布的分位点：

设 $F \sim F(n,m)$，对给定的实数 $\alpha(0 < \alpha < 1)$，称满足条件

$$P\{F > F_\alpha(n,m)\} = \int_{F_\alpha(n,m)}^{+\infty} \psi(y)\mathrm{d}y = \alpha$$

的点 $F_\alpha(n,m)$ 为 $F(n,m)$ 分布的水平为 α 的上侧分位点（如图 6.3.6 所示）. F 分布的上侧分位点可从附录 E 查得.

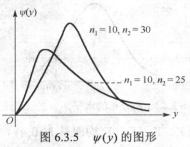

图 6.3.5　$\psi(y)$ 的图形　　　　　图 6.3.6　$F(n,m)$ 分布的水平为 α 的上侧分位点

（4）F 分布的一个重要关系：

$$F_\alpha(m,n) = \frac{1}{F_{1-\alpha}(n,m)}.$$

此式常常用来求 F 分布表中没有列出的某些上侧分位点.

【例 6.3.3】 设总体 X 服从标准正态分布，$X_1, X_2, \cdots, X_n$ 是来自总体 X 的一个简单随机样本，试问统计量

$$Y = \left(\frac{n}{5} - 1\right) \sum_{i=1}^{5} X_i^2 \Big/ \sum_{i=6}^{n} X_i^2, \quad n > 5$$

服从何种分布？

解　因为 $X_i \sim N(0,1)$，$\sum_{i=1}^{5} X_i^2 \sim \chi^2(5)$，$\sum_{i=6}^{n} X_i^2 \sim \chi^2(n-5)$，

且 $\sum_{i=1}^{5} X_i^2$ 与 $\sum_{i=6}^{n} X_i^2$ 相互独立，所以 $\dfrac{\sum\limits_{i=1}^{5} X_i^2 / 5}{\sum\limits_{i=6}^{n} X_i^2 / (n-5)} \sim F(5, n-5)$，

再由统计量 Y 的表达式，即得 $Y \sim F(5, n-5)$.

4. 正态总体的样本均值与样本方差的分布

设总体 X 的均值为 μ，方差为 σ^2，$X_1, X_2, \cdots, X_n$ 是取自 X 的一个样本，$\bar{X}$ 与 S^2 分别为该样本的样本均值与样本方差，则有

$$E(\bar{X}) = \mu, \quad D(\bar{X}) = \sigma^2 / n,$$

$$E(S^2) = E\left[\frac{1}{n-1}\left(\sum_{i=1}^{n} X_i^2 - n\bar{X}^2\right)\right] = \frac{1}{n-1}\left[\sum_{i=1}^{n} E(X_i^2) - nE(\bar{X}^2)\right]$$

$$= \frac{1}{n-1}\left[\sum_{i=1}^{n} (\sigma^2 + \mu^2) - n(\sigma^2 / n + \mu^2)\right] = \sigma^2.$$

故对于正态总体 $X \sim N(\mu, \sigma^2)$ 的样本方差 S^2，有以下的结论.

定理 6.3.1　设总体 $X \sim N(\mu, \sigma^2)$，$X_1, X_2, \cdots, X_n$ 是取自 X 的一个样本，$\overline{X}$ 与 S^2 分别为该样本的样本均值与样本方差，则有

（1）$\overline{X} \sim N(\mu, \sigma^2 / n)$；

（2）$U = \dfrac{\overline{X} - \mu}{\sigma / \sqrt{n}} \sim N(0,1)$.

证明　略.

【**例 6.3.4**】设总体 X 服从正态分布 $N(62,100)$，为使样本均值大于 60 的概率不小于 0.95，问样本容量 n 至少应取多大？

解　设需要样本容量为 n，由定理 6.3.1，则

$$\frac{\overline{X} - \mu}{\sigma / \sqrt{n}} = \frac{\overline{X} - \mu}{\sigma} \cdot \sqrt{n} \sim N(0,1),$$

$$P(\overline{X} > 60) = P\left\{\frac{\overline{X} - 62}{10} \cdot \sqrt{n} > \frac{60 - 62}{10} \cdot \sqrt{n}\right\}$$

$$= 1 - P\left\{\frac{\overline{X} - 62}{10} \cdot \sqrt{n} \leqslant \frac{60 - 62}{10} \cdot \sqrt{n}\right\}$$

$$= 1 - \Phi(-0.2\sqrt{n}) = \Phi(0.2\sqrt{n}).$$

查标准正态分布表，得 $\Phi(1.64) \approx 0.95$. 所以 $0.2\sqrt{n} \geqslant 1.64$，$n \geqslant 67.24$. 故样本容量至少应取 68.

定理 6.3.2　设总体 $X \sim N(\mu, \sigma^2)$，$X_1, X_2, \cdots, X_n$ 是取自 X 的一个样本，$\overline{X}$ 与 S^2 分别为该样本的样本均值与样本方差，则有

（1）$\chi^2 = \dfrac{n-1}{\sigma^2} S^2 = \dfrac{1}{\sigma^2} \sum\limits_{i=1}^{n} (X_i - \overline{X})^2 \sim \chi^2(n-1)$；

（2）$\overline{X}$ 与 S^2 相互独立.

证明　略.

【**例 6.3.5**】在设计导弹发射装置时，重要事情之一是研究弹着点偏离目标中心的距离的方差. 对于一类导弹发射装置，弹着点偏离目标中心的距离服从正态分布 $N(\mu, \sigma^2)$，这里 $\sigma^2 = 100\text{m}^2$，现在进行了 25 次发射试验，用 S^2 记这 25 次试验中弹着点偏离目标中心的距离的样本方差. 试求 S^2 超过 50m^2 的概率.

解　根据定理 6.3.2，有 $\dfrac{(n-1)S^2}{\sigma^2} \sim \chi^2(n-1)$，于是

$$P\{S^2 > 50\} = P\left\{\frac{(n-1)S^2}{\sigma^2} > \frac{(n-1)50}{\sigma^2}\right\} = P\left\{\chi^2(24) > \frac{24 \times 50}{100}\right\}$$

$$= P\{\chi^2(24) > 12\} > P\{\chi^2(24) > 12.401\} = 0.975. \text{（查附录 C）}$$

于是可以以超过 97.5% 的概率断言，S^2 超过 50m^2.

定理 6.3.3　设总体 $X \sim N(\mu, \sigma^2)$，$X_1, X_2, \cdots, X_n$ 是取自 X 的一个样本，$\overline{X}$ 与 S^2 分别为该样本的样本均值与样本方差，则有

（1）$\chi^2 = \dfrac{1}{\sigma^2} \sum\limits_{i=1}^{n} (X_i - \mu)^2 \sim \chi^2(n)$；

（2）$T = \dfrac{\bar{X} - \mu}{S / \sqrt{n}} \sim t(n-1)$.

证明 （1）因为

$$\frac{X_i - \mu}{\sigma} \sim N(0,1),$$

由 χ^2 分布的定义知

$$\frac{1}{\sigma^2} \sum_{i=1}^{n} (X_i - \mu)^2 \sim \chi^2(n).$$

（2）因为

$$\frac{\bar{X} - \mu}{\sigma / \sqrt{n}} \sim N(0,1),$$

$$\frac{(n-1)S^2}{\sigma^2} \sim \chi^2(n-1).$$

且两者独立，由 t 分布的定义知

$$\frac{\bar{X} - \mu}{\sigma / \sqrt{n}} \Big/ \sqrt{\frac{(n-1)S^2}{\sigma^2(n-1)}} \sim t(n-1).$$

化简上式左边，即得

$$\frac{\bar{X} - \mu}{S / \sqrt{n}} \sim t(n-1).$$

定理 6.3.4 设 $X \sim N(\mu_1, \sigma_1^2)$ 与 $Y \sim N(\mu_2, \sigma_2^2)$ 是两个相互独立的正态总体，又设 $X_1, X_2, \cdots,$ X_{n_1} 是取自总体 X 的样本，$\bar{X}$ 与 S_1^2 分别为该样本的样本均值与样本方差. $Y_1, Y_2, \cdots, Y_{n_2}$ 是取自总体 Y 的样本，$\bar{Y}$ 与 S_2^2 分别为此样本的样本均值与样本方差. 再记 S_w^2 是 S_1^2 与 S_2^2 的加权平均，即

$$S_w^2 = \frac{(n_1-1)S_1^2 + (n_2-1)S_2^2}{n_1 + n_2 - 2}.$$

则：

（1）$U = \dfrac{(\bar{X} - \bar{Y}) - (\mu_1 - \mu_2)}{\sqrt{\sigma_1^2 / n_1 + \sigma_2^2 / n_2}} \sim N(0,1)$；

（2）$F = \left(\dfrac{\sigma_2}{\sigma_1}\right)^2 \dfrac{S_1^2}{S_2^2} \sim F(n_1 - 1, n_2 - 1)$；

（3）当 $\sigma_1^2 = \sigma_2^2 = \sigma^2$ 时，$T = \dfrac{(\bar{X} - \bar{Y}) - (\mu_1 - \mu_2)}{S_w \sqrt{1/n_1 + 1/n_2}} \sim t(n_1 + n_2 - 2)$.

证明 略.

【例 6.3.6】 设两个总体 X 与 Y 都服从正态分布 $N(20,3)$，今从总体 X 与 Y 中分别抽取容量为 $n_1 = 10$、$n_2 = 15$ 的两个相互独立的样本，求 $P\{|\bar{X} - \bar{Y}| > 0.3\}$.

解 由题设及定理 6.3.4 知，$\dfrac{(\bar{X} - \bar{Y}) - (20 - 20)}{\sqrt{\dfrac{3}{10} + \dfrac{3}{15}}} = \dfrac{\bar{X} - \bar{Y}}{\sqrt{0.5}} \sim N(0,1)$，于是

$$P\{|\,\overline{X}-\overline{Y}\,|>0.3\} =1-P\left\{\left|\frac{\overline{X}-\overline{Y}}{\sqrt{0.5}}\right|\leqslant\frac{0.3}{\sqrt{0.5}}\right\}$$

$$=1-\left[2\varPhi\left(\frac{0.3}{\sqrt{0.5}}\right)-1\right]$$

$$=2-2\varPhi(0.42)=0.6744.$$

习题 6.3

1．设从总体 $X\sim N(60,15^2)$ 中随机抽取一个容量为 100 的样本，求样本均值与总体均值之差的绝对值大于 5 的概率．

2．某物体的质量为 m，将其在天平上反复称量多次，每次称量结果相互独立且都服从 $N(m,0.05)$，n 次称重的算术平均值记为 $\overline{X}$，为了使 $P(|\overline{X}-m|<0.15)>0.96$，则 n 至少应该是多少？

3．从总体 $N(52,6.3^2)$ 中随机抽取一个容量为 40 的样本，求样本均值 X 落在 49.8～52.8 范围内的概率．

4．已知 $X\sim t(n)$，证明 $X^2\sim F(1,n)$．

5．设 X_1,X_2,X_3,X_4,X_5 是来自正态总体 $N(0,3^2)$ 的样本，则 C 取多少时能使统计量 $Y_1=\dfrac{C(X_1+X_2)}{\sqrt{X_3^2+X_4^2+X_5^2}}$ 服从 $t(m)$ 分布？

6．从总体 $N(\mu,0.4^2)$ 中随机抽取容量为 10 的样本 $X_1,\cdots,X_{10}$，$\overline{X}$ 是样本的均值，且 μ 未知，求概率 $P\left\{\sum_{i=1}^{10}(X_i-\mu)^2\geqslant1.65\right\}$ 与 $P\left\{\sum_{i=1}^{10}(X_i-\overline{X})^2\geqslant2.75\right\}$．

第7章 参数估计

第6章介绍了几个常用统计量的抽样分布，引进统计量的目的在于对感兴趣的问题进行统计推断．而在实际问题中，虽然所研究的总体分布类型已知，但分布中含有一个或多个未知参数，根据样本如何构造适当的统计量估计所有未知参数，这就是参数估计问题．

参数估计有点估计（Point Estimation）和区间估计（Interval Estimation）两种形式．下面首先介绍点估计．

7.1 点 估 计

7.1.1 点估计的概念

定义 7.1.1 设总体 X 的分布函数为 $F(x;\theta)$，θ 是未知参数，$X_1,X_2,\cdots,X_n$ 是取自总体 X 的一个样本，相应样本值为 $x_1,x_2,\cdots,x_n$，为估计未知参数 θ，需构造一个适当的统计量

$$\hat{\theta}(X_1,X_2,\cdots,X_n)，$$

然后用其观察值

$$\hat{\theta}(x_1,x_2,\cdots,x_n)$$

来估计 θ 的值，称 $\hat{\theta}(X_1,X_2,\cdots,X_n)$ 为 θ 的**估计量**，而 $\hat{\theta}(x_1,x_2,\cdots,x_n)$ 为 θ 的**估计值**．在不致混淆的情况下，估计量与估计值统称为**点估计**，简称为**估计**，并简记为 $\hat{\theta}$．

由于估计量 $\hat{\theta}(X_1,X_2,\cdots,X_n)$ 是一个随机变量，是样本的函数，即是一个统计量，对不同的样本值，θ 的估计值 $\hat{\theta}$ 一般是不同的．

下面介绍获得点估计的两种常用方法——矩估计法和极（最）大似然估计法．

7.1.2 矩估计法

英国统计学家 K.Pearson 于 1900 年提出了一个替换原理，后来人们称此方法为**矩估计法**或**矩法**（Moment Method of Estimation）．矩估计法的基本思想是用样本矩替换相应的总体矩，用样本矩函数去替换相应的总体矩的函数．若不够良好，再做适当调整．下面介绍矩法的一般做法．

设总体 X 的分布函数 $F(x;\theta_1,\cdots,\theta_k)$ 中含有 k 个未知参数 $\theta_1,\cdots,\theta_k$，则：

（1）设总体 X 的前 k 阶矩 $\mu_l = E(X^l)$（$1 \leqslant l \leqslant k$）存在，求出 $\mu_l = E(X^l)$（$1 \leqslant l \leqslant k$），一般都是这 k 个未知参数的函数，记为

$$\mu_l = \mu_l(\theta_1,\cdots,\theta_k)，\quad l = 1,2,\cdots,k.$$

（2）设 A_l（$1 \leqslant l \leqslant k$）为样本 k 阶矩，用样本矩去替换总体矩，即

令
$$\begin{cases} \mu_1(\theta_1,\cdots,\theta_k) = A_1 \\ \mu_2(\theta_1,\cdots,\theta_k) = A_2 \\ \quad\quad\quad \vdots \\ \mu_l(\theta_1,\cdots,\theta_k) = A_l \end{cases} \quad\quad (7.1.1)$$

（3）求出方程组（7.1.1）的解 $\hat{\theta}_1,\hat{\theta}_2,\cdots,\hat{\theta}_k$，称 $\hat{\theta}_l = \hat{\theta}_l(X_1,X_2,\cdots,X_n)$ 为参数 θ_l（$1 \leqslant l \leqslant k$）的矩估计量，$\hat{\theta}_l = \hat{\theta}_l(x_1,x_2,\cdots,x_n)$ 为参数 θ_l（$1 \leqslant l \leqslant k$）的矩估计值．

【例 7.1.1】 设 $X_1,X_2,\cdots,X_n$ 是取自总体 X 的样本，总体 X 的概率密度为

$$f(x) = \begin{cases} (\alpha+1)x^\alpha, & 0 < x < 1 \\ 0, & \text{其他} \end{cases}$$

其中 $\alpha > -1$ 且未知，求参数 α 的矩估计．

解 （1）求出总体矩 $\mu_1 = E(X)$，即

$$\mu_1 = E(X) = \int_0^1 (\alpha+1)x^{\alpha+1}\mathrm{d}x = (\alpha+1)\int_0^1 x^{\alpha+1}\mathrm{d}x = \frac{\alpha+1}{\alpha+2}.$$

（2）用样本矩替代总体矩，令 $\mu_1 = A_1 = \bar{X}$，即

$$\bar{X} = \frac{\alpha+1}{\alpha+2}.$$

（3）求解 $\bar{X} = \dfrac{\alpha+1}{\alpha+2}$，则 $\hat{\alpha} = \dfrac{2\bar{X}-1}{1-\bar{X}}$，即为 α 的矩估计．

【例 7.1.2】 设总体 X 的均值 μ 及方差 σ^2 都存在，且有 $\sigma^2 > 0$，但 μ、σ^2 均未知，又设 $X_1,X_2,\cdots,X_n$ 是来自 X 的样本．试求 μ、σ^2 的矩估计量．

解 （1）求出总体矩 $\mu_1 = E(X)$，$\mu_2 = E(X^2)$．即

$$\mu_1 = E(X) = \mu,$$

$$\mu_2 = E(X^2) = D(X) + [E(X)]^2 = \sigma^2 + \mu^2.$$

（2）用样本矩替代总体矩，令 $\mu_1 = A_1$，$\mu_2 = A_2$，即

$$\begin{cases} \mu_1 = A_1 = \dfrac{1}{n}\sum_{i=1}^{n} X_i \\ \mu_2 = A_2 = \dfrac{1}{n}\sum_{i=1}^{n} X_i^2 \end{cases}.$$

（3）求解方程组，将 $\mu_1 = E(X) = \mu$，$\mu_2 = E(X^2) = \sigma^2 + \mu^2$ 代入上面方程组，得

$$\hat{\mu} = \bar{X}, \quad \hat{\sigma}^2 = A_2 - \hat{\mu}^2 = \frac{1}{n}\sum_{i=1}^{n}(X_i - \bar{X})^2 = \frac{n-1}{n}S^2.$$

【例 7.1.3】 设总体 $X \sim U[0,\theta]$，θ 是未知参数．$X_1,X_2,\cdots,X_n$ 是来自 X 的样本，试求 θ 的矩估计量．

解 （1）求出总体矩 $\mu_1 = E(X)$，即

$$\mu_1 = E(X) = \frac{\theta}{2}$$

（2）用样本矩替代总体矩，令 $\mu_1 = A_1 = \bar{X}$，即

$$\bar{X} = \frac{\theta}{2}$$

（3）求解 $\bar{X} = \frac{\theta}{2}$，则

$$\hat{\theta} = 2\bar{X}$$

即为 θ 的矩估计.

思考问题：

矩法估计时，一定要知道总体的概率分布吗？只知道总体矩，可不可以求出矩法估计量呢？求出的矩法估计量唯一吗？

7.1.3 极（最）大似然估计法

在 1821 年，德国数学家高斯针对正态分布首先提出极（最）大似然估计（Maximum Likelihood Estimation，MLE）. 英国统计学家费希尔于 1922 年再次提出了这种想法并证明了它的一些性质，使得最大似然估计法得到了广泛的应用. 极大似然估计法只能在已知总体分布的前提下进行，为了对它的思想有所了解，先看一个例子.

【例 7.1.4】 我与一位猎人外出打猎，一只野鸡从前方飞过，只听一声枪响，野鸡应声落下. 问：是谁打中的呢？

答：极有可能是猎人.

显然，候选人就两个，我和猎人. 若选我，则事件"野鸡被打中"发生的概率很小，可能为 0.01%，若选猎人，则事件"野鸡被打中"发生的概率很大，可能为 99%，而事件已经发生，因此猎人最有可能打中野鸡！这个推断很符合人们的经验事实，这里的"最有可能"就是"最大似然"之意. 这种想法常称为"最大似然原理".

1. 似然函数

在极大似然估计法中，最关键的问题是如何求得似然函数（定义之后给出），有了似然函数，问题就简单了，下面分两种情形来介绍似然函数.

（1）离散型总体的似然函数

设总体 X 的概率分布为

$$P\{X = x\} = p(x, \theta),$$

其中 θ 为未知参数. 如果 $X_1, X_2, \cdots, X_n$ 是取自总体 X 的样本，样本的观察值为 $x_1, x_2, \cdots, x_n$，则样本的联合分布律为

$$\begin{aligned}
P\{X_1 = x_1, X_2 = x_2, X_n = x_n\} &= P\{X_1 = x_1\}P\{X_2 = x_2\}\cdots P\{X_n = x_n\} \\
&= p(x_1, \theta)p(x_2, \theta)\cdots p(x_n, \theta) \\
&= \prod_{i=1}^{n} p(x_i, \theta).
\end{aligned}$$

将 $\prod\limits_{i=1}^{n} p(x_i, \theta)$ 视为参数 θ 的函数，记为 $L(\theta) = L(x_1, x_2, \cdots, x_n, \theta) = \prod\limits_{i=1}^{n} p(x_i, \theta)$，并称其为似然函数.

（2）连续型总体的似然函数

设总体 X 的概率密度为 $f(x, \theta)$，其中 θ 为未知参数，此时定义似然函数

$$L(\theta) = L(x_1, x_2, \cdots, x_n, \theta) = \prod_{i=1}^{n} f(x_i, \theta).$$

似然函数 $L(\theta)$ 的值的大小意味着该样本值出现的可能性的大小，在已得到样本值 $x_1, x_2, \cdots, x_n$ 的情况下，则应该选择使 $L(\theta)$ 达到最大值的那个 θ 作为 θ 的估计 $\hat{\theta}$. 这种求点估计的方法称为最大似然估计法. 综合以上分析，下面给出最大似然估计的定义.

2. 最大似然估计

定义 7.1.2 设总体的概率函数为 $p(x, \theta)$，$\theta \in \Theta$，其中 θ 是一个未知参数或几个未知参数组成的参数向量，Θ 是参数空间，$x_1, x_2, \cdots, x_n$ 是来自该总体的样本，将样本的联合概率函数视为 θ 的函数，用 $L(\theta; x_1, x_2, \cdots, x_n)$ 表示，简记 $L(\theta)$，则

$$L(\theta) = L(\theta; x_1, x_2, \cdots, x_n) = p(x_1; \theta) p(x_2; \theta) \cdots p(x_n; \theta),$$

$L(\theta)$ 称为样本的**似然函数**. 如果某统计量 $\hat{\theta} = \hat{\theta}(x_1, x_2, \cdots, x_n)$ 满足 $L(\hat{\theta}) = \max\limits_{\theta} L(\theta)$，则称 $\hat{\theta} = \hat{\theta}(x_1, x_2, \cdots, x_n)$ 为 θ 的最大似然估计值，称相应的统计量 $\hat{\theta}(X_1, X_2, \cdots, X_n)$ 为 θ 最大似然估计量. 它们统称为 θ 的**最大似然估计**（Maximum Likelihood Estimation，MLE）. 为了区别，θ 的最大似然估计记为 $\hat{\theta}_L$.

如果随机抽样得到的样本观测值为 $x_1, x_2, \cdots, x_n$，我们选取未知参数 θ 的值应使得出现该样本值的可能性最大，即使得似然函数 $L(\theta)$ 取最大值，从而，求参数 θ 的极大似然估计的问题就转化为求似然函数 $L(\theta)$ 的最大值点的问题，当似然函数关于未知参数可微时，可利用微分学中求最大值的方法求解. 其主要步骤如下：

（1）写出似然函数 $L(\theta) = L(\theta; x_1, x_2, \cdots, x_n)$；

（2）令 $\dfrac{\mathrm{d}L(\theta)}{\mathrm{d}\theta} = 0$ 或 $\dfrac{\mathrm{d}\ln L(\theta)}{\mathrm{d}\theta} = 0$，求出驻点；

（3）判断并求出最大值点，在最大值点的表达式中，用样本值代入就得参数的最大似然估计值.

注意：（1）因函数 $\ln L(\theta)$ 是 $L(\theta)$ 的单调增加函数，且函数 $\ln L(\theta)$ 与函数 $L(\theta)$ 有相同的极值点，故转化为求函数 $\ln L(\theta)$ 的最大值点较方便.

（2）当似然函数关于未知参数不可微时，只能按最大似然估计法的基本思想及定义求出最大值点.

（3）从最大似然估计的定义可以看出，若 $L(\theta)$ 与联合概率函数相差一个与 θ 无关的比例因子，则不会影响最大似然估计，可以在 $L(\theta)$ 中剔去与 θ 无关的因子.

上述方法易推广至多个未知参数的情形.

【例 7.1.5】 设 $X \sim b(1, p)$，$X_1, X_2, \cdots, X_n$ 是取自总体 X 的一个样本，试求参数 p 的最大似然估计.

解 （1）写出似然函数.

设 $x_1,x_2,\cdots,x_n$ 是 $X_1,X_2,\cdots,X_n$ 的一个样本值， X 的分布律为

$$P\{X=x\}=p^x(1-p)^{1-x}，\quad x=0,1，$$

故似然函数为

$$L(p)=\prod_{i=1}^{n}p^{x_i}(1-p)^{1-x_i}=p^{\sum_{i=1}^{n}x_i}(1-p)^{n-\sum_{i=1}^{n}x_i}.$$

（2）求出驻点.

令

$$\frac{\mathrm{d}}{\mathrm{d}p}\ln L(p)=\left(\sum_{i=1}^{n}x_i\right)\Big/p-\left(n-\sum_{i=1}^{n}x_i\right)\Big/(1-p)=0，$$

解得

$$\hat{p}=\frac{1}{n}\sum_{i=1}^{n}x_i=\overline{x}.$$

（3）即参数 p 的最大似然估计为

$$\hat{p}=\frac{1}{n}\sum_{i=1}^{n}X_i=\overline{X}.$$

注意：这一估计量与矩估计量是相同的.

【**例 7.1.6**】 设 $x_1,x_2,\cdots,x_n$ 是正态总体 $N(\mu,\sigma^2)$ 的样本观察值，其中 μ、σ^2 是未知参数，试求 μ 和 σ^2 的最大似然估计.

解 （1）写出似然函数.

因为 $X\sim N(\mu,\sigma^2)$ ，其密度函数为

$$f(x)=\frac{1}{\sqrt{2\pi}\sigma}\mathrm{e}^{-\frac{(x_i-\mu)^2}{2\sigma^2}}，$$

所以似然函数为

$$L(\mu,\sigma^2)=\prod_{i=1}^{n}\left(\frac{1}{\sqrt{2\pi}\sigma}\mathrm{e}^{-\frac{(x_i-\mu)^2}{2\sigma^2}}\right)=(\sqrt{2\pi})^{-n}(\sigma^2)^{-n/2}\exp\left\{-\frac{1}{2\sigma^2}\sum_{i=1}^{n}(x_1-\mu)^2\right\}，$$

对数似然为

$$\ln L(\mu,\sigma^2)=-n\ln\sqrt{2\pi}-\frac{n}{2}\ln\sigma^2-\frac{1}{2\sigma^2}\sum_{i=1}^{n}(x_1-\mu)^2.$$

（2）求出驻点.

$$\frac{\partial\ln L}{\partial\mu}=\frac{1}{\sigma^2}\sum_{i=1}^{n}(x_i-\mu)=0，$$

$$\frac{\partial\ln L}{\partial\sigma^2}=\frac{1}{2\sigma^4}\sum_{i=1}^{n}(x_i-\mu)^2-\frac{n}{2\sigma^2}=0，$$

解得

$$\hat{\mu} = \frac{1}{n}\sum_{i=1}^{n} x_i = \overline{x}, \quad \hat{\sigma}^2 = \frac{1}{n}\sum_{i=1}^{n}(x_i - \overline{x})^2.$$

（3）即参数 μ 和 σ^2 的最大似然估计分别为

$$\hat{\mu} = \frac{1}{n}\sum_{i=1}^{n} X_i = \overline{X}, \quad \hat{\sigma}^2 = \frac{1}{n}\sum_{i=1}^{n}(X_i - \overline{X})^2.$$

【例 7.1.7】 设总体 X 服从 $[0,\theta]$ 上的均匀分布，θ 未知．$X_1,\cdots,X_n$ 为 X 的样本，$x_1,\cdots,x_n$ 为样本值．试求 θ 的最大似然估计．

解　似然函数 $L(\theta) = \begin{cases} \dfrac{1}{\theta^n}, & 0 \leqslant x_1,\cdots,x_n \leqslant \theta \\ 0, & \text{其他} \end{cases}$．

因 $L(\theta)$ 不可导，可按最大似然法的基本思想确定 $\hat{\theta}$．欲使 $L(\theta)$ 最大，θ 应尽量小但又不能太小，它必须同时满足 $\theta \geqslant x_i$（$i=1,\cdots,n$），即 $\theta \geqslant \max(x_1,\cdots,x_n)$，否则 $L(\theta)=0$，而 0 不可能是 $L(\theta)$ 的最大值．因此，当 $\theta = \max\{x_1,\cdots,x_n\}$ 时，$L(\theta)$ 可达最大．所以 θ 的最大似然估计为 $\hat{\theta} = \max\{X_1,\cdots,X_n\}$．

习题 7.1

1．设总体 X 的概率分布如下所示：

X	1	2	3
P_k	θ^2	$2\theta(1-\theta)$	$(1-\theta)^2$

其中，θ 是未知参数．现在随机抽取一个样本，即 $x_1=1$，$x_2=2$，$x_3=1$，求 θ 的矩估计值．

2．从总体 X 中随机抽取样本 $X_1,X_2,\cdots,X_n$，已知总体 X 的概率密度为

$$f(x,\theta) = \frac{1}{2}\mathrm{e}^{-(x-\mu)/\theta}, \quad -\infty < x < \infty,$$

求未知参数 θ 的矩估计．

3．设 $X_1,X_2,\cdots,X_n$ 是来自总体 X 的样本，且总体 X 具有概率密度函数

$$f(x,\lambda,\theta) = \begin{cases} \lambda\mathrm{e}^{-\lambda(x-\theta)}, & x > \theta \\ 0, & x \leqslant \theta \end{cases},$$

求未知参数 θ、λ 的矩估计量．

4．设 $X_1,X_2,\cdots,X_n$ 是来自总体 X 的样本，且总体 X 的概率密度为

$$f(x,\theta) = \begin{cases} \dfrac{2}{\theta^2}(\theta-x), & 0 < x < \theta \\ 0, & \text{其他} \end{cases},$$

求未知参数 θ 的矩估计．

5．设 $X_1,X_2,\cdots,X_n$ 是来自总体 X 的样本，且总体 X 具有概率密度函数

$$f(x,\lambda) = \begin{cases} \lambda\mathrm{e}^{-\lambda(x)}, & x > 0 \\ 0, & x \leqslant 0 \end{cases},$$

求未知参数 λ 的最大似然估计．

6. 设总体 X 在 $(\theta, 2\theta)$ 上服从均匀分布，$\theta > 0$ 是未知参数，$x_1, \cdots, x_n$ 是取自总体 X 的一个样本. 试求未知参数 θ 的极大似然估计.

7.2   估计量的评价标准

由 7.1 节可以看到，针对 $X \sim U[0,\theta]$ 的点估计问题，得出矩估计和极大似然估计分别为 $\hat{\theta}_{矩} = 2\overline{X}$，$\hat{\theta}_L = \max\{X_1, \cdots, X_n\}$. 那么这两个估计哪一个好？为了在不同的点估计间进行比较、选择，就必须对各种点估计的好坏给出评价标准.

7.2.1   无偏性

定义 7.2.1   设 $\hat{\theta}(X_1, \cdots, X_n)$ 是未知参数 θ 的一个估计量，θ 的参数空间为 Θ，若对任意的 $\theta \in \Theta$

$$E(\hat{\theta}) = \theta,$$

则称 $\hat{\theta}$ 为 θ 的无偏估计，否则称为有偏估计.

无偏性是对估计量的一个基本要求，其实际意义是估计量没有系统偏差，只有随机偏差. 在科学技术中，称

$$E(\hat{\theta}) - \theta$$

为用 $\hat{\theta}$ 估计 θ 而产生的系统误差.

【例 7.2.1】 设 $X_1, \cdots, X_n$ 是来自总体 X 的样本，$E(X) = \mu$，则样本平均数 $\overline{X} = \dfrac{1}{n}\sum_{i=1}^{n} X_i$ 是 μ 的无偏估计量.

证明   因为 $E(X) = \mu$，又 $X_1, \cdots, X_n$ 是来自总体 X 的样本，则

$$E(X_i) = \mu, \quad i = 1, 2, \cdots, n,$$

所以

$$E(\overline{X}) = E\left(\frac{1}{n}\sum_{i=1}^{n} X_i\right) = \frac{1}{n}\sum_{i=1}^{n} E(X_i) = \mu,$$

所以 $\overline{X}$ 是 μ 的无偏估计量.

7.2.2   有效性

对于未知参数 θ，如果有两个无偏估计量 $\hat{\theta}_1$ 与 $\hat{\theta}_2$，即 $E(\hat{\theta}_1) = E(\hat{\theta}_2) = \theta$，那么 $\hat{\theta}_1$、$\hat{\theta}_2$ 哪个更好呢？直观的想法是希望该估计围绕参数 θ 真值的波动越小越好，即一个好的估计量应该有尽可能小的方差，因此人们常用无偏估计的方差的大小作为度量无偏估计优劣的标准，这就是有效性.

定义 7.2.2   设 $\hat{\theta}_1 = \hat{\theta}_1(X_1, \cdots, X_n)$ 和 $\hat{\theta}_2 = \hat{\theta}_2(X_1, \cdots, X_n)$ 都是参数 θ 的无偏估计量，若对任意的 $\theta \in \Theta$，有

$$D(\hat{\theta}_1) < D(\hat{\theta}_2),$$

则称 $\hat{\theta}_1$ 较 $\hat{\theta}_2$ 有效.

如果 $\hat{\theta}_1$ 比 $\hat{\theta}_2$ 有效，则虽然 $\hat{\theta}_1$ 还不是 θ 的真值，但 $\hat{\theta}_1$ 在 θ 附近取值的密集程度较 $\hat{\theta}_2$ 高，即用 $\hat{\theta}_1$ 估计 θ 精度要高些.

【例 7.2.2】 设 $X_1, X_2, \cdots, X_n$ 为来自总体 X 的样本，$\bar{X}$、X_i（$i = 1, 2, \cdots, n$）均为总体均值 $E(X) = \mu$ 的无偏估计量，问哪一个估计量有效？

解 由于

$$E(\bar{X}) = \mu, \quad E(X_i) = \mu \ （i = 1, 2, \cdots, n），$$

所以 $\bar{X}$、X_i（$i = 1, 2, \cdots, n$）为 μ 和无偏估计量，但

$$D(\bar{X}) = D\left(\frac{1}{n}\sum_{i=1}^{n} X_i\right) = \frac{1}{n_2}\sum_{i=1}^{n} D(X_i) = \frac{\sigma^2}{n},$$

$$D(X_i) = \sigma^2 \ （i = 1, 2, \cdots, n）.$$

故 $\bar{X}$ 较 X_i（$i = 1, 2, \cdots, n$）更有效.

实际当中也是如此，比如要估计某个班学生的"概率论与数理统计"课程的平均成绩，可用两种方法进行估计：一种是在该班任意抽一名同学，就以该同学的课程成绩作为全班的平均成绩；另一种方法是在该班抽取 n 名同学，以这 n 名同学的课程平均成绩作为全班的平均成绩. 显然第二种方法比第一种方法好.

7.2.3 相合性

在样本容量 n 一定的条件下，讨论了点估计的无偏性、有效性. 当样本容量 n 无限增大时，我们希望估计量随着样本量的不断增大而逼近参数真值，这就是相合性，其定义如下.

定义 7.2.3 设 $\hat{\theta}_n = \hat{\theta}_n(X_1, \cdots, X_n)$ 为未知参数 θ 的一个估计量，n 是样本容量，若对任意 $\varepsilon > 0$，$\hat{\theta}_n$ 依概率收敛于 θ，即有

$$\lim_{n \to \infty} P\{|\hat{\theta}_n - \theta| < \varepsilon\} = 1,$$

或

$$\lim_{n \to \infty} P\{|\hat{\theta}_n - \theta| \geqslant \varepsilon\} = 0,$$

则称 $\hat{\theta}_n$ 为参数 θ 的（弱）相合估计量或一致估计量（Uniform Estimator）.

【例 7.2.3】 设 $X_1, \cdots, X_n$ 是取自总体 X 样本，且 $E(X^k)$ 存在 k 为正整数，则 $\dfrac{1}{n}\sum_{i=1}^{n} X_i^k$ 为 $E(X^k)$ 的相合估计量.

解 事实上，对指定的 k，令

$$Y = X^k, \quad Y_i = X_i^k, \quad \bar{Y} = \frac{1}{n}\sum_{i=1}^{n} Y_i = \frac{1}{n}\sum_{i=1}^{n} X_i^k,$$

由大数定理知 $\lim\limits_{n \to \infty} \bar{Y} = E(Y) = E(X^k)$，从而 $\dfrac{1}{n}\sum_{i=1}^{n} X_i^k$ 是 $E(X^k)$ 的相合估计量.

作为特例，样本均值 $\bar{X}$ 是总体均值 $E(X)$ 的相合估计量.

相合性被认为是估计的一个最基本的要求，如果一个估计量在样本量不断增大时，它都

不能把被估计的参数估计到任意指定的精度，那么这个估计量是很值得怀疑的，通常不满足相合性的估计一般不考虑．

习题 7.2

1．设总体 X 的期望和方差分别为 $E(X)=\mu$，$D(X)=\sigma^2$，$X_1,X_2,\cdots,X_n$ 为从总体 X 中随机抽得的一个样本，请问样本方差 S^2 及二阶样本中心矩 $B_2=\dfrac{1}{n}\sum_{i=1}^{n}(X_i-\bar{X})$ 是否都为总体方差 σ^2 的无偏估计？

2．设总体 X 在区间 $[0,\theta]$ 上服从均匀分布，且 $X_1,X_2,\cdots,X_n$ 是总体 X 的一个样本，$\bar{X}=\dfrac{1}{n}\sum_{i=1}^{n}X_i$，$X_{(n)}=\max(X_1,\cdots,X_n)$．求常数 a、b，使 $\hat{\theta}_1=a\bar{X}$、$\hat{\theta}_2=bX_{(n)}$ 均为 θ 的无偏估计，并比较其有效性．

3．设 $X_1,\cdots,X_n$ 是取自总体 $X\sim N(\mu,\sigma^2)$ 的简单随机样本．证明样本方差 S^2 是总体方差 σ^2 的相合估计量．

7.3 区 间 估 计

由第 7.1 节讨论的参数的点估计可知，点估计是用样本算出的一个值去估计未知参数的，是未知参数的一个近似值，但是精度如何，点估计本身没有给出，而需要由其分布来反映．在实际中，点估计精度的最直观的度量方法就是给出一个未知参数的估计区间，这便产生区间估计的概念．

7.3.1 区间估计的概念

设 $X_1,\cdots,X_n$ 是取自总体 X 的一个样本，θ 是总体的一个参数，把 θ 估计在由两个统计量 $\hat{\theta}_L=\hat{\theta}_L(X_1,X_2,\cdots,X_n)$、$\hat{\theta}_U=\hat{\theta}_U(X_1,X_2,\cdots,X_n)$（$\hat{\theta}_L<\hat{\theta}_U$）构成的区间（$\hat{\theta}_L,\hat{\theta}_U$）内就称区间估计．未知参数 θ 被区间（$\hat{\theta}_L,\hat{\theta}_U$）覆盖的可能性到底有多大呢？由于样本是随机的，并不确定，人们通常要求区间（$\hat{\theta}_L,\hat{\theta}_U$）盖住 θ 的概率 $P(\hat{\theta}_L<\theta<\hat{\theta}_U)$ 尽可能大，但是这样必然导致区间长度增大．为解决此矛盾，事先给定区间（$\hat{\theta}_L,\hat{\theta}_U$）覆盖 θ 的概率（以后称置信水平或置信度），下面介绍置信区间的概念．

定义 7.3.1 设 θ 是总体的一个参数，其参数空间为 Θ，$X_1,\cdots,X_n$ 是来自该总体的样本，对给定的一个 α（$0<\alpha<1$），若有两个统计量 $\hat{\theta}_L=\hat{\theta}_L(X_1,X_2,\cdots,X_n)$ 和 $\hat{\theta}_U=\hat{\theta}_U(X_1,X_2,\cdots,X_n)$（$\hat{\theta}_L<\hat{\theta}_U$），对任意的 $\theta\in\Theta$，有

$$P(\hat{\theta}_L<\theta<\hat{\theta}_U)=1-\alpha,$$

则称随机区间 $(\hat{\theta}_L,\hat{\theta}_U)$ 为 θ 的置信水平为 $1-\alpha$ 的置信区间，或简称 $(\hat{\theta}_L,\hat{\theta}_U)$ 是 θ 的 $1-\alpha$ 置信区间．$\hat{\theta}_L$ 和 $\hat{\theta}_U$ 分别称为 θ 的（双侧）置信下限和置信上限，$1-\alpha$ 称为置信水平或置信概率或置信度．

定义中的随机区间 $(\hat{\theta}_L,\hat{\theta}_U)$ 的大小依赖于随机抽取的样本观测值，对一次具体的观测值而

言，θ 可能在 $(\hat{\theta}_L, \hat{\theta}_U)$ 内，也可能不在 $(\hat{\theta}_L, \hat{\theta}_U)$ 内. 根据伯努利大数定理，当抽样次数充分大时，这些区间中包含 θ 的真值的频率接近于置信概率 $1-\alpha$，即在这些区间中大约有 $100(1-\alpha)\%$ 个区间包含 θ 的真值，大约有 $100\alpha\%$ 个区间不包含 θ 的真值. 例如，若令 $1-\alpha = 0.95$，重复抽样 100 次，则其中大约有 95 个区间包含 θ 的真值，大约有 5 个区间不包含 θ 的真值.

【例 7.3.1】 设 $X_1, X_2, \cdots, X_n$ 是来自总体 $X \sim N(\mu, \sigma^2)$，σ^2 为已知，μ 为未知的样本，求置信概率为 $1-\alpha$ 的 μ 的置信区间.

解 由 $X_1, X_2, \cdots, X_n$ 来自总体 $X \sim N(\mu, \sigma^2)$ 的样本及 $\bar{X}$ 是 μ 的无偏估计可知，

$$u = \frac{\bar{X} - \mu}{\sigma / \sqrt{n}} \sim N(0,1) ,$$

由标准正态分布分位点 $u_{\alpha/2}$ 的定义，有

$$P\left\{ \left| \frac{\bar{X} - \mu}{\sigma / \sqrt{n}} \right| < u_{\alpha/2} \right\} = 1-\alpha ,$$

即

$$P\left\{ \bar{X} - \frac{\sigma}{\sqrt{n}} u_{\alpha/2} < \mu < \bar{X} + \frac{\sigma}{\sqrt{n}} u_{\alpha/2} \right\} = 1-\alpha .$$

所以置信概率为 $1-\alpha$ 的 μ 的置信区间为

$$\left(\bar{X} - \frac{\sigma}{\sqrt{n}} u_{\alpha/2}, \bar{X} + \frac{\sigma}{\sqrt{n}} u_{\alpha/2} \right) , \qquad (7.3.1)$$

常写成 $\left(\bar{X} \pm \frac{\sigma}{\sqrt{n}} u_{\alpha/2} \right)$.

若取 $\alpha = 0.05$，即 $1-\alpha = 0.95$，及 $\sigma = 1$，$n = 16$，查表得 $u_{\alpha/2} = u_{0.025} = 1.96$，则得到一个置信水平为 0.95 的置信区间 $(\bar{X} \pm 0.49)$.

注意：由式（7.3.1）可知置信区间的长度为 $2\frac{\sigma}{\sqrt{n}} u_{\alpha/2}$，若 n 越大，置信区间长度 $2\frac{\sigma}{\sqrt{n}} u_{\alpha/2}$ 就越短；反之，若置信概率 $1-\alpha$ 越大，α 就越小，$u_{\alpha/2}$ 就越大，从而置信区间就越长.

由上例可总结寻求置信区间的基本思想. 在点估计的基础上，构造合适的函数，并针对给定的置信度导出置信区间. 具体步骤如下：

（1）选取未知参数 θ 的某个较优估计量 $\hat{\theta}$.

（2）围绕 $\hat{\theta}$ 构造一个依赖于样本与参数 θ 的函数

$$G = G(X_1, X_2, \cdots, X_n, \theta)$$

且 G 的分布不依赖于未知参数. 一般称具有这种性质的 G 为枢轴量.

（3）对给定的置信概率 $1-\alpha$，适当地选取两个常数 λ_1 与 λ_2，有

$$P\{\lambda_1 \leqslant G \leqslant \lambda_2\} = 1-\alpha .$$

在离散型场合，上式等号改为大于等于号（$\geqslant$）. 通常可选取满足 $P\{G \leqslant \lambda_1\} = P\{G \geqslant \lambda_2\} = \frac{\alpha}{2}$ 的 λ_1 与 λ_2，在常用分布情况下，这可由分位数表查得.

（4）假如能将 $\lambda_1 \leqslant G \leqslant \lambda_2$ 进行不等式等价变形化为 $\hat{\theta}_L \leqslant \theta \leqslant \hat{\theta}_U$，则有

$$P(\hat{\theta}_L \leqslant \theta \leqslant \hat{\theta}_U) = 1-\alpha,$$

这表明 $[\hat{\theta}_L, \hat{\theta}_U]$ 就是 θ 的置信度为 $1-\alpha$ 的置信区间.

【例 7.3.2】 设总体 $X \sim N(\mu, 8)$，μ 为未知参数，$X_1, \cdots, X_{36}$ 是取自总体 X 的简单随机样本，如果以区间 $(\bar{X}-1, \bar{X}+1)$ 作为 μ 的置信区间，那么置信度是多少？

解 因为 $X \sim N(\mu, 8)$，所以 $\bar{X} \sim N\left(\mu, \frac{2}{9}\right)$. 从而 $\dfrac{\bar{X}-\mu}{\sqrt{2}/3} \sim N(0,1)$，依题意得

$$P\{\bar{X}-1 < \mu < \bar{X}+1\} = 1-\alpha,$$

即

$$P\{\mu-1 < \bar{X} < \mu+1\} = \Phi\left(\frac{3}{\sqrt{2}}\right) - \Phi\left(\frac{-3}{\sqrt{2}}\right) = 2\Phi\left(\frac{3}{\sqrt{2}}\right) - 1 = 2\Phi(2.121) - 1 = 0.966 = 1-\alpha,$$

因此，所求的置信度为 96.6%.

在一些实际问题中，有时人们感兴趣的仅仅是未知参数的一个下限或一个上限. 例如，对某种产品的平均寿命来说，我们关心的是平均寿命的置信下限，而在讨论产品的废品率时，我们感兴趣的是其置信上限. 下面给出单侧置信区间的定义.

定义 7.3.2 设 $\hat{\theta}_L = \hat{\theta}_L(X_1, X_2, \cdots, X_n)$ 是统计量，对给定的 $\alpha(0 < \alpha < 1)$ 和任意的 $\theta \in \Theta$，有 $P(\hat{\theta}_L \leqslant \theta) = 1-\alpha$，则称 $\hat{\theta}_L$ 为 θ 的置信水平为 $1-\alpha$ 的（单侧）置信下限.

若对给定的 $\alpha(0 < \alpha < 1)$ 和任意的 $\theta \in \Theta$，有 $P(\theta \leqslant \hat{\theta}_U) = 1-\alpha$，则称 $\hat{\theta}_U$ 为 θ 的置信水平为 $1-\alpha$ 的（单侧）置信上限.

单侧置信限是置信区间的特殊情形. 因此，寻求置信区间的方法可以用来寻找单侧置信限.

【例 7.3.3】 设总体 X 的密度为

$$f(x;\theta) = \begin{cases} \dfrac{1}{\theta} e^{-\frac{x}{\theta}} & x > 0 \\ 0 & x \leqslant 0 \end{cases}$$

未知参数 $\theta > 0$，$X_1, \cdots, X_n$ 为取自 X 的样本.

（1）试证 $W = \dfrac{2n\bar{X}}{\theta} \sim \chi^2(2n)$；

（2）试求 θ 的 $1-\alpha$ 置信区间.

解 （1）记 $Y = \dfrac{2}{\theta}X$，设 Y 的分布函数与密度函数分别为 $G(y)$ 与 $g(y)$，则

$$G(y) = P\{Y \leqslant y\} = P\left\{\frac{2}{\theta}X \leqslant y\right\} = P\left\{X \leqslant \frac{\theta}{2}y\right\} = F\left(\frac{\theta}{2}y\right)$$

这里 $F(x) = \begin{cases} 1 - e^{-x/\theta}, & x > 0 \\ 0, & x \leqslant 0 \end{cases}$，于是

$$G(y) = \begin{cases} 1 - e^{-y/2}, & y > 0 \\ 0, & y \leqslant 0 \end{cases}, \qquad g(y) = \begin{cases} \dfrac{1}{2} e^{-y/2}, & y > 0 \\ 0, & y \leqslant 0 \end{cases},$$

即 $Y \sim \chi^2(2)$，从而 $\dfrac{2}{\theta}X_i \sim \chi^2(2)$，$i = 1, \cdots, n$.

又由 χ^2 分布的可加性得 $\sum_{i=1}^{n}\dfrac{2}{\theta}X_i \sim \chi^2(2n)$，而 $\sum_{i=1}^{n}\dfrac{2}{\theta}X_i = \dfrac{2}{\theta}\sum_{i=1}^{n}X_i = \dfrac{2n}{\theta}\overline{X}$，故 $\dfrac{2n}{\theta}\overline{X} \sim \chi^2(2n)$.

（2）因为 $\overline{X}$ 是 θ 的最大似然估计，由（1）知 $W = \dfrac{2n}{\theta}\overline{X}$ 的分布只依赖于样本容量 n，即

$W = \dfrac{2n}{\theta}\overline{X} \sim \chi^2(2n)$，对给定的 $1-\alpha$，有

$$P\{\chi_{1-\alpha/2}^2(2n) < \dfrac{2n}{\theta}\overline{X} < \chi_{\alpha/2}^2(2n)\} = 1-\alpha，$$

经不等式变形得 $P\left\{\dfrac{2n\overline{X}}{\chi_{\alpha/2}^2(2n)} < \theta < \dfrac{2n\overline{X}}{\chi_{1-\alpha/2}^2}\right\} = 1-\alpha$，于是，所求置信区间为 $\left(\dfrac{2n\overline{X}}{\chi_{\alpha/2}^2(2n)},\dfrac{2n\overline{X}}{\chi_{1-\alpha/2}^2}\right)$.

7.3.2 单个正态总体的置信区间

由于在大多数情况下，我们所遇到的总体是服从正态分布的（有的是近似正态分布），故现在重点讨论正态总体两个参数的区间估计问题.

设总体 $X \sim N(\mu,\sigma^2)$，$X_1,X_2,\cdots,X_n$ 是取自总体 X 的一个样本.

（1）当 σ^2 已知时，μ 的置信区间

对给定的置信水平 $1-\alpha$，例 7.3.1 已经得到 μ 的置信区间

$$\left(\overline{X} - \dfrac{\sigma}{\sqrt{n}}u_{\alpha/2},\overline{X} + \dfrac{\sigma}{\sqrt{n}}u_{\alpha/2}\right)，$$

这是一个以 $\overline{X}$ 为中心，半径为 $\dfrac{\sigma}{\sqrt{n}}u_{\alpha/2}$ 的对称区间，常将之表示为 $\left(\overline{X} \pm \dfrac{\sigma}{\sqrt{n}}u_{\alpha/2}\right)$.

【例 7.3.4】 铜仁旅游局为调查铜仁旅游者的平均消费额，随机访问了 100 名旅游者，得知平均消费额 $\overline{x}=80$ 元. 根据经验，已知旅游者消费服从正态分布，且标准差 $\sigma=12$ 元，求该地旅游者平均消费额 μ 的置信度为 95%的置信区间.

解 对于给定的置信度

$$1-\alpha = 0.95，$$

可知

$$\alpha = 0.05，\quad \alpha/2 = 0.025，$$

查标准正态分布表得

$$u_{0.025} = 1.96，$$

由

$$n=100，\quad \overline{x}=80，\quad \sigma=12，\quad u_{0.025}=1.96，$$

计算得

$$\overline{x} + u_{\alpha/2} \cdot \dfrac{\sigma}{\sqrt{n}} = 82.4，\quad \overline{x} - u_{\alpha/2} \cdot \dfrac{\sigma}{\sqrt{n}} = 77.6，$$

所以 μ 的置信度为 95%的置信区间为（77.6，82.4），即在已知 $\sigma=12$ 的情形下，可以 95%的置信度认为每个旅游者的平均消费额在 77.6~82.4 元范围内.

（2）当 σ^2 未知时，μ 的置信区间

由 σ^2 的无偏估计为 S^2，构造统计量

$$T = \frac{\overline{X} - \mu}{S / \sqrt{n}},$$

由定理知

$$T = \frac{\overline{X} - \mu}{S / \sqrt{n}} \sim t(n-1).$$

T 可以用来作为枢轴量，对给定的置信水平 $1-\alpha$，由

$$P\left\{-t_{\alpha/2}(n-1) < \frac{\overline{X} - \mu}{S / \sqrt{n}} < t_{\alpha/2}(n-1)\right\} = 1-\alpha,$$

即

$$P\left\{\overline{X} - t_{\alpha/2}(n-1) \cdot \frac{S}{\sqrt{n}} < \mu < \overline{X} + t_{\alpha/2}(n-1) \cdot \frac{S}{\sqrt{n}}\right\} = 1-\alpha,$$

因此，均值 μ 的 $1-\alpha$ 置信区间为

$$\left(\overline{X} - t_{\alpha/2}(n-1) \cdot \frac{S}{\sqrt{n}}, \overline{X} + t_{\alpha/2}(n-1) \cdot \frac{S}{\sqrt{n}}\right).$$

由于 $\dfrac{S}{\sqrt{n}} = \dfrac{S_0}{\sqrt{n-1}}$，$S_0 = \sqrt{\dfrac{1}{n}\sum_{i=1}^{n}(X_i - \overline{X})^2}$，所以 μ 的置信区间也可写成

$$\left[\overline{X} - \frac{S_0}{\sqrt{n-1}} t_{\frac{\alpha}{2}}(n-1), \overline{X} + \frac{S_0}{\sqrt{n-1}} t_{\frac{\alpha}{2}}(n-1)\right].$$

【例 7.3.5】 铜仁旅游局随机访问了 25 名旅游者，得知平均消费额 $\overline{x} = 80$ 元，样本标准差 $s = 12$ 元，已知旅游者消费额服从正态分布，求旅游者平均消费额 μ 的 95% 置信区间.

解 对于给定的置信度

$$1 - \alpha = 0.95,$$

可知

$$\alpha = 0.05, \quad \alpha/2 = 0.025,$$

查表得

$$t_{\alpha/2}(n-1) = t_{0.025}(24) = 2.0639,$$

由

$$\overline{x} = 80, \quad s = 12, \quad n = 25, \quad t_{0.025}(24) = 2.0639,$$

计算得

$$\overline{x} - t_{\alpha/2}(n-1) \cdot \frac{s}{\sqrt{n}} = 75.05, \quad \overline{x} + t_{\alpha/2}(n-1) \cdot \frac{s}{\sqrt{n}} = 84.95$$

所以 μ 的置信度为 95% 的置信区间为（75.05，84.95），即在 σ^2 未知的情况下，估计每个旅游者的平均消费额在 75.05～84.95 元范围内，这个估计的可靠度是 95%.

（3）σ^2 的置信区间

实际问题中在要考虑精度或稳定性时，需要对正态总体的方差 σ^2 进行区间估计，而 σ^2 未知、μ 已知的情形在实际问题中是极为少见的，所以只在 μ 未知的条件下讨论 σ^2 的置信区间.

由 σ^2 的无偏估计为 S^2，从定理知

$$\frac{n-1}{\sigma^2}S^2 \sim \chi^2(n-1),$$

由于 χ^2 分布是偏态分布，所以将 α 平分为两部分，在 χ^2 分布两侧各截面积为 $\dfrac{\alpha}{2}$ 的部分，即采用 χ^2 分布的两个分位点 $\chi^2_{\alpha/2}(n-1)$ 和 $\chi^2_{1-\alpha/2}(n-1)$
（见图 7.3.1）.

对给定的置信水平 $1-\alpha$，有

$$P\left\{\chi^2_{1-\alpha/2}(n-1) < \frac{n-1}{\sigma^2}S^2 < \chi^2_{\alpha/2}(n-1)\right\} = 1-\alpha,$$

即

$$P\left\{\frac{(n-1)S^2}{\chi^2_{\alpha/2}(n-1)} < \sigma^2 < \frac{(n-1)S^2}{\chi^2_{1-\alpha/2}(n-1)}\right\} = 1-\alpha,$$

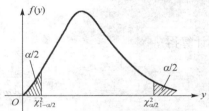

图 7.3.1 χ^2 分布置信区间示意图

于是方差 σ^2 的 $1-\alpha$ 置信区间为

$$\left(\frac{(n-1)S^2}{\chi^2_{\alpha/2}(n-1)}, \frac{(n-1)S^2}{\chi^2_{1-\alpha/2}(n-1)}\right) \quad \text{或} \quad \left(\frac{nS_0^2}{\chi^2_{\alpha/2}(n-1)}, \frac{nS_0^2}{\chi^2_{1-\alpha/2}(n-1)}\right),$$

而标准差 σ 的 $1-\alpha$ 置信区间为

$$\left(\sqrt{\frac{(n-1)S^2}{\chi^2_{\alpha/2}(n-1)}}, \sqrt{\frac{(n-1)S^2}{\chi^2_{1-\alpha/2}(n-1)}}\right) \quad \text{或} \quad \left(\sqrt{\frac{nS_0^2}{\chi^2_{\alpha/2}(n-1)}}, \sqrt{\frac{nS_0^2}{\chi^2_{1-\alpha/2}(n-1)}}\right),$$

其中，

$$S_0^2 = \sqrt{\frac{1}{n}\sum_{i=1}^{n}(X_i - \overline{X})^2}.$$

【例 7.3.6】 某种钢丝的折断力服从正态分布，今从一批钢丝中任取 10 根，试验其折断力，得数据如下：

$$
\begin{array}{ccccc}
576 & 584 & 572 & 580 & 566 \\
578 & 568 & 596 & 572 & 570
\end{array}
$$

试求方差的置信概率为 0.9 的置信区间.

解 对于给定的置信概率

$$1-\alpha = 0.9$$

可知

$$\alpha = 0.1, \quad \alpha/2 = 0.05,$$

查表得

$$\chi_{\alpha/2}^2(n-1) = \chi_{0.05}^2(9) = 16.919,$$

$$\chi_{1-\alpha/2}^2(n-1) = \chi_{0.95}^2(9) = 3.325,$$

由

$$\overline{x} = \frac{1}{n}\sum_{i=1}^{n} x_i = \frac{1}{10}(572 + 570 + \cdots + 566) = 576.2,$$

$$s_0^2 = \frac{1}{n}\sum_{i=1}^{n} x_i^2 - \overline{x}^2 = 71.56,$$

$$n = 10,$$

计算得

$$\frac{ns_0^2}{\chi_{\alpha/2}^2(n-1)} = \frac{10 \times 71.56}{16.919} = 42.30,$$

$$\frac{ns_0^2}{\chi_{1-\alpha/2}^2(n-1)} = \frac{10 \times 71.56}{3.325} = 215.22,$$

所以，σ^2 的置信概率为 0.9 的置信区间为（42.30, 215.22）.

以上仅介绍了正态总体的均值和方差两个参数的区间估计方法. 在有些问题中并不知道总体 X 服从什么分布，要对 $E(X) = \mu$ 做区间估计，在这种情况下只要 X 的方差 σ^2 已知，并且样本容量 n 很大，由中心极限定理，$\dfrac{\overline{X} - \mu}{\sigma/\sqrt{n}}$ 近似地服从标准正态分布 $N(0,1)$，因而 μ 的置信概率为 $1-\alpha$ 的近似置信区间为

$$\left(\overline{X} - \frac{\sigma}{\sqrt{n}}u_{\alpha/2}, \overline{X} + \frac{\alpha}{\sqrt{n}}u_{\alpha/2} \right).$$

正态总体的均值、方差的置信度为（$1-\alpha$）的置信区间如表 7.3.1 所示.

表 7.3.1　正态总体的均值、方差的置信度为（$1-\alpha$）的置信区间

待估参数	其他参数	统计量	置信区间
μ	σ^2 已知	$u = \dfrac{\overline{X}-\mu}{\sigma/\sqrt{n}} \sim N(0,1)$	$\left(\overline{X} \pm \dfrac{\sigma}{\sqrt{n}}u_{\alpha/2} \right)$
μ	σ^2 未知	$T = \dfrac{\overline{X}-\mu}{S/\sqrt{n}} \sim t(n-1)$	$\left(\overline{X} \pm \dfrac{S}{\sqrt{n}}t_{\alpha/2}(n-1) \right)$
σ^2	μ 未知	$\chi^2 = \dfrac{n-1}{\sigma^2}S^2 \sim \chi^2(n-1)$	$\left(\dfrac{(n-1)S^2}{\chi_{\alpha/2}^2(n-1)}, \dfrac{(n-1)S^2}{\chi_{1-\alpha/2}^2(n-1)} \right)$

习题 7.3

1. 某人有一大批袋装糖果，现从中随机地取 15 袋，称得其质量（单位：g）分别如下：

505　507　498　502　503　511　496　511　512　506　494　497　507　504　508

假设袋装糖果的质量近似地服从正态分布，求总体均值 μ 的置信水平为 0.95 的置信区间.

2. 为考察贵州某大学本科四年级男生的胆固醇水平，现从该大学本科四年级男生中随机抽取了样本容量为 30 的一样本，并测得其样本均值和标准差分别为 $\bar{x}=185$、$s=10$. 设胆固醇水平 $X \sim N(\mu, \sigma^2)$，μ 与 σ^2 均为未知参数. 试分别求出 μ 及 σ 的置信水平为 95% 的置信区间.

3. 为了检测某种砖头的抗压强度，现在随机抽取 20 块砖头，测得数据分别如下（单位：kg·cm^{-2}）：

65　68　49　93　56　98　48　85　89　98
85　67　101　99　73　75　88　86　49　83

假设这种砖头的抗压强度 $X \sim N(\mu, \sigma^2)$，试分别求出 μ 及 σ^2 的置信水平为 95% 的置信区间.

4. 假设灯泡的寿命服从正态分布，现在某灯泡厂从当天生产的灯泡中随机抽取 10 只进行寿命测试，获得的数据如下（单位：h）：1150，1260，1050，1140，1400，1080，1200，1090，1190，1300. 求当天生产的全部灯泡的平均寿命的置信水平为 90% 的置信区间.

5. 假设某种香烟的尼古丁含量服从正态分布，现从此种香烟中随机抽取容量为 10 的样本，测得其尼古丁平均含量和样本标准差分别为 19.6g、$s=2.6g$，求此种香烟尼古丁含量方差的置信水平为 0.95 的置信区间.

第8章 假设检验

本章介绍统计推断的另一类重要问题——假设检验（Hypothesis Testing）. 假设检验是英国 K. Pearson 于 20 世纪初提出的，之后由费希尔进行细化，而奈曼（Neyman）和 E. Pearson 提出了较为完整的假设检验理论. 假设检验主要有参数假设检验和非参数假设检验两类. 参数假设检验针对总体分布函数中的未知参数提出的假设进行检验，非参数假设检验针对总体分布函数形式或类型的假设进行检验，本章主要讨论单参数假设检验问题.

8.1 假设检验的基本概念

8.1.1 假设检验问题

假设检验是研究什么问题呢？首先看下面的例子.

【例 8.1.1】 某车间用一台包装机包装葡萄糖. 包得的袋装质量是一个随机变量，它服从正态分布. 当机器正常时，质量 $X \sim N(500, 2^2)$（单位：g）. 某日开工后为检验包装机是否正常，随机地抽取它所包装的糖 9 袋，称得质量为

$$505，499，502，506，498，498，497，510，503$$

假设总体标准差 σ 不变，即 $\sigma = 2$，试问包装机工作是否正常？

针对这个实际问题，我们从中得出几点：

（1）这与前面讨论的参数估计问题不同，不是一个参数估计问题.

（2）这是在给定总体与样本下，从样本值出发去判断关于总体分布的一个"看法"是否成立，即要求对命题"葡萄糖质量 X 的均值 μ 等于 500g"做出"是"还是"否"的回答.

（3）若把命题"葡萄糖质量 X 的均值 μ 等于 500g"看成一个假设，记为" $H_0 : \mu = \mu_0 = 500$ "，对命题的判断转化为对假设 H_0 的检验，此类问题称为统计假设问题，简称假设检验问题.

统计假设提出之后，我们关心的是它的真伪. 所谓对假设 H_0 的检验，就是根据来自总体的样本，按照一定的规则对 H_0 做出判断：是接受，还是拒绝. 这个用来对假设做出判断的规则称为检验准则，简称**检验**，如何对统计假设进行检验呢？结合上例来说明假设检验的具体步骤.

8.1.2 假设检验的基本步骤

假设检验就是根据已知的样本，运用统计分析方法对总体 X 的某种假设 H_0 做出判断. 下面结合例 8.1.1 介绍假设检验的基本步骤.

1. 建立假设

一般假设检验问题需要建立两个互相对立的（统计）假设：H_0 和 H_1. 其中 H_0 是要检验

的假设，称为**原假设**（Original Hypothesis）或**零假设**（Null Hypothesis），H_1 是在原假设被拒绝时而应接受的假设，称为**对立假设**或**备择假设**（Alternative Hypothesis）. H_0 和 H_1 中只能有一个成立，即为 H_0 真 H_1 假或者 H_1 真 H_0 假. 在处理实际问题时，通常把希望得到的陈述作为备择假设，而把这一陈述的否定作为原假设. 例如在上例中，可建立如下假设.

原假设 $H_0 : \mu = \mu_0 = 500$，

对立假设 $H_1 : \mu \neq \mu_0 = 500$.

2. 选择检验统计量，给出拒绝域形式

对于例 8.1.1 建立的假设检验就是指这样一个法则：当有了具体的样本后，按该法则就可以决定是接受 H_0 还是拒绝 H_0，即检验等价于把样本空间划分成两个互不相交的部分 W 和 $\overline{W}$，当样本属于 W 时，拒绝 H_0；否则接受 H_0. 于是，称 W 为该**检验的拒绝域**，称 $\overline{W}$ 为**接受域**.

在例 8.1.1 中，H_0 对 H_1 的检验问题中有关的是正态均值 μ，样本均值 $\overline{X}$ 是 μ 的最好估计，由前面相关定理可知 $\overline{X} \sim N\left(\mu, \dfrac{\sigma^2}{n}\right)$.

在 σ 已知为 σ_0 和原假设 $H_0 : \mu = \mu_0$ 为真的情况下，则有

$$U = \frac{\overline{X} - \mu_0}{\sigma_0 / \sqrt{n}} \sim N(0,1)，$$

U 就是检验统计量，$|\overline{X} - \mu_0|$ 反映了样本均值 $\overline{X}$ 与总体均值 μ_0 之间的差异，其大小反映系统误差的大小；分母 $\sigma_0 / \sqrt{n}$ 则反映的是随机误差的大小；比值 $|U|$ 表示系统误差是随机误差的倍数. 在给定随机误差下，$|U|$ 越大，系统误差越大，$\overline{X}$ 距离总体均值 μ_0 越远，这时应倾向拒绝 H_0；反之，$|U|$ 越小，系统误差越小，$\overline{X}$ 距离总体均值 μ_0 越近，这时应倾向不拒绝 H_0. 由此可知，$|U|$ 的大小用来区分是否拒绝 H_0，即

$|U|$ 越大，应倾向拒绝 H_0，

$|U|$ 越小，应倾向不拒绝 H_0.

为便于区分拒绝 H_0 与不拒绝 H_0，需要找到一个临界值 c，使得

当 $|u| \geqslant c$ 时，拒绝 H_0，

当 $|u| < c$ 时，不拒绝 H_0.

$W = \{u : |u| \geqslant c\}$ 称为例 8.1.1 中检验问题的拒绝域，其中临界值 c 待定.

当拒绝域确定之后，检验的判断准则也跟着确定了，即：如果 $(x_1, x_2, \cdots, x_n) \in W$，则拒绝 H_0. 如果 $(x_1, x_2, \cdots, x_n) \in \overline{W}$，则接受 H_0.

由此可见，一个拒绝域 W 唯一确定一个检验法则，反之，一个检验法则也唯一确定一个拒绝域.

通常将注意力放在拒绝域上. 正如在数学中不能用一个例子去证明一个结论一样，用一个样本（例子）不能证明一个命题（假设）是成立的，但可以用一个例子（样本）推翻一个命题. 因此，从逻辑上看，注重拒绝域是适当的. 事实上，在"拒绝原假设"和"拒绝备择

假设（从而接受原假设）"之间还有一个模糊域，如今把它并入接受域，所以接受域是复杂的，将之称为保留域也许更恰当，但习惯上已把它称为接受域，没有必要进行改变，只是应注意它的含义.

3. 选择显著性水平

由于样本是随机的，故当应用某种检验做判断时，可能做出正确的判断，也可能做出错误的判断，除非检查整个总体. 在许多实际问题中检查整个总体是不可能的，因此在进行假设检验过程中是允许犯错误的，我们的任务是努力控制犯错误的概率，使其在尽量小的范围内波动. 检验的两类错误如表 8.1.1 所示.

表 8.1.1   检验的两类错误

H_0	判 断 结 论		犯错误的概率
真	接受	正确	0
	拒绝	犯第一类错误	α
假	接受	犯第二类错误	β
	拒绝	正确	0

第一类错误（拒真错误或弃真错误）：原假设 H_0 正确，由于抽样的随机性，样本却落入了拒绝域 W 内，从而导致拒绝 H_0，因而犯了"弃真"的错误，称此为第一类错误. 其发生的概率称为犯第一类错误的概率或弃真概率，通常记为 α，又称显著性水平，即

$$P\{拒绝 H_0 \mid H_0 为真\} = \alpha.$$

第二类错误（取伪错误）：原假设 H_0 不正确，由于抽样的随机性，样本却落入了拒绝域 W 之外，即落入了 $\overline{W}$ 内，从而接受 H_0，因而犯了"取伪"的错误，称此为第二类错误. 其发生的概率称为犯第二类错误的概率或取伪概率，通常记为 β，即

$$P\{接受 H_0 \mid H_0 不真\} = \beta.$$

对给定的一对 H_0 和 H_1，总可以找到许多拒绝域 W. 我们当然希望寻找这样的拒绝域 W，使得犯两类错误的概率 α 与 β 都很小. 但是当样本容量 n 固定时，要使 α 与 β 同时很小是不可能的. 一般情形下，减小犯其中一类错误的概率，会增加犯另一类错误的概率，它们之间的关系犹如区间估计问题中置信水平与置信区间的长度的关系那样. 通常的做法是控制犯第一类错误的概率不超过某个事先指定的显著性水平 α（$0 < \alpha < 1$），而使犯第二类错误的概率也尽可能地小. 具体实行这个原则会有许多困难，因而有时把这个原则简化成只要求犯第一类错误的概率等于 α，称这类假设检验问题为显著性检验问题，相应的检验为显著性检验. 通常情况下，显著性检验法则是较容易找到的，将在以下各节中详细讨论.

在构造显著性水平为 α 的检验中，α 不宜定得过小，α 过小会导致 β 过大，这是不可取的. 所以在确定 α 时不要忘记"用 α 去制约 β". 故在实际中常选 $\alpha = 0.05$，有时也用 $\alpha = 0.01$ 或 $\alpha = 0.1$.

4. 给出拒绝域

在确定显著性水平后，可以定出检验的拒绝域 W. 在例 8.1.1 中，对给定显著性水平 α，用下式定出临界值

$$P(|U| \geqslant c) = \alpha \ 或者 \ P(|U| < c) = 1 - \alpha.$$

由 $U = \dfrac{\bar{X} - \mu_0}{\sigma_0 / \sqrt{n}} \sim N(0,1)$ 及标准正态分布分位点可得，$c = u_{1-\frac{\alpha}{2}}$.

则显著性水平为 α 的检验的拒绝域为 $W = \{|u| \geqslant u_{1-\frac{\alpha}{2}}\}$.

若取 $\alpha = 0.05$，则 $c = u_{1-\frac{\alpha}{2}} = u_{0.975} = 1.96$，即 $W = \{|u| \geqslant 1.96\}$.

5. 做出判断

在有了明确的拒绝域 W 后，根据样本观测值可以做出判断. 判断法则如下：

根据样本计算检验统计量 U 的值 u，如果检验统计量的值 u 落入拒绝域 W 内，则拒绝原假设 H_0，即接受备择假设 H_1，反之，则接受原假设 H_0.

根据上述法则，可以对例 8.1.1 进行判断.

由 $\mu_0 = 500$，$\sigma_0 = 2$，$\alpha = 0.05$，$n = 9$ 及

$$\bar{x} = (505 + 499 + 502 + 506 + 498 + 498 + 497 + 510 + 503) / 9 = 502.$$

检验统计量 U 的值

$$u = \frac{502 - 500}{2 / 3} = 3,$$

$$|u| = 3 > 1.96 = u_{1-\frac{\alpha}{2}},$$

样本点落入拒绝域 W 内，故拒绝原假设 H_0，接受 H_1.

在显著性水平 $\alpha = 0.05$ 下，认为这天葡萄糖包装机工作不正常.

综上所述，进行假设检验都要经过 5 个步骤，即：

（1）根据实际问题的要求，建立原假设 H_0 与备择假设 H_1；

（2）选择检验统计量 U，在原假设 H_0 成立的前提下导出 U 的概率分布，求 U 的分布不依赖于任何未知参数，并给出拒绝域 W 形式；

（3）给出显著性水平 α 及样本容量 n；

（4）根据显著性水平 α 和 U 的分布，由

$$P\{拒绝 H_0 \,|\, H_0 为真\} = \alpha,$$

求出临界值，从而确定拒绝域；

（5）根据的样本观察值和拒绝域，对假设 H_0 做出拒绝或接受的判断.

习题 8.1

1. 在假设检验问题中，若检验结果是接受原假设，则检验可能犯哪一类错误？若检验结果是拒绝原假设，则又有可能犯哪一类错误？

2. 某车间用一台包装机包装洗衣粉，设包得的袋装洗衣粉质量是一个服从正态分布的随机变量. 当机器正常时，其均值和标准差分别为 0.5kg、0.015kg（长期实践表明标准差比较稳定）. 某日开工后为检验包装机是否正常，随机地抽取 10 袋它所包装的洗衣粉，称得质量为

0.514　0.511　0.520　0.515　0.512　0.497　0.506　0.518　0.524　0.498

问这台包装机是否正常？

3．在正常情况下，某炼铁厂的铁水含碳量服从正态分布 $N(4.5,0.107)$．现在一共测了 6 炉铁水，测得其含碳量（%）分别为

$$4.32 \quad 4.27 \quad 4.42 \quad 4.43 \quad 4.36 \quad 4.38$$

若标准差不改变，且显著性水平取 $\alpha = 0.05$，问总体平均值是否有显著性变化？

8.2　单个正态总体的假设检验

本节讨论一个总体的假设检验问题，包括已知方差或未知方差检验数学期望、已知期望或未知期望检验方差等几种情况．

8.2.1　单个正态总体均值的假设检验

设总体 $X \sim N(\mu, \sigma^2)$，$X_1, X_2, \cdots, X_n$ 是取自总体 X 的一个样本，$\bar{X}$ 为样本均值．关于均值 μ 的检验问题有如下三种常见形式：

（1）$H_0: \mu = \mu_0$；$H_1: \mu \neq \mu_0$；

（2）$H_0: \mu \leq \mu_0$；$H_1: \mu > \mu_0$；

（3）$H_0: \mu \geq \mu_0$；$H_1: \mu < \mu_0$．

其中 μ_0 为已知常数．形如（1）的假设检验称为**双边检验**，形如（2）的假设检验称为**右边检验**，形如（3）的假设检验称为**左边检验**，右边检验和左边检验统称为**单边检验**．σ^2 是否已知对选择 μ 的检验有影响，故分以下两种情况分别讨论 μ 的检验问题．

1．方差 σ^2 已知，关于 μ 的假设检验（Z 检验法，Z-test）

首先考虑以下假设检验．

（1）检验假设

$$H_0: \mu = \mu_0; \quad H_1: \mu \neq \mu_0 \quad （\mu_0 \text{ 为已知常数）}.$$

当 H_0 为真时，由定理可知

$$Z = \frac{\bar{X} - \mu_0}{\sigma / \sqrt{n}} \sim N(0,1),$$

故选取 Z 作为检验统计量，记其观察值为 z，相应的检验法称为 Z 检验法．

因为 $\bar{X}$ 是 μ 的无偏估计量，当 H_0 成立时，$\bar{x}$ 应接近 μ_0，即 $|z|$ 不应太大，当 H_1 成立时，$\bar{x}$ 与 μ_0 有较大的偏差，即 $|z|$ 有偏大的趋势，故拒绝域形式为

$$|z| = \left| \frac{\bar{x} - \mu_0}{\sigma / \sqrt{n}} \right| \geq k \quad （k \text{ 待定）}.$$

对于给定的显著性水平 α，有

$$P\{|Z| \geq z_{\alpha/2}\} = \alpha.$$

如图 8.2.1 所示，拒绝域为

$$|z| = \left| \frac{\bar{x} - \mu_0}{\sigma / \sqrt{n}} \right| \geq z_{\alpha/2},$$

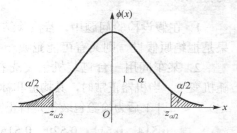

图 8.2.1　Z 检验的拒绝域（$H_1: \mu \neq \mu_0$）

即

$$W = \{|z| \geqslant z_{\alpha/2}\}.$$

根据一次抽样后得到的样本观察值 $x_1, x_2, \cdots, x_n$ 计算出 Z 的观察值 z，若 $|z| \geqslant z_{\alpha/2}$，则拒绝原假设 H_0，即认为总体均值与 μ_0 有显著差异；若 $|z| < z_{\alpha/2}$，则接受原假设 H_0，即认为总体均值与 μ_0 无显著差异.

类似地推导，对单侧检验有：

（2）检验假设

$$H_0 : \mu \leqslant \mu_0 ; \quad H_1 : \mu > \mu_0$$

对应的拒绝域为

$$W = \{z \geqslant z_\alpha\}.$$

（3）检验假设

$$H_0 : \mu \geqslant \mu_0 ; \quad H_1 : \mu < \mu_0$$

对应的拒绝域为

$$W = \{z \leqslant -z_\alpha\}.$$

【例 8.2.1】 某车间生产钢丝，用 X 表示钢丝的折断力，由经验判断 $X \sim N(\mu, \sigma^2)$，其中 $\mu = 570$，$\sigma^2 = 8^2$；今换了一批材料，从性能上看估计折断力的方差 σ^2 不会有什么变化（仍有 $\sigma^2 = 8^2$），但不知折断力的均值 μ 和原先有无差别. 现抽得样本，测得其折断力为

$$578 \quad 572 \quad 570 \quad 568 \quad 572 \quad 570 \quad 570 \quad 572 \quad 596 \quad 584$$

取 $\alpha = 0.05$，试检验折断力均值有无变化.

解 ① 建立假设 $H_0 : \mu = \mu_0 = 570$，$H_1 : \mu \neq 570$.

② 选择统计量 $Z = \dfrac{\bar{X} - \mu_0}{\sigma / \sqrt{n}} \sim N(0,1)$.

③ 对于给定的显著性水平 α，确定 k，使 $P\{|Z| > k\} = \alpha$.

查正态分布表得 $k = z_{\alpha/2} = z_{0.025} = 1.96$，从而拒绝域为 $|z| > 1.96$.

④ 由于 $\bar{x} = \dfrac{1}{10} \sum\limits_{i=1}^{10} x_i = 575.20$，$\sigma^2 = 64$，所以

$$|z| = \left| \frac{\bar{x} - \mu_0}{\sigma / \sqrt{n}} \right| = 2.06 > 1.96,$$

故应拒绝 H_0，即认为折断力的均值发生了变化.

2. 方差 σ^2 未知，关于 μ 的假设检验（T 检验法，T-test）

首先考虑以下假设检验.

（1）检验假设

$$H_0 : \mu = \mu_0 ; \quad H_1 : \mu \neq \mu_0 \quad （\mu_0 \text{为已知常数}）$$

由第 6 章的定理可知，当 H_0 为真时，

$$T = \frac{\overline{X} - \mu_0}{S / \sqrt{n}} \sim t(n-1) ,$$

故选取 T 作为检验统计量，记其观察值为 t . 相应的检验法称为 T 检验法.

由于 $\overline{X}$ 是 μ 的无偏估计量，S^2 是 σ^2 的无偏估计量，当 H_0 成立时，$|t|$ 不应太大，当 H_1 成立时，$|t|$ 有偏大的趋势，故拒绝域形式为

$$|t| = \left| \frac{\overline{x} - \mu_0}{s / \sqrt{n}} \right| \geq k \qquad （k 待定）$$

对于给定的显著性水平 α ，有

$$P\{|T| \geq t_{\alpha/2}(n-1)\} = \alpha$$

如图 8.2.2 所示，拒绝域为

$$|t| = \left| \frac{\overline{x} - \mu_0}{s / \sqrt{n}} \right| \geq t_{\alpha/2}(n-1) .$$

即

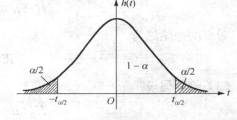

图 8.2.2 T 检验的拒绝域（$H_1: \mu \neq \mu_0$）

$$W = \{|t| \geq t_{\alpha/2}(n-1)\}$$

根据一次抽样后得到的样本观察值 $x_1, x_2, \cdots, x_n$ 计算出 T 的观察值 t，若 $|t| \geq t_{\alpha/2}(n-1)$，则拒绝原假设 H_0，即认为总体均值与 μ_0 有显著差异；若 $|t| < t_{\alpha/2}(n-1)$，则接受原假设 H_0，即认为总体均值与 μ_0 无显著差异.

类似地推导，对单侧检验有：

（2）检验假设

$$H_0: \mu \leq \mu_0; \quad H_1: \mu > \mu_0$$

对应的拒绝域为

$$W = \{t \geq t_{\alpha}(n-1)\} .$$

（3）检验假设

$$H_0: \mu \geq \mu_0; \quad H_1: \mu < \mu_0$$

对应的拒绝域为

$$W = \{t \leq t_{1-\alpha}(n-1)\} .$$

【例 8.2.2】 水泥厂用自动包装机包装水泥，每袋额定质量是 50kg，某日开工后随机抽查了 9 袋，称得质量如下

$$49.6 \quad 49.3 \quad 50.1 \quad 50.0 \quad 49.2 \quad 49.9 \quad 49.8 \quad 51.0 \quad 50.2$$

设每袋质量服从正态分布，问包装机工作是否正常（$\alpha = 0.05$）？

解 （1）建立假设 $H_0: \mu = 50$ ，$H_1: \mu \neq 50$.

（2）选择统计量 $T = \dfrac{\overline{X} - \mu_0}{S / \sqrt{n}} \sim t(n-1)$.

（3）对于给定的显著性水平 α ，确定 k ，使 $P\{|T| > k\} = \alpha$.

查附录 D 得 $k = t_{\alpha/2} = t_{0.025}(8) = 2.306$ ，从而拒绝域为 $|t| > 2.306$.

（4）由于 $\overline{x} = 49.9$ ，$s^2 = 0.29$ ，所以

$$|t| = \left| \frac{\overline{x} - 50}{s / \sqrt{n}} \right| = 0.56 < 2.306 ,$$

故应接受 H_0，即认为包装机工作正常.

8.2.2 单个正态总体方差 σ^2 的检验

设 $X \sim N(\mu, \sigma^2)$，$X_1, X_2, \cdots, X_n$ 是取自 X 的样本，$\overline{X}$ 与 S^2 分别为样本均值与样本方差. 关于正态方差 σ^2 的检验问题，本章讨论如下三种常用形式：

(1) $H_0 : \sigma^2 = \sigma_0^2$，$H_1 : \sigma^2 \neq \sigma_0^2$

(2) $H_0 : \sigma^2 \geqslant \sigma_0^2$，$H_1 : \sigma^2 < \sigma_0^2$

(3) $H_0 : \sigma^2 \leqslant \sigma_0^2$，$H_1 : \sigma^2 > \sigma_0^2$

其中 σ_0 为已知常数.

首先考虑以下假设检验

(1) 检验假设

$$H_0 : \sigma^2 = \sigma_0^2, \quad H_1 : \sigma^2 \neq \sigma_0^2$$

由第 6 章知，当 H_0 为真时，

$$\chi^2 = \frac{n-1}{\sigma_0^2} S^2 \sim \chi^2(n-1) ,$$

故选取 χ^2 作为检验统计量. 相应的检验法称为 χ^2 检验法.

由于 S^2 是 σ^2 的无偏估计量，当 H_0 成立时，$\dfrac{S^2}{\sigma_0^2}$ 应接近于 1，而不应过分大于 1 或过分小于 1，当 H_1 成立时，χ^2 有偏小或偏大的趋势，故拒绝域形式为

$$\chi^2 = \frac{n-1}{\sigma_0^2} S^2 \leqslant k_1 \text{ 或 } \chi^2 = \frac{n-1}{\sigma_0^2} S^2 \geqslant k_2 \quad (k_1, k_2 \text{ 待定}),$$

对于给定的显著性水平 α，有

$$P\{\chi^2 \leqslant \chi_{1-\alpha/2}^2(n-1)\} = \frac{\alpha}{2}, \quad P\{\chi^2 \geqslant \chi_{\alpha/2}^2(n-1)\} = \frac{\alpha}{2}.$$

如图 8.2.3 所示，拒绝域为

$$\chi^2 = \frac{n-1}{\sigma_0^2} s^2 \leqslant \chi_{1-\alpha/2}^2(n-1) \text{ 或 } \chi^2 = \frac{n-1}{\sigma_0^2} s^2 \geqslant \chi_{\alpha/2}^2(n-1) ,$$

即 $W = \{\chi^2 \leqslant \chi_{1-\alpha/2}^2(n-1) \text{ 或 } \chi^2 \geqslant \chi_{\alpha/2}^2(n-1)\}$.

根据一次抽样后得到的样本观察值 $x_1, x_2, \cdots, x_n$ 计算出 χ^2 的观察值，若 $\chi^2 \leqslant \chi_{1-\alpha/2}^2(n-1)$ 或 $\chi^2 \geqslant \chi_{\alpha/2}^2(n-1)$，则拒绝原假设 H_0，若 $\chi_{1-\alpha/2}^2(n-1) \leqslant \chi^2 \leqslant \chi_{\alpha/2}^2(n-1)$，则接受原假设 H_0.

类似地，对单侧检验有如下结论：

(2) 假设检验

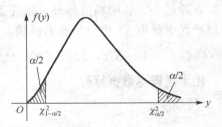

图 8.2.3 χ^2 检验的拒绝域（$H_1 : \sigma^2 \neq \sigma_0^2$）

$$H_0 : \sigma^2 \geq \sigma_0^2, \ H_1 : \sigma^2 < \sigma_0^2$$

对应的拒绝域为

$$W = \{\chi^2 \leq \chi_{1-\alpha}^2(n-1)\}.$$

（3）检验假设

$$H_0 : \sigma^2 \leq \sigma_0^2, \ H_1 : \sigma^2 > \sigma_0^2$$

对应的拒绝域为

$$W = \{\chi^2 \geq \chi_\alpha^2(n-1)\}.$$

【例 8.2.3】某厂生产的某种型号的电池，其寿命（以小时计）长期以来服从方差 $\sigma^2 = 5000$ 的正态分布，现有一批这种电池，从它的生产情况来看，寿命的波动性有所改变．现随机取 26 只电池，测出其寿命的样本方差 $s^2 = 9200$．问根据这一数据，能否推断这批电池的寿命的波动性较以往的有显著的变化（取 $\alpha = 0.02$）？

解　① 提出假设 $H_0 : \sigma = 5000$，$H_1 : \sigma^2 \neq 5000$．

② 选取统计量

$$\chi^2 = \frac{(n-1)s^2}{\sigma_0^2}$$

若 H_0 为真，则 $\chi^2 \sim \chi^2(n-1)$．

③ 对给定的显著性水平 $\alpha = 0.02$，求 $\chi_{1-\alpha/2}^2(n-1)$、$\chi_{\alpha/2}^2(n-1)$ 使

$$P\{\chi^2 \leq \chi_{1-\alpha/2}^2(n-1)\} = \frac{\alpha}{2},$$

$$P\{\chi^2 \geq \chi_{\alpha/2}^2(n-1)\} = \frac{\alpha}{2},$$

这里 $\chi_{\alpha/2}^2(n-1) = \chi_{0.01}^2(25) = 44.314$，$\chi_{1-\alpha/2}^2(n-1) = \chi_{0.99}^2(25) = 11.524$．

④ 计算统计量 χ^2 的观察值，代入观察值 $s^2 = 9200$，得

$$\chi^2 = \frac{(n-1)s^2}{\sigma_0^2} = 46.$$

⑤ 判断：由于 $46 > 44.314$，所以在显著性水平 $\alpha = 0.02$ 下拒绝 H_0，认为这批电池寿命的波动性较以往有显著的变化．

【例 8.2.4】某工厂生产金属丝，产品指标为折断力．折断力的方差用来表征工厂生产精度．方差越小，表明精度越高．以往工厂一直把该方差保持在 64（kg^2）或 64 以下．最近从一批产品中抽取 10 根做折断力试验，测得的结果（单位：kg）如下

578，572，570，568，572，570，572，596，584，570.

由上述样本数据算得：

$$\bar{x} = 575.2，\ s^2 = 75.74.$$

为此，厂方怀疑金属丝折断力的方差是否变大了．如确实增大了，表明生产精度不如以

前，就需对生产流程做一番检验，以发现生产环节中存在的问题（显著性水平 $\alpha = 0.05$）.

解 为确认上述疑虑是否为真，假定多金属丝折断力服从正态分布，并做下述假设检验：
$H_0 : \sigma^2 \leqslant 64$，$H_1 : \sigma^2 > 64$.

上述假设检验问题可利用 χ^2 检验法的右侧检验法来检验，就本例而言，相应于 $\sigma_0^2 = 64$，$n = 10$.

对于给定的显著性水平 $\alpha = 0.05$，查附录 C 知

$$\chi_\alpha^2(n-1) = \chi_{0.05}^2(9) = 16.919.$$

从而有 $\chi^2 = \dfrac{n-1}{\sigma_0^2}s^2 = \dfrac{9 \times 75.74}{64} = 10.65 \leqslant 16.919 = \chi_{0.05}^2$，故不能拒绝原假设 H_0，从而认为

样本方差的偏大是偶然因素，生产流程正常，故不需再做进一步检查.

以上讨论的是在均值未知的情况下对方差的假设检验，这种情况在实际问题中较多. 至于均值已知的情况下，对方差的假设检验，其方法类似，只是所选的统计量为

$$\chi^2 = \frac{\sum\limits_{i=1}^{n}(X_i - \mu)^2}{\sigma_0^2}.$$

当 $\sigma^2 = \sigma_0^2$ 为真时，$\chi^2 \sim \chi^2(n)$.

关于单个正态总体的假设检验如表 8.2.1 所示.

表 8.2.1 单个正态总体的假设检验

检验参数	条　件	H_0	H_1	H_0 的拒绝域	检验用的统计量	自由度	分位点
数学期望	σ^2 已知	$\mu = \mu_0$	$\mu \neq \mu_0$	$|Z| \geqslant z_{\alpha/2}$	$Z = \dfrac{\bar{X} - \mu_0}{\sigma/\sqrt{n}}$		$\pm z_{\alpha/2}$
		$\mu \leqslant \mu_0$	$\mu > \mu_0$	$Z > z_\alpha$			z_α
		$\mu \geqslant \mu_0$	$\mu < \mu_0$	$Z < -z_\alpha$			$-z_\alpha$
	σ^2 未知	$\mu = \mu_0$	$\mu \neq \mu_0$	$|t| \geqslant t_{\alpha/2}$	$t = \dfrac{\bar{X} - \mu_0}{S/\sqrt{n}}$	$n-1$	$\pm t_{\alpha/2}$
		$\mu \leqslant \mu_0$	$\mu > \mu_0$	$t > t_\alpha$			t_α
		$\mu \geqslant \mu_0$	$\mu < \mu_0$	$t < -t_\alpha$			$-t_\alpha$
方差	μ 未知	$\sigma^2 = \sigma_0^2$	$\sigma^2 \neq \sigma_0^2$	$\chi^2 > \chi_{\alpha/2}^2$ 或 $\chi^2 < \chi_{1-\alpha/2}^2$	$\chi^2 = \dfrac{n-1}{\sigma_0^2}S^2$	$n-1$	$\begin{cases} \chi_{\alpha/2}^2 \\ \chi_{1-\alpha/2}^2 \end{cases}$
		$\sigma^2 \leqslant \sigma_0^2$	$\sigma^2 > \sigma_0^2$	$\chi^2 > \chi_\alpha^2$			χ_α^2
		$\sigma^2 \geqslant \sigma_0^2$	$\sigma^2 < \sigma_0^2$	$\chi^2 < \chi_{1-\alpha}^2$			$\chi_{1-\alpha}^2$
	μ 已知	$\sigma^2 = \sigma_0^2$	$\sigma^2 \neq \sigma_0^2$	$\chi^2 > \chi_{\alpha/2}^2$ 或 $\chi^2 < \chi_{1-\alpha/2}^2$	$\chi^2 = \dfrac{\sum\limits_{i=1}^{n}(X_i - \mu)^2}{\sigma_0^2}$	n	$\begin{cases} \chi_{\alpha/2}^2 \\ \chi_{1-\alpha/2}^2 \end{cases}$
		$\sigma^2 \leqslant \sigma_0^2$	$\sigma^2 > \sigma_0^2$	$\chi^2 > \chi_\alpha^2$			χ_α^2
		$\sigma^2 \geqslant \sigma_0^2$	$\sigma^2 < \sigma_0^2$	$\chi^2 < \chi_{1-\alpha}^2$			$\chi_{1-\alpha}^2$

注：表中 H_0 中的不等号改成等号，所得的拒绝域不变.

习题 8.2

1. 设灯管的寿命 X 服从正态分布 $N(\mu, 40000)$，某工厂根据以往的生产经验，知道灯管

的平均寿命不会超过 1600h. 现在该工厂为了提高灯管的平均寿命，采用了新的工艺. 为了检验新工艺是否真的能提高灯管的平均寿命，该工厂测试了采用新工艺生产的 20 只灯管的寿命，其平均值是 1675h. 试问：可否由此判定这恰是新工艺的效应，而非偶然的原因，使得抽出的这 20 只灯管的平均寿命较长呢（$\alpha = 0.05$）？

2．某公司声称其生产的某种电池的平均寿命至少为 22h. 现在有一实验室检验了该公司制造的 8 套电池，得到如下的寿命小时数如下：

$$19，18，22，20，17，25，23，21$$

在显著性水平 $\alpha = 0.05$ 下，这些数据是否能说明这种类型的电池低于该公司所声称的寿命？

3．某养殖场规定，屠宰的肉用鸡体重不得少于 3kg，现从该养殖场的鸡群中随机抓 20 只，且计算平均体重和标准差分别为 $\bar{x} = 2.85\text{kg}$、$s = 0.2\text{kg}$. 设肉用鸡的质量 X 服从正态分布，且显著性水平 $\alpha = 0.05$，请对该批鸡做出是否可以屠宰的判断.

4．已知某种电子元件的寿命（单位：h）服从正态分布，现测得 15 只电子元件的寿命如下：

| 301 | 290 | 369 | 254 | 254 | 169 | 222 | 149 |
| 178 | 362 | 230 | 170 | 129 | 212 | 220 | |

是否可以认为电子元件的平均寿命显著不小于 220h（$\alpha = 0.05$）？

5．设概率论与数理统计课程某次考试的学生成绩服从正态分布，从中随机地抽取 40 位考生的考试成绩，算得平均成绩为 68 分，标准差为 15 分.

（1）在显著水平 $\alpha = 0.05$ 下，是否可以认为这次考试全体考生的平均成绩为 72 分？

（2）在显著水平 $\alpha = 0.05$ 下，是否可以认为这次考试考生成绩的方差为 16^2？

8.3 两个正态总体的假设检验

8.2 节讨论了单正态总体的参数假设检验，本节将考虑两个正态总体的参数假设检验.

8.3.1 两个正态总体均值的假设检验

设 $X \sim N(\mu_1, \sigma_1^2)$，$Y \sim N(\mu_2, \sigma_2^2)$，$X_1, X_2, \cdots, X_{n_1}$ 为取自总体 X 的一个样本，$Y_1, Y_2, \cdots, Y_{n_2}$ 为取自总体 Y 的一个样本，记 $\bar{X}$ 与 $\bar{Y}$ 分别为样本 $X_1, X_2, \cdots, X_{n_1}$ 与 $Y_1, Y_2, \cdots, Y_{n_2}$ 的均值，并且两个样本相互独立. 关于正态均值 μ_1 和 μ_2 的比较，有如下三种检验问题：

（1）$H_0: \mu_1 = \mu_2$，$H_1: \mu_1 \neq \mu_2$

（2）$H_0: \mu_1 \leqslant \mu_2$，$H_1: \mu_1 > \mu_2$

（3）$H_0: \mu_1 \geqslant \mu_2$，$H_1: \mu_1 < \mu_2$

等价形式分别为

（1）$H_0: \mu_1 - \mu_2 = 0$，$H_1: \mu_1 - \mu_2 \neq 0$

（2）$H_0: \mu_1 - \mu_2 \leqslant 0$，$H_1: \mu_1 - \mu_2 > 0$

（3）$H_0: \mu_1 - \mu_2 \geqslant 0$，$H_1: \mu_1 - \mu_2 < 0$

1．方差 σ_1^2、σ_2^2 已知，关于数学期望的假设检验（Z 检验法）

首先考虑双边假设检验.

（1）检验假设

$$H_0 : \mu_1 = \mu_2; \quad H_1 : \mu_1 \ne \mu_2$$

由 $\bar{X}$ 与 $\bar{Y}$ 分别为总体 X 和总体 Y 的样本均值及第 6 章的知识可知

$$\bar{X} \sim N\left(\mu_1, \frac{\sigma_1^2}{n_1}\right), \quad \bar{Y} \sim N\left(\mu_2, \frac{\sigma_2^2}{n_2}\right).$$

由两样本独立及期望和方差的性质可得

$$E(\bar{X} - \bar{Y}) = \mu_1 - \mu_2, \quad D(\bar{X} - \bar{Y}) = \frac{\sigma_1^2}{n_1} + \frac{\sigma_2^2}{n_2}.$$

故随机变量 $\bar{X} - \bar{Y}$ 也服从正态分布，即

$$\bar{X} - \bar{Y} \sim N(\mu_1 - \mu_2, \frac{\sigma_1^2}{n_1} + \frac{\sigma_2^2}{n_2}),$$

从而

$$\frac{\bar{X} - \bar{Y} - (\mu_1 - \mu_2)}{\sqrt{\frac{\sigma_1^2}{n_1} + \frac{\sigma_2^2}{n_2}}} \sim N(0,1).$$

采用 Z 检验方法，选取 Z 统计量为

$$Z = \frac{\bar{X} - \bar{Y}}{\sqrt{\frac{\sigma_1^2}{n_1} + \frac{\sigma_2^2}{n_2}}}.$$

当 H_0 为真时

$$Z = \frac{\bar{X} - \bar{Y}}{\sqrt{\frac{\sigma_1^2}{n_1} + \frac{\sigma_2^2}{n_2}}} \sim N(0,1).$$

由于 $\bar{X}$ 与 $\bar{Y}$ 分别是 μ_1 与 μ_2 的无偏估计量，当 H_0 为真时，$\bar{x}$ 与 $\bar{y}$ 应较为接近，不应太大，若 $\bar{x}$ 距离 $\bar{y}$ 较远时，应拒绝 H_0. 类似前面的讨论可得此检验问题的拒绝域形式为

$$W = \{|Z| \ge c\}.$$

对于给定的显著性水平 α，有

$$P\{|Z| \ge z_{\alpha/2}\} = \alpha,$$

由此即得拒绝域为

$$W = \{|z| \ge z_{\alpha/2}\}.$$

根据一次抽样后得到的样本观察值 $x_1, x_2, \cdots, x_{n_1}$ 和 $y_1, y_2, \cdots, y_{n_2}$ 计算出 Z 的观察值 z，若 $|z| \ge z_{\alpha/2}$，则拒绝原假设 H_0，即认为总体均值 μ_1 与 μ_2 有显著差异；若 $|z| < z_{\alpha/2}$，则接受原假设 H_0，即认为总体均值 μ_1 与 μ_2 无显著差异.

类似地，对单侧检验有：

（2）检验假设

$$H_0:\mu_1\leqslant\mu_2,\ H_1:\mu_1>\mu_2$$

对应的拒绝域为

$$W=\{z\geqslant z_\alpha\}.$$

（3）检验假设

$$H_0:\mu_1\geqslant\mu_2,\ H_1:\mu_1<\mu_2$$

对应的拒绝域为

$$W=\{z\leqslant -z_\alpha\}.$$

【例 8.3.1】　设甲、乙两厂生产同样的灯泡，其寿命 X、Y 分别服从正态分布 $N(\mu_1,\sigma_1^2)$、$N(\mu_2,\sigma_2^2)$，已知它们寿命的标准差分别为 84h 和 96h，现从两厂生产的灯泡中各取 60 只，测得平均寿命甲厂为 1295h，乙厂为 1230h，能否认为两厂生产的灯泡寿命无显著差异（$\alpha=0.05$）？

解　（1）建立假设 $H_0:\mu_1=\mu_2$，$H_1:\mu_1\neq\mu_2$.

（2）选择统计量 $Z=\dfrac{\overline{X}-\overline{Y}}{\sqrt{\dfrac{\sigma_1^2}{n_1}+\dfrac{\sigma_2^2}{n_2}}}\sim N(0,1).$

（3）对于给定的显著性水平 α，确定 k，使 $P\{|Z|>k\}=\alpha$.

查标准正态分布表 $k=z_{\alpha/2}=z_{0.025}=1.96$，从而拒绝域为 $|z|>1.96$.

（4）由于 $\overline{x}=1295$，$\overline{y}=1230$，$\sigma_1=84$，$\sigma_2=96$，所以

$$|z|=\left|\dfrac{\overline{x}-\overline{y}}{\sqrt{\dfrac{\sigma_1^2}{n_1}+\dfrac{\sigma_2^2}{n_2}}}\right|=3.95>1.96,$$

故应拒绝 H_0，即认为两厂生产的灯泡寿命有显著差异.

用 Z 检验法对两正态总体的均值做假设检验时，必须知道总体的方差，但在许多实际问题中，总体方差 σ_1^2 与 σ_2^2 往往是未知的，这时只能用如下的 T 检验法.

2．方差 σ_1^2、σ_2^2 未知，但 $\sigma_1^2=\sigma_2^2=\sigma^2$ 关于数学期望的假设检验（T 检验法）

首先考虑双边假设检验.

（1）检验假设

$$H_0:\mu_1=\mu_2;\ H_1:\mu_1\neq\mu_2$$

由前面的讨论可知 $\overline{X}-\overline{Y}\sim N(\mu_1-\mu_2,\dfrac{\sigma_1^2}{n_1}+\dfrac{\sigma_2^2}{n_2})$，又 σ^2 的一个无偏估计为

$$S_{\mathrm{w}}^2=\dfrac{(n_1-1)S_1^2+(n_2-1)S_2^2}{n_1+n_2-2}$$

其中 S_1^2 和 S_2^2 分别表示 X 和 Y 方差．由 S_{w}^2 与 $\overline{X}-\overline{Y}$ 独立可得

$$T = \frac{\overline{X} - \overline{Y} - (\mu_1 - \mu_2)}{S_w \sqrt{1/n_1 + 1/n_2}} \sim t(n_1 + n_2 - 2).$$

采用 T 检验方法，选取 T 统计量为

$$T = \frac{\overline{X} - \overline{Y}}{S_w \sqrt{1/n_1 + 1/n_2}}.$$

当 H_0 为真时

$$T = \frac{\overline{X} - \overline{Y}}{S_w \sqrt{1/n_1 + 1/n_2}} \sim t(n_1 + n_2 - 2).$$

记其观察值为 t. 相应的检验法称为 T 检验法.

由于 S_w^2 也是 σ^2 的无偏估计量，当 H_0 成立时，$|t|$ 不应太大，当 H_1 成立时，$|t|$ 有偏大的趋势，故拒绝域形式为

$$|t| = \left| \frac{\overline{X} - \overline{Y} - \mu_0}{S_w \sqrt{1/n_1 + 1/n_2}} \right| \geq k \quad (k \text{ 待定}).$$

对于给定的显著性水平 α，有

$$P\{|T| \geq t_{\alpha/2}(n_1 + n_2 - 2)\} = \alpha,$$

由此即得拒绝域为

$$|t| = \left| \frac{\overline{X} - \overline{Y} - \mu_0}{S_w \sqrt{1/n_1 + 1/n_2}} \right| \geq t_{\alpha/2}(n_1 + n_2 - 2),$$

根据一次抽样后得到的样本观察值 $x_1, x_2, \cdots, x_{n_1}$ 和 $y_1, y_2, \cdots, y_{n_2}$ 计算出 T 的观察值 t，若 $|t| \geq t_{\alpha/2}(n_1 + n_2 - 2)$，则拒绝原假设 H_0，否则接受原假设 H_0.

类似地，对单侧检验有：

（2）检验假设

$$H_0: \mu_1 \leq \mu_2, \ H_1: \mu_1 > \mu_2$$

对应的拒绝域为

$$W = \{t \geq t_\alpha(n_1 + n_2 - 2)\}.$$

（3）检验假设

$$H_0: \mu_1 \geq \mu_2, \ H_1: \mu_1 < \mu_2$$

对应的拒绝域为

$$W = \{t \leq -t_\alpha(n_1 + n_2 - 2)\}.$$

【例 8.3.2】 某地某年高考后随机抽得 15 名男生、12 名女生的数学考试成绩如下：

男生：49 48 47 53 51 43 39 57 56 46 42 44 55 44 40
女生：46 40 47 51 43 36 43 38 48 54 48 34

这 27 名学生的成绩能说明这个地区男女生的数学考试成绩不相上下吗（显著性水平 $\alpha = 0.05$）？

解　把男生和女生数学考试的成绩分别近似地视为服从正态分布的随机变量 $X \sim N(\mu_1, \sigma^2)$ 与 $Y \sim N(\mu_2, \sigma^2)$，则本例可归结为双侧检验问题．

由题设，有 $n_1 = 15$，$n_2 = 12$，从而 $n = n_1 + n_2 = 27$．

再根据例中数据算出 $\overline{x} = 47.6$，$\overline{y} = 44$；

$$(n_1 - 1)s_1^2 = \sum_{i=1}^{15}(x_i - \overline{x})^2 = 469.6, \quad (n_2 - 1)s_2^2 = \sum_{i=1}^{12}(y_i - \overline{y})^2 = 412.$$

$$S_w = \sqrt{\frac{(n_1 - 1)S_1^2 + (n_2 - 1)S_2^2}{n_1 + n_2 - 2}} = \sqrt{\frac{1}{25}(469.6 + 412)} = 5.94.$$

由此便可计算出

$$t = \frac{\overline{x} - \overline{y}}{S_w\sqrt{1/n_1 + 1/n_2}} = \frac{47.6 - 44}{5.94\sqrt{1/15 + 1/12}} = 1.565.$$

取显著性水平 $\alpha = 0.05$，查附录 D 得 $t_{\alpha/2}(n-2) = t_{0.025}(25) = 2.060$．

因为 $|t| = 1.565 \leqslant 2.060 = t_{0.025}(25)$，从而没有充分理由否认原假设 H_0，即认为这一地区男女生的数学考试成绩不相上下．

注意：对于方差 σ_1^2、σ_2^2 未知，但 $\sigma_1^2 \neq \sigma_2^2$ 的各种检验，本书不再详细讨论．

8.3.2　两个正态总体方差的假设检验

设 $X \sim N(\mu_1, \sigma_1^2)$，$Y \sim N(\mu_2, \sigma_2^2)$，$X_1, X_2, \cdots, X_{n_1}$ 为取自总体 X 的一个样本，$Y_1, Y_2, \cdots, Y_{n_2}$ 为取自总体 Y 的一个样本，记 $\overline{X}$ 与 $\overline{Y}$ 分别为样本 $X_1, X_2, \cdots, X_{n_1}$ 与 $Y_1, Y_2, \cdots, Y_{n_2}$ 的均值，S_1^2 与 S_2^2 分别为相应的样本方差，并且两个样本相互独立．

关于正态方差 σ_1 和 σ_2 的比较，有如下三类检验问题：

（1）$H_0 : \sigma_1^2 = \sigma_2^2$，$H_1 : \sigma_1^2 \neq \sigma_2^2$

（2）$H_0 : \sigma_1^2 \leqslant \sigma_2^2$，$H_1 : \sigma_1^2 > \sigma_2^2$

（3）$H_0 : \sigma_1^2 \geqslant \sigma_2^2$，$H_1 : \sigma_1^2 < \sigma_2^2$

等价形式分别为

（1）$H_0 : \dfrac{\sigma_1^2}{\sigma_2^2} = 1$，$H_1 : \dfrac{\sigma_1^2}{\sigma_2^2} \neq 1$

（2）$H_0 : \dfrac{\sigma_1^2}{\sigma_2^2} \leqslant 1$，$H_1 : \dfrac{\sigma_1^2}{\sigma_2^2} > 1$

（3）$H_0 : \dfrac{\sigma_1^2}{\sigma_2^2} \geqslant 1$，$H_1 : \dfrac{\sigma_1^2}{\sigma_2^2} < 1$

首先考虑双边假设检验．

（I）检验假设

$$H_0 : \sigma_1^2 = \sigma_2^2; \quad H_1 : \sigma_1^2 \neq \sigma_2^2$$

由 S_1^2 与 S_2^2 是 σ_1^2 与 σ_2^2 的无偏估计及第 6 章知，当 H_0 为真时

$$F = S_1^2 / S_2^2 \sim F(n_1 - 1, n_2 - 1)$$

故选取 F 作为检验统计量. 相应的检验法称为 F 检验法（F-test）.

当 H_0 成立时，F 的取值应集中在 1 的附近，H_1 成立时，F 的取值有偏小或偏大的趋势，故拒绝域形式为

$$F \leqslant k_1 \text{ 或 } F \geqslant k_2 \text{（} k_1, k_2 \text{ 待定）}$$

对于给定的显著性水平 α，有

$$P\{F \leqslant F_{1-\alpha/2}(n_1 - 1, n_2 - 1) \text{ 或 } F \geqslant F_{\alpha/2}(n_1 - 1, n_2 - 1)\} = \alpha,$$

如图 8.3.1 所示，拒绝域为

$$W = \{F \leqslant F_{1-\alpha/2}(n_1 - 1, n_2 - 1) \text{ 或 } F \geqslant F_{\alpha/2}(n_1 - 1, n_2 - 1)\}. \tag{8.3.1}$$

根据一次抽样后得到的样本观察值 $x_1, x_2, \cdots, x_{n_1}$ 和 $y_1, y_2, \cdots, y_{n_2}$ 计算出 F 的观察值，若式（8.3.1）成立，则拒绝原假设 H_0，否则接受原假设 H_0.

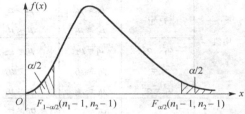

图 8.3.1　F 检验的拒绝域（H_1：$\sigma^2 \neq \sigma_0^2$）

类似地推导，对单侧检验有：

（2）检验假设

$$H_0: \sigma_1^2 \leqslant \sigma_2^2, \quad H_1: \sigma_1^2 > \sigma_2^2$$

对应的拒绝域为

$$W = \{F \geqslant F_\alpha(n_1 - 1, n_2 - 1)\}.$$

（3）检验假设

$$H_0: \sigma_1^2 \geqslant \sigma_2^2, \quad H_1: \sigma_1^2 < \sigma_2^2$$

对应的拒绝域为

$$W = \{F \leqslant F_{1-\alpha}(n_1 - 1, n_2 - 1)\}.$$

【**例 8.3.3**】 两台机床加工同种零件，分别从两台车床加工的零件中抽取 6 个和 9 个测量其直径，并计算得 $s_1^2 = 0.345$，$s_2^2 = 0.375$. 假定零件直径服从正态分布，试比较两台车床加工精度有无显著差异（$\alpha = 0.10$）.

解 设两总体 X 和 Y 分别服从正态分布 $N(\mu_1, \sigma_1^2)$ 和 $N(\mu_2, \sigma_2^2)$，μ_1、μ_2、σ_1^2、σ_2^2 未知.

（1）建立假设 $H_0: \sigma_1^2 = \sigma_2^2$，$H_1: \sigma_1^2 \neq \sigma_2^2$.

（2）选统计量 $F = S_1^1 / S_2^2 \sim F(n_1 - 1, n_2 - 1)$.

（3）对于给定的显著性水平 α，确定 k_1、k_2，使 $P\{F < k_1 \text{ 或 } F > k_2\} = \alpha$，查附录 E 得

$$k_1 = F_{1-\alpha/2}(n_1 - 1, n_2 - 1) = F_{0.95}(5, 8) = \frac{1}{F_{0.05}(8, 5)} = 0.208,$$

$$k_2 = F_{\alpha/2}(n_1 - 1, n_2 - 1) = F_{0.05}(5, 8) = 3.69,$$

从而拒绝域为 $F < 0.208$ 或 $F > 3.69$.

（4）由于 $s_1^2 = 0.345$，$s_2^2 = 0.375$，所以 $F = s_1^2 / s_2^2 = 0.92$.

而 $0.208 < 0.92 < 3.69$，故应接受 H_0，即认为两车床加工精度无差异.

注意：当 μ_1 与 μ_2 已知时，要检验假设 $H_0 : \sigma_1^2 = \sigma_2^2$，其检验方法类同均值未知的情况，此时所采用的检验统计量是：

$$F = \frac{\dfrac{1}{n_1}\sum_{i=1}^{n_1}(X_i - \mu_1)^2}{\dfrac{1}{n_2}\sum_{i=1}^{n_2}(Y_i - \mu_2)^2} \sim F(n_1, n_2),$$

其拒绝域如表 8.3.1 所示.

表 8.3.1　拒绝域

检验参数	条　件	H_0	H_1	H_0 的拒绝域	检验用的统计量	自　由　度
均值	σ_1^2、σ_2^2 已知	$\mu_1 = \mu_2$	$\mu_1 \neq \mu_2$	$\lvert Z \rvert > z_{\alpha/2}$	$Z = \dfrac{\overline{X} - \overline{Y}}{\sqrt{\dfrac{\sigma_1^2}{n_1} + \dfrac{\sigma_2^2}{n_2}}}$	
		$\mu_1 \leq \mu_2$	$\mu_1 > \mu_2$	$Z > z_\alpha$		
		$\mu_1 \geq \mu_2$	$\mu_1 < \mu_2$	$Z < -z_\alpha$		
	σ_1^2、σ_2^2 未知 $\sigma_1^2 = \sigma_2^2$	$\mu_1 = \mu_2$	$\mu_1 \neq \mu_2$	$\lvert t \rvert > t_{\alpha/2}$	$T = \dfrac{\overline{X} - \overline{Y}}{S_w \sqrt{1/n_1 + 1/n_2}}$	$n_1 + n_2 - 2$
		$\mu_1 \leq \mu_2$	$\mu_1 > \mu_2$	$t > t_\alpha$		
		$\mu_1 \geq \mu_2$	$\mu_1 < \mu_2$	$t < -t_\alpha$		
方差	μ_1、μ_2 未知	$\sigma_1^2 = \sigma_2^2$	$\sigma_1^2 \neq \sigma_2^2$	$F > F_{\alpha/2}$ 或 $F < F_{1-\alpha/2}$	$F = \dfrac{S_1^2}{S_2^2}$	$(n_1 - 1, n_2 - 1)$
		$\sigma_1^2 \leq \sigma_2^2$	$\sigma_1^2 > \sigma_2^2$	$F > F_\alpha$		
		$\sigma_1^2 \geq \sigma_2^2$	$\sigma_1^2 < \sigma_2^2$	$F < F_{1-\alpha}$		
	μ_1、μ_2 已知	$\sigma_1^2 = \sigma_2^2$	$\sigma_1^2 \neq \sigma_2^2$	$F > F_{\alpha/2}$ 或 $F < F_{1-\alpha/2}$	$F = \dfrac{\dfrac{1}{n_1}\sum_{i=1}^{n_1}(X_i - \mu_1)^2}{\dfrac{1}{n_2}\sum_{i=1}^{n_2}(Y_i - \mu_2)^2}$	(n_1, n_2)
		$\sigma_1^2 \leq \sigma_2^2$	$\sigma_1^2 > \sigma_2^2$	$F > F_\alpha$		
		$\sigma_1^2 \geq \sigma_2^2$	$\sigma_1^2 < \sigma_2^2$	$F < F_{1-\alpha}$		

习题 8.3

1. 设某台机器在维修前曾加工 $n_1 = 15$ 件零件，加工尺寸的样本方差为 $s_1^2 = 25\text{mm}^2$. 维修后加工 $n_2 = 17$ 件零件，加工尺寸的样本方差为 $s_2^2 = 4\text{mm}^2$. 假如加工尺寸服从正态分布，问此机床维修后，精度有无明显提高（显著性水平 $\alpha = 0.05$）？

2. 设甲、乙两厂生产同样的灯泡的寿命分别记为 X，Y，且 X，Y 分别服从正态分布 $N(\mu_1, \sigma_1^2)$、$N(\mu_2, \sigma_2^2)$，已知灯泡寿命的标准差分别为 85h 和 95h，现从两厂生产的灯泡中各取 50 只，测得甲厂、乙厂灯泡的平均寿命分别为 1300h、1255h，能否认为两厂生产的灯泡寿命无显著差异（$\alpha = 0.05$）？

3. 假设有甲、乙两个农业试验区，且各试验区分为 10 个小区，各小区的面积相同. 现在分别在这两个试验区上种植小麦，除对甲试验区中各小区增施磷肥外，其他试验条件均相同，两个试验区的小麦产量（单位：kg）如下：

甲区：　63　60　57　60　58　65　60　62　57　58
乙区：　56　58　57　59　56　57　55　60　57　55

设小麦产量服从正态分布，且有相同的方差，在显著性水平 $\alpha = 0.05$ 下，请做出判断增施磷肥是否对小麦产量有影响.

4. 为研究甲、乙两种安眠药的疗效，现在随机抽取 20 名患者并将其分成两组（每组 10 人），设服药后延长的睡眠时间分别服从正态分布，测得的数据（单位：h）如下：

甲：4.4，　3.4，　1.9，　1.6，5.5，　4.6，　1.1，　0.8，　0.1，−0.1；
乙：3.4，　2.0，　2.0，　0.8，3.7，　0.7，　0，　−0.1，　−0.2，−1.6.

问在显著性水平 $\alpha = 0.05$ 下，两种药的疗效有无显著差别？

5. 有若干人参加减肥锻炼，在一年后测量了他们的身体脂肪含量（单位：%），结果如下：

男生组：	14.3	19.5	21	9	19	21	22	30	22	13	17	13	25
女生组：	23	27	17	13	22.7	24.2	23	29	31	25			

假设身体脂肪含量服从正态分布，在显著水平 $\alpha = 0.05$ 下，比较男生和女生的身体脂肪含量有无显著差异.

8.4　总体分布函数的假设检验

前面讨论的参数检验问题是在总体分布类型已知的情况下，对其中的未知参数进行检验. 在实际问题中，有时并不知道总体的具体分布情况，这时就需要从总体中抽取的样本对总体的分布进行推断，以判断总体服从何种分布，这类统计检验称为非参数检验. 例如检验假设"总体服从正态分布"等. 本节仅介绍 χ^2 拟合优度检验，又简称 χ^2 检验法，它是英国统计学家老皮尔逊（K. Pearson，1857—1936 年）于 1900 年提出的，不少人把此项工作视为近代统计学的开端.

χ^2 检验法是在总体 X 的分布未知时，根据来自总体的样本，检验总体分布的假设的一种检验方法. 设 $X_1, X_2, \cdots, X_n$ 是来自总体 $F(x)$ 的样本，$F_0(x)$ 是理论分布，检验问题的原假设是

$$H_0 : F(x) = F_0(x)，$$

该分布的检验问题是根据样本的观察值 $x_1, x_2, \cdots, x_n$ 的数据判断是否与理论分布相合. 样本量较大时，可以用 χ^2 拟合优度检验. 这类问题可以分以下两种情况来讨论.

8.4.1　总体 X 为离散型分布

设总体 X 是取值为有限个或可列个 $b_1, b_2, \cdots$ 的离散随机变量，将相邻的某些 b_i 合并为一类，且样本观察值 $x_1, x_2, \cdots, x_n$ 落入每一个类内的个数不小于 5，记 $B_1, B_2, \cdots, B_k$ 为 $b_1, b_2, \cdots$ 被分的 k 个类，n_i 为每一个 B_i 内的个数. 记

$$P(X \in B_i) = p_i \quad (i = 1, 2, \cdots, k)，$$

则假设

$$H_0 : F(x) = F_0(x)$$

可以转化为如下假设

$$H_0: \quad B_i \text{ 所占的比例为 } p_i \quad (i=1,2,\cdots,k),$$

即

$$H_0: \quad P(B_i) = p_i \quad (i=1,2,\cdots,k).$$

现对总体做了 n 次观察，各类出现的观察频数分别为 $n_1, n_2, \cdots, n_k$，且

$$\sum_{i=1}^{k} n_i = n.$$

当 H_0 为真时，则各概率 p_i 与频率 $\dfrac{n_i}{n}$ 相差应该不大，或者各观察频数 n_i 对期望频数 np_i 的偏差（$n_i - np_i$）不大. 英国统计学家老皮尔逊提出了基于观察频数和期望频数之差的检验统计量

$$\chi^2 = \sum_{i=1}^{k} \frac{(n_i - np_i)^2}{np_i}.$$

其中取偏差平方是为了把偏差积累起来，每项除以 np_i 是要求期望频数 np_i 较小时，偏差平方 $(n_i - np_i)^2$ 更小才合理. 并证明了下列结论.

定理 8.4.1   当 n 充分大（$n \geq 50$）时，则统计量 $\chi^2 = \sum\limits_{i=1}^{k} \dfrac{(n_i - np_i)^2}{np_i}$ 近似服从 $\chi^2(k-1)$ 分布.

证明   略.

根据该定理，对给定的显著性水平 α，确定 l 值，使

$$P\{\chi^2 > l\} = \alpha,$$

求得 $l = \chi_\alpha^2(k-1)$，所以拒绝域为

$$\chi^2 > \chi_\alpha^2(k-1).$$

若由所给的样本值 $x_1, x_2, \cdots, x_n$ 算得统计量 χ^2 的实测值落入拒绝域，则拒绝原假设 H_0，否则就认为差异不显著而接受原假设 H_0.

【例 8.4.1】   将一颗骰子掷 120 次，所得数据为

点数 i	1	2	3	4	5	6
出现次数 n_i	23	26	21	20	15	15

问这颗骰子是否均匀、对称（取 $\alpha = 0.05$）？

解   若这颗骰子是均匀的、对称的，则 $1 \sim 6$ 点中每点出现的可能性相同，都为 $1/6$. 如果用 A_i 表示第 i 点出现（$i = 1, 2, \cdots, 6$），则待检验假设 $H_0: P(A_i) = 1/6$，$i = 1, 2 \cdots, 6$.

在 H_0 成立的条件下，理论概率 $p_i = p(A_i) = 1/6$，由 $n = 120$ 得频率 $np_i = 20$.

计算结果如下.

i	n_i	p_i	np_i	$(n_i - np_i)^2 / (np_i)$
1	23	1/6	20	9/20
2	26	1/6	20	36/20
3	21	1/6	20	1/20

续表

i	n_i	p_i	np_i	$(n_i - np_i)^2 / (np_i)$
4	20	1/6	20	0
5	15	1/6	20	25/20
6	15	1/6	20	25/20
合计	120			4.8

因此分布不含未知参数，又 $k=6$，$\alpha = 0.05$，查表得 $\chi_\alpha^2(k-1) = \chi_{0.05}^2(5) = 11.071$.

由上表知 $\chi^2 = \sum_{i=1}^{6} \dfrac{(n_i - np_i)^2}{np_i} = 4.8 < 11.071$，故接受 H_0，认为这颗骰子是均匀对称的.

8.4.2　总体 X 为连续型分布

设 $X_1, X_2, \cdots, X_n$ 是来自总体 X 的一个样本，其观察值为 $x_1, x_2, \cdots, x_n$，总体分布未知，现想用一个已知连续分布函数 $F_0(x)$ 去拟合这批数据，故需要对如下假设做出检验：

$$H_0:\ X \text{ 服从连续分布 } F_0(x)$$

这类问题称为连续分布的拟合优度检验问题. 具体步骤如下.

（1）把 X 的取值范围划分为 k 个互不相交的小区间，记为 $A_1, A_2, \cdots, A_k$，如可取为

$$(a_0, a_1], (a_1, a_2], \cdots, (a_{k-2}, a_{k-1}], (a_{k-1}, a_k),$$

其中 $a_0 < a_1 < \cdots < a_{k-1} < a_k$，$a_0$ 可取 $-\infty$，a_k 可取 $+\infty$；区间的划分视具体情况而定，使每个小区间所含样本值个数不小于 5，而区间个数 k 不要太大，也不要太小；

（2）当落入第 i 个区间内时，就把它看成属于 A_i 类，因此这 k 个区间相当于 k 类. 在 H_0 为真时，可算出总体 X 的值落入第 i 个小区间 A_i 的概率

$$p_i = P(a_{i-1} < X < a_i) = F_0(a_i) - F_0(a_{i-1}),\quad i = 1, 2, \cdots, k$$

样本观测值落入这 k 个区间的频数分别为 $n_1, n_2, \cdots, n_k$. 接下来的步骤与离散型分布类似.

在对总体分布的假设检验中，有时只知道总体 X 的分布函数的形式，但其中还含有未知参数，即分布函数为

$$F(x, \theta_1, \theta_2, \cdots, \theta_r),$$

其中 $\theta_1, \theta_2, \cdots, \theta_r$ 为未知参数. 设 $X_1, X_2, \cdots, X_n$ 是取自总体 X 的样本，现要用此样本来检验假设：

$$H_0:\text{总体 } X \text{ 的分布函数为 } F(x, \theta_1, \theta_2, \cdots, \theta_r),$$

此类情况可按如下步骤进行检验：

① 利用样本 $X_1, X_2, \cdots, X_n$ 求出 $\theta_1, \theta_2, \cdots, \theta_r$ 的最大似然估计 $\hat{\theta}_1, \hat{\theta}_2, \cdots, \hat{\theta}_r$；

② 用 $\hat{\theta}_i$ 代替 $F(x, \theta_1, \theta_2, \cdots, \theta_r)$ 中的 θ_i（$i = 1, 2, \cdots, r$）；

③ 利用 $F(x, \hat{\theta}_1, \hat{\theta}_2, \cdots, \hat{\theta}_r)$ 计算 p_i 的估计值 $\hat{p}_i$（$i = 1, 2, \cdots, k$）；

④ 计算要检验的统计量

$$\chi^2 = \sum_{i=1}^{k} (n_i - n\hat{p}_i)^2 / n\hat{p}_i,$$

当 n 充分大时，统计量 χ^2 近似服从 $\chi^2_\alpha(k-r-1)$ 分布，其中 k 为互不相交的小区间的个数，r 是被估计的参数的个数.

⑤ 对给定的显著性水平 α，得拒绝域

$$\chi^2 = \sum_{i=1}^{k}(n_i - n\hat{p}_i)^2 / n\hat{p}_i > \chi^2_\alpha(k-r-1).$$

注意：在使用皮尔逊 χ^2 检验法时，要求 $n \geq 50$，以及每个理论频数 $np_i \geq 5$（$i=1,\cdots,k$），否则应适当地合并相邻的小区间，使 np_i 满足要求.

【例 8.4.2】 研究混凝土抗压强度的分布. 200 件混凝土制件的抗压强度以分组形式列出（如表 8.4.1 所示）. $n = \sum_{i=1}^{6} n_i = 200$. 要求在给定的检验水平 $\alpha = 0.05$ 下检验假设

$$H_0：抗压强度 \ X \sim N(\mu, \sigma^2).$$

表 8.4.1　200 件混凝土制件的抗压强度

压强区间（×98kPa）	频数 n_i	压强区间（×98kPa）	频数 n_i
190～200	10	220～230	64
200～210	26	230～240	30
210～220	56	240～250	14

解　原假设所定的正态分布的参数是未知的，需先求 μ 和 σ^2 的极大似然估计值. 由第 7 章知，μ 和 σ^2 的极大似然估计值为

$$\hat{\mu} = \overline{x},$$

$$\hat{\sigma}^2 = \sum_{i=1}^{n}(x_i - \overline{x})^2 / n.$$

设 x_i^* 为第 i 组的组中值，有

$$\overline{x} = \frac{1}{n}\sum_{i=1}^{6} x_i^* n_i = \frac{195 \times 10 + 205 \times 26 + \cdots + 245 \times 14}{200} = 221,$$

$$\hat{\sigma}^2 = \frac{1}{n}\sum_{i=1}^{n}(x_i^* - \overline{x})^2 n_i = \frac{1}{200}\{(-26)^2 \times 10 + (-16)^2 \times 26 + \cdots + 24^2 \times 14\} = 152,$$

$$\hat{\sigma} = 12.33.$$

原假设 H_0 改写成 X 是正态 $N(221, 12.33^2)$ 分布，计算每个区间的理论概率值

$$\hat{p}_i = P(a_{i-1} < X < a_i) = \Phi(\mu_i) - \Phi(\mu_{i-1}), \quad i = 1,2,\cdots,6$$

其中

$$\mu_i = \frac{a_i - \overline{x}}{\hat{\sigma}},$$

$$\Phi(\mu_i) = \frac{1}{\sqrt{2\pi}}\int_{-\infty}^{\mu_i} e^{-\frac{t^2}{2}} dt.$$

为了计算统计量 χ^2 的值，把需要进行的计算列表，如表 8.4.2 所示.

表 8.4.2 进行的计算

压强区间 X	频数 n_i	标准化区间 $[\mu_i, \mu_{i+1}]$	$\hat{p} = \Phi(\mu_{i+1}) - \Phi(\mu_i)$	$n\hat{p}_i$	$(n_i - n\hat{p}_i)^2$	$\dfrac{(n_i - n\hat{p}_i)^2}{n\hat{p}_i}$
190~200	10	$(-\infty, -1.70)$	0.045	9	1	0.11
200~210	26	$[-1.70, -0.89)$	0.142	28.4	5.76	0.20
210~220	56	$[-0.89, -0.08)$	0.281	56.2	0.04	0.00
220~230	64	$[-0.08, 0.73)$	0.299	59.8	17.64	0.29
230~240	30	$[0.73, 1.54)$	0.171	34.2	17.64	0.52
240~250	14	$[1.54, +\infty)$	0.062	12.4	2.56	0.21
Σ			1.000	200		1.33

从上面计算得出 χ^2 的观察值为 1.33. 在检验水平 $\alpha = 0.05$ 下，查自由度 $m=6-2-1=3$ 的 χ^2 分布表，得到临界值 $\chi^2_{0.05}(3) = 7.815$. 由于 $\chi^2 = 1.33 < 7.815 = \chi^2_{0.05}(3)$，不能拒绝原假设，所以认为混凝土制件的抗压强度的分布是正态分布 $N(221, 15^2)$.

习题 8.4

1. 铜仁某养殖户 3 年前在其一鱼塘里按比例 20:15:40:25 投放了鲤鱼、鲫鱼、草鱼和鲢鱼的鱼苗. 现在在鱼塘里获得样本如下：

序 号	1	2	3	4	
种 类	鲤鱼	鲫鱼	草鱼	鲢鱼	
数 量（条）	132	100	200	168	$\Sigma = 600$

试在显著性水平 $\alpha = 0.05$ 下，检验各类鱼数量的比例较 3 年前是否有显著改变.

2. 铜仁某路段每天发生交通事故的现场记录如下表：

一天发生的交通事故数	0	1	2	3	4	5	≥6
天数	100	60	30	8	0	1	0

试在显著性水平 $\alpha = 0.05$ 下，检验以上数据是否服从泊松分布.

第9章 方差分析

前面几章讨论的都是一个总体或两个总体的统计分析问题. 在实际工作中，影响一个事件的因素往往很多. 例如，小麦的产量往往受到温度、光照、肥料等因素的影响. 我们需要通过观察或试验来判断哪些因素对产量有显著的影响，也会经常碰到多个总体均值的比较问题，处理以上这些问题通常采用方差分析（Analysis of Variance）. 它由英国统计学家费希尔于 20 世纪 20 年代首先使用在农业试验上，后来人们发现这种方法应用范围非常广泛，可以成功地应用到试验工作的很多方面.

9.1 单因素试验的方差分析

9.1.1 基本概念

在方差分析中，将要考察的对象的某种特征称为**试验指标**. 影响试验指标的条件称为**因素**. 因素可分为两类，一类是人们可以控制的，如原料成分、反应温度、溶液浓度等是可以控制的；另一类是人们无法控制的，如测量误差、气象条件等一般是难以控制的.

今后所讨论的因素都是指可控因素. 因素所处的状态称为该因素的**水平**. 如果在一项试验中只有一个因素在改变，这样的试验称为**单因素试验**；如果在一项试验中多于一个因素在改变，这样的试验则称为**多因素试验**. 为方便起见，今后用大写字母 $A, B, C, \cdots$ 等表示因素，用大写字母加下标表示该因素的水平，如 $A_1, A_2, \cdots$ 等.

【例 9.1.1】 某试验室对钢锭模进行选材试验. 其方法是将试件加热到 700℃后，投入到 20℃的水中急冷，这样反复进行到试件断裂为止，试验次数越多，试件质量越好. 试验结果如表 9.1.1 所示. 问 4 种生铁试件的抗热疲劳性能是否有显著差异？

表 9.1.1　试验结果

试 验 号	材 质 分 类			
	A_1	A_2	A_3	A_4
1	160	158	146	151
2	161	164	155	152
3	165	164	160	153
4	168	170	162	157
5	170	175	164	160
6	172		166	168
7	180		174	
8			182	

在本实验中，钢锭模的热疲劳值是试验的指标，钢锭模的材质是因素，而 4 种不同的材质表示钢锭模的 4 个水平，这项试验称为 4 水平单因素试验.

9.1.2 单因素方差分析数学模型

设单因素 A 具有 r 个水平, 分别记为 $A_1, A_2, \cdots, A_r$, 在每个水平 A_i（$i = 1, 2, \cdots, r$）下, 要考察的指标可以看成一个总体, 故有 r 个总体, 并假设:

（1）每个总体均服从正态分布, 记为 $N(\mu_i, \sigma_i^2)$, $i = 1, 2, \cdots, r$;

（2）每个总体的方差相同, 记为 $\sigma_1^2 = \sigma_2^2 = \cdots = \sigma_r^2 = \sigma^2$;

（3）从每一个总体中抽取的样本是相互独立的, 即所有的实验结果都是相互独立的.

为了比较各水平下的均值是否相等, 对如下的假设进行检验

$$H_0: \mu_1 = \mu_2 = \cdots = \mu_r, \quad H_1: \mu_1, \mu_2, \cdots, \mu_r \text{不全相等} \qquad (9.1.1)$$

在不引起误解的情况下, 通常备择假设 H_1 可以省略不写.

如果原假设 H_0 成立, 因素 A 的 r 个水平均值相同, 称因素 A 的 r 个水平间没有显著性差异, 简称因素 A 不显著; 反之, 当 H_0 不成立时, 因素 A 的 r 个水平均值不全相同, 这时称因素 A 的不同水平间有显著性差异, 简称因素 A 显著.

为了对式（9.1.1）进行假设检验, 需要从每一水平下的总体抽取样本, 设在水平 A_i（$i = 1, 2, \cdots, r$）下进行 n_i 次独立试验, 试验数据记为 x_{ij}（$i = 1, 2, \cdots, r$, $j = 1, 2, \cdots, n_i$）, 表示第 i 个总体的第 j 次重复结果, 记结果的总个数为 $n = \sum_{i=1}^{r} n_i$.

在水平 A_i 下的实验结果 x_{ij} 与该水平下的均值 μ_i 一般总有偏差, 称为**随机误差**, 记为 $\varepsilon_{ij} = x_{ij} - \mu_i$, 则有

$$x_{ij} = \mu_i + \varepsilon_{ij}, \quad i = 1, 2, \cdots, r, \ j = 1, 2, \cdots, n_i. \qquad (9.1.2)$$

由假设有 $x_{ij} \sim N(\mu_i, \sigma^2)$（$\mu_i$ 和 σ^2 未知）, 即有 $x_{ij} - \mu_i \sim N(0, \sigma^2)$, 从而得单因素方差分析的数学模型

$$\begin{cases} x_{ij} = \mu_i + \varepsilon_{ij}, \quad i = 1, 2, \cdots, r, \ j = 1, 2, \cdots, n_i \\ \varepsilon_{ij} \sim N(0, \sigma^2), \\ \text{各个} \varepsilon_{ij} \text{相互独立}, \mu_i \text{和} \sigma^2 \text{未知} \end{cases} \qquad (9.1.3)$$

为了描述数据的需要, 在方差分析中常引入总平均和效应的概念. 记

$$\mu = \frac{1}{n} \sum_{i=1}^{r} n_i \mu_i,$$

其中, $n = \sum_{i=1}^{r} n_i$, μ 表示 $\mu_1, \mu_2, \cdots, \mu_r$ 的加权平均, 称其为**总平均**. 将第 i 个水平下的均值 μ_i 与总平均 μ 的差记为

$$\delta_i = \mu_i - \mu, \quad i = 1, 2, \cdots, r.$$

δ_i 表示在水平 A_i 下总体的均值 μ_i 与总平均 μ 的差异, 称其为水平 A_i 的**效应**. 容易看出效应间有如下关系式:

$$\sum_{i=1}^{r} n_i \delta_i = \sum_{i=1}^{r} n_i (\mu_i - \mu) = 0,$$

利用上述记号，数学模型式（9.1.3）可改写为

$$\begin{cases} x_{ij} = \mu + \delta_i + \varepsilon_{ij}, \ i=1,2,\cdots,r, \ j=1,2,\cdots,n_r \\ \sum_{i=1}^{r} n_i \delta_i = 0 \\ \varepsilon_{ij} \sim N(0,\sigma^2), \ \text{各个} \varepsilon_{ij} \text{相互独立}, \ \mu_i \text{和} \sigma^2 \text{未知} \end{cases} \tag{9.1.4}$$

而前述检验假设式（9.1.1）则可改写为

$$H_0 : \delta_1 = \delta_2 = \cdots = \delta_r,$$
$$H_1 : \delta_1, \delta_2, \cdots, \delta_r \text{不全为零}.$$

9.1.3 平方和分解

1. 试验数据

为方便分析,在进行单因素的方差分析时,通常将试验数据列成下列表格形式,如表 9.1.2 所示.

为叙述方便，样本总和记为 $T_{i\cdot} = \sum_{j=1}^{n_i} x_{ij}, \ i=1,2,\cdots,r$；

样本均值为 $\overline{x}_{i\cdot} = \frac{1}{n_i} \sum_{j=1}^{n_i} x_{ij}$.

因素 A 下的所有水平的样本总均值记为

$$\overline{x} = \frac{1}{n} \sum_{i=1}^{r} \sum_{j=1}^{n_i} x_{ij} = \frac{1}{r} \sum_{i=1}^{r} \overline{x}_{i\cdot}, \ i=1,2,\cdots,r .$$

表 9.1.2 试验数据

观测 \ 水平	A_1	A_2	$\cdots$	A_r
	x_{11}	x_{21}	$\cdots$	x_{r1}
	x_{12}	x_{22}	$\cdots$	x_{r2}
	$\vdots$	$\vdots$	$\cdots$	$\vdots$
	x_{1n_1}	x_{2n_2}	$\cdots$	x_{rn_r}
样本总和	$T_{1\cdot}$	$T_{2\cdot}$	$\cdots$	$T_{r\cdot}$
样本均值	$\overline{x}_{1\cdot}$	$\overline{x}_{2\cdot}$	$\cdots$	$\overline{x}_{r\cdot}$
总体均值	μ_1	μ_2	$\cdots$	μ_r

2. 组内偏差与组间偏差

用 $x_{ij} - \overline{x}$ 表示数据 x_{ij} 与总平均 $\overline{x}$ 间的偏差，将其分解为两个偏差之和，则有

$$x_{ij} - \overline{x} = (x_{ij} - \overline{x}_{i\cdot}) + (\overline{x}_{i\cdot} - \overline{x}) .$$

记

$$\overline{\varepsilon}_{i\cdot} = \frac{1}{n_i} \sum_{j=1}^{n_i} \varepsilon_{ij}, \ \overline{\varepsilon} = \frac{1}{r} \sum_{i=1}^{r} \overline{\varepsilon}_{i\cdot} = \frac{1}{n} \sum_{i=1}^{r} \sum_{j=1}^{n_i} \varepsilon_{ij} .$$

由于

$$x_{ij} - \overline{x}_{i\cdot} = (\mu_i + \varepsilon_{ij}) - (\mu_i + \overline{\varepsilon}_{i\cdot}) = \varepsilon_{ij} - \overline{\varepsilon}_{i\cdot},$$

所以 $x_{ij} - \overline{x}_{i\cdot}$ 仅反映组内数据与组内平均的随机误差，称为**组内误差**. 而

$$\overline{x}_{i\cdot} - \overline{x} = (\mu_i + \overline{\varepsilon}_{i\cdot}) - (\mu + \overline{\varepsilon}) = \delta_i + \overline{\varepsilon}_{i\cdot} - \overline{\varepsilon},$$

即 $\overline{x}_{i\cdot} - \overline{x}$ 除反映随机误差外，还反映了第 i 个水平的效应，称为**组间偏差**.

3. 总平方和分解

在统计学中，各 x_{ij} 间总的差异大小可用偏差平方和 S_T 表示，即

$$S_T = \sum_{i=1}^{r} \sum_{j=1}^{n_i} (x_{ij} - \overline{x})^2, \tag{9.1.5}$$

S_T 反映全部试验数据之间的差异，又称为**总偏差平方和**.

仅由随机误差引起的数据间的差异可以用组内（偏差）平方和表示，也称**误差（偏差）平方和**，记为 S_E，即

$$S_E = \sum_{i=1}^{r} \sum_{j=1}^{n_i} (x_{ij} - \overline{x}_{i\cdot})^2.$$

除随机因素引起的差异外，还包括由因素 A 的不同水平的作用而产生的差异，即反映了效应间的差异，由效应不同引起的数据差异可用组间（偏差）平方和表示，也称为**因素 A 的偏差平方和**，记为 S_A，即

$$S_A = \sum_{i=1}^{r} n_i (\overline{x}_{i\cdot} - \overline{x})^2.$$

定理 9.1.1 总偏差平方和 S_T 可以分解为因素 A 的偏差平方和 S_A 与误差（偏差）平方和 S_E 之和，记为

$$S_T = S_A + S_E, \tag{9.1.6}$$

其中 $S_T = \sum_{i=1}^{r} \sum_{j=1}^{n_i} (x_{ij} - \overline{x})^2$，$S_A = \sum_{i=1}^{r} n_i (\overline{x}_{i\cdot} - \overline{x})^2$，$S_E = \sum_{i=1}^{r} \sum_{j=1}^{n_i} (x_{ij} - \overline{x}_{i\cdot})^2$.

等式 $S_T = S_A + S_E$ 称为平方和分解式.

证明 事实上

$$S_T = \sum_{i=1}^{r} \sum_{j=1}^{n_i} (x_{ij} - \overline{x})^2 = \sum_{i=1}^{r} \sum_{j=1}^{n_i} [(x_{ij} - \overline{x}_{i\cdot}) + (\overline{x}_{i\cdot} - \overline{x})]^2$$

$$= \sum_{i=1}^{r} \sum_{j=1}^{n_i} (x_{ij} - \overline{x}_{i\cdot})^2 + 2 \sum_{i=1}^{r} \sum_{j=1}^{n_i} (x_{ij} - \overline{x}_{i\cdot})(\overline{x}_{i\cdot} - \overline{x}) + \sum_{i=1}^{r} n_i (\overline{x}_{i\cdot} - \overline{x})^2,$$

根据 $\overline{x}_{i\cdot}$ 和 $\overline{x}$ 的定义知

$$\sum_{i=1}^{r} \sum_{j=1}^{n_i} (x_{ij} - \overline{x}_{i\cdot})(\overline{x}_{i\cdot} - \overline{x}) = 0.$$

所以

$$S_T = \sum_{i=1}^{r} \sum_{j=1}^{n_i} (x_{ij} - \overline{x}_{i\cdot})^2 + \sum_{i=1}^{r} n_i (\overline{x}_{i\cdot} - \overline{x})^2 = S_E + S_A.$$

4. 检验方法

总偏差平方和 S_T 的大小与数据个数或自由度（在统计学中把平方和中的独立偏差个数称

为该平方和的自由度）有关. 一般来说, 数据越多, 其总偏差平方和越大. 为了便于在各偏差平方和间进行比较, 统计上引入均方和的概念, 它定义为

$$\mathrm{MS} = \frac{S_\mathrm{T}}{f_\mathrm{T}},$$

其中, f_T 表示总偏差平方和 S_T 的自由度, 其意为平均每个自由度上有多少总偏差平方和.

我们的目的是检验

$$H_0 : \delta_1 = \delta_2 = \cdots = \delta_r.$$
$$H_1 : \delta_1, \delta_2, \cdots, \delta_r \text{不全为零}.$$

如果组间差异比组内差异大得多, 即说明因素的各水平间有显著差异, r 个总体不能认为是同一个正态总体, 应认为 H_0 不成立. 问题可以转化为因素平方和 S_A 与误差平方和 S_E 之间的比较, 均方和排除了自由度不同所产生的干扰, 用其均方和

$$\mathrm{MS}_\mathrm{A} = \frac{S_\mathrm{A}}{f_\mathrm{A}}, \quad \mathrm{MS}_\mathrm{E} = \frac{S_\mathrm{E}}{f_\mathrm{E}}$$

进行比较更为合理. 为此, 选用统计量

$$F = \frac{S_\mathrm{A}/f_\mathrm{A}}{S_\mathrm{E}/f_\mathrm{E}} = \frac{S_\mathrm{A}/(r-1)}{S_\mathrm{E}/(n-r)} = \frac{(n-r)S_\mathrm{A}}{(r-1)S_\mathrm{E}}.$$

若 H_0 成立, 则所有的 x_{ij} 都服从正态分布 $N(\mu, \sigma^2)$, 且相互独立, 利用抽样分布的有关定理得:

$$S_\mathrm{E}/\sigma^2 \sim \chi^2(n-r),$$
$$S_\mathrm{A}/\sigma^2 \sim \chi^2(r-1),$$
$$F = \frac{(n-r)S_\mathrm{A}}{(r-1)S_\mathrm{E}} \sim F(r-1, n-r).$$

于是, 对于给定的显著性水平 α （$0 < \alpha < 1$）, 有

$$P(F \geqslant F_\alpha(r-1, n-r)) = \alpha.$$

由此得检验问题

$$H_0 : \delta_1 = \delta_2 = \cdots = \delta_r.$$
$$H_1 : \delta_1, \delta_2, \cdots, \delta_r \text{不全为零}.$$

的拒绝域为

$$F \geqslant F_\alpha(r-1, n-r).$$

当 $F \geqslant F_\alpha(r-1, n-r)$ 时, 拒绝 H_0, 表示因素 A 的各水平下的效应有显著差异, 即认为水平的改变对指标有显著性的影响; 当 $F < F_\alpha(r-1, n-r)$ 时, 则接受 H_0, 表示因素 A 的各水平下的效应无显著差异, 即认为水平的改变对指标无显著影响.

上面的分析结果排成表 9.1.3 所示的形式, 称为**单因素方差分析表**.

表 9.1.3　单因素方差分析表

方差来源	平方和	自由度	均方和	F 比
因素 A	S_{A}	$r-1$	$\mathrm{MS}_{\mathrm{A}} = \dfrac{S_{\mathrm{A}}}{r-1}$	$F = \dfrac{\mathrm{MS}_{\mathrm{A}}}{\mathrm{MS}_{\mathrm{E}}}$
误差	S_{E}	$n-r$	$\mathrm{MS}_{\mathrm{E}} = \dfrac{S_{\mathrm{E}}}{n-r}$	
总和	S_{T}	$n-1$		

在实际中，可以按以下较简便的公式来计算 S_{T}、S_{A} 和 S_{E}.

$$T_{i\bullet} = \sum_{j=1}^{n_i} x_{ij}, \quad i = 1, 2, \cdots, r, \quad T = \sum_{i=1}^{r} \sum_{j=1}^{n_i} x_{ij} = \sum_{i=1}^{r} x_{i\bullet}$$

$$S_{\mathrm{T}} = \sum_{i=1}^{r} \sum_{j=1}^{n_i} x_{ij}^{2} - \frac{T^2}{n},$$

$$S_{\mathrm{A}} = \sum_{i=1}^{r} \frac{T_{i\bullet}^{2}}{n_i} - \frac{T^2}{n},$$

$$S_{\mathrm{E}} = S_{\mathrm{T}} - S_{\mathrm{A}}.$$

【例 9.1.2】　如前面所讨论，在例 9.1.1 中需检验假设

$$H_0: \mu_1 = \mu_2 = \mu_3 = \mu_4; \qquad H_1: \mu_1, \mu_2, \mu_3, \mu_4 \text{ 不全相等}.$$

给定 $\alpha = 0.05$，完成这一假设检验.

解　$r = 4$，$n_1 = 7$，$n_2 = 5$，$n_3 = 8$，$n_4 = 6$，$n = 26$.

$$S_{\mathrm{T}} = \sum_{i=1}^{r} \sum_{j=1}^{n_i} x_{ij}^{2} - \frac{T^2}{n} = 698\,959 - \frac{4247^2}{26} = 1957.12,$$

$$S_{\mathrm{A}} = \sum_{i=1}^{r} \frac{T_{i\bullet}^{2}}{n_i} - \frac{T^2}{n} = 697\,445.49 - \frac{4247^2}{26} = 443.61,$$

$$S_{\mathrm{E}} = S_{\mathrm{T}} - S_{\mathrm{A}} = 1513.51.$$

得方差分析表 9.1.4.

表 9.1.4　方差分析表

方差来源	平方和	自由度	均方和	F 比
因素 A	443.61	3	147.87	2.15
误差	1513.51	22	68.80	
总和	1957.12	25		

因

$$F = 2.15 < F_{0.05}(3, 22) = 3.05,$$

则接受 H_0，即认为 4 种生铁试样的热疲劳性无显著差异.

【例 9.1.3】　某食品公司对一种食品设计了 4 种新包装. 为了考察哪种包装最受欢迎，选了 10 个有近似相同销售量的商店做试验，其中两种包装各指定两个商店销售，另两种包装各

指定三个商店销售. 在试验中各商店的货架排放位置、空间都尽量一致，营业员的促销方法也基本相同. 观察在一定时期的销售量，数据如表 9.1.5 所示.

表 9.1.5　销售量

包　装	商　店			商店数 n_i
	1	2	3	
A_1	12	18		2
A_2	14	12	13	3
A_3	19	17	21	3
A_4	24	30		2

4 种包装的销售量是否一致（$\alpha = 0.05$）？

由以上分析可知，本例需检验假设

$$H_0 : \mu_1 = \mu_2 = \mu_3 = \mu_4 ; \qquad H_1 : \mu_1, \mu_2, \mu_3, \mu_4 \text{不全相等}.$$

解　这里 $r=4$，$n_1 = n_4 = 2$，$n_2 = n_3 = 3$，$n=10$，$T_{1\cdot} = 30$，$T_{2\cdot} = 39$，$T_{3\cdot} = 57$，$T_{4\cdot} = 54$，$T = 180$，

$$S_T = \sum_{i=1}^{4} \sum_{j=1}^{n_i} x_{ij}^2 - \frac{T^2}{n} = 3544 - 3240 = 304 ,$$

$$S_A = \sum_{i=1}^{4} \frac{T_{i\cdot}^2}{n_i} - \frac{T^2}{n} = 3498 - 3240 = 258 ,$$

S_T、S_A、S_E 的自由度依次为 $n-1 = 9$，$r-1 = 3$，$n-r = 6$.

得方差分析表如下：

方差来源	平方和	自由度	均方和	F 值
因素	258	3	86	11.2
误差	46	6	7.67	
总和	304	9		

因 $F_{0.05}(3,6) = 4.76 < 11.2$，故在水平 0.05 下拒绝 H_0，即认为 4 种包装的销售量有显著差异，这说明不同包装受欢迎的程度不同.

习题 9.1

1. 为了研究温度对某种化工产品的得率的影响，选了 4 种温度：$A_1 = 60℃$，$A_2 = 65℃$，$A_3 = 70℃$，$A_4 = 75℃$. 分别在每种温度下各做 4 次试验，测得其得率（%）如下：

温　度	A_1	A_2	A_3	A_4
得率	85	85	89	85
	87	89	88	84
	85	86	91	89
	86	87	90	86

试在显著性水平 $\alpha = 0.05$，下检验温度对该化工产品的得率是否有显著影响.

2. 甲、乙、丙三台机器生产规格相同的铝合金薄板. 现在从每台机器生产的铝合金薄板

中随机抽取等量的铝合金薄板，并测量薄板的厚度（精确至 10^{-3}cm），其测量结果如下：

机器甲	机器乙	机器丙	机器甲	机器乙	机器丙
0.237	0.258	0.259	0.246	0.255	0.268
0.239	0.254	0.265	0.244	0.262	0.263
0.249	0.256	0.258			

请在显著性水平 $\alpha=0.05$ 下检验各台机器生产的薄板厚度有无显著的差异.

3．某校初一年级有三个班，数学教师对他们进行了一次考试，现从三个班级中各随机地抽取了一些学生，其成绩分别记录如下：

一班		二班		三班	
75	68	78	31	79	58
45	93	48	78	68	43
82	45	50	76	72	80
73	77	91	62	56	68
87	60	90	78	91	53
82	38	85	96	71	25
		70	80	85	
		58			

设各个总体服从方差相等的正态分布，试在显著性水平 $\alpha=0.05$ 下检验各班级的平均分数有无显著差异.

9.2 双因素试验的方差分析

本节在 9.1 节的基础上讨论多因素的方差分析，其与单因素方差分析的基本思想基本是一致的，不同之处就在于多个因素不但对试验指标起作用，而且各因素不同水平的搭配也对试验指标起作用.

对于双因素试验的方差分析，我们分为无重复试验和等重复试验两种情况来讨论. 对无重复试验，只需要检验两个因素对试验结果有无显著影响；而对等重复试验，还要考察两个因素的交互作用对试验结果有无显著影响.

9.2.1 无重复试验双因素的方差分析

1．试验数据

设影响试验指标有 A、B 两个因素. 因素 A 有 r 个水平，记为 A_1，A_2，$\cdots$，A_r，因素 B 有 s 个水平，记为 B_1，B_2，$\cdots$，B_s. 对因素 A、B 的每一个水平的一对组合 (A_i,B_j)，$i=1,2\cdots,r$；$j=1,2,\cdots,s$ 只进行一次实验，得到 rs 个试验结果 x_{ij}，如表 9.2.1 所示.

表 9.2.1 试验结果

因素A＼因素B（试验结果）	B_1	B_2	$\cdots$	B_s
A_1	x_{11}	x_{12}	$\cdots$	x_{1s}
A_2	x_{21}	x_{22}	$\cdots$	x_{2s}
$\vdots$	$\vdots$	$\vdots$		$\vdots$
A_r	x_{r1}	x_{r2}	$\cdots$	x_{rs}

2．无重复试验双因素方差分析数学模型

与单因素方差分析的假设前提相同，仍假设：

（1）$x_{ij} \sim N(\mu_{ij}, \sigma^2)$，$\mu_{ij}$、$\sigma^2$ 未知，$i = 1, \cdots, r$；$j = 1, \cdots, s$.

（2）每个总体的方差相同；

（3）各 x_{ij} 相互独立，$i = 1, \cdots, r$；$j = 1, \cdots, s$.

类似于单因素方差分析，建立如下无重复试验双因素方差分析数学模型

$$\begin{cases} x_{ij} = \mu_{ij} + \varepsilon_{ij}, \ i = 1, \cdots, r; \ j = 1, \cdots, s; \\ \varepsilon_{ij} \sim N(0, \sigma^2), \ \mu_{ij}、\sigma^2 未知, \\ \varepsilon_{ij} 相互独立. \end{cases} \tag{9.2.1}$$

为了描述方便，记

$$\mu = \frac{1}{rs} \sum_{i=1}^{r} \sum_{j=1}^{s} \mu_{ij},$$

$$\mu_{i.} = \frac{1}{s} \sum_{j=1}^{s} \mu_{ij}, \quad i = 1, 2, \cdots, r,$$

$$\mu_{.j} = \frac{1}{r} \sum_{i=1}^{r} \mu_{ij}, \quad j = 1, 2, \cdots, s,$$

$$\alpha_i = \mu_{i.} - \mu, \quad i = 1, 2, \cdots, r,$$

$$\beta_j = \mu_{.j} - \mu, \quad j = 1, 2, \cdots, s,$$

称 μ 为总平均，称 α_i 为水平 A_i 的效应，称 β_j 为水平 B_j 的效应.

通过简单的推导，易见 $\sum_{i=1}^{r} \alpha_i = 0$，$\sum_{j=1}^{s} \beta_j = 0$，且 $\mu_{ij} = \mu + \alpha_i + \beta_j$.

于是上述模型（9.2.1）进一步可写成

$$\begin{cases} x_{ij} = \mu + \alpha_i + \beta_j + \varepsilon_{ij} \ (i = 1, 2, \cdots, r, \ j = 1, 2, \cdots, s) \\ \varepsilon_{ij} \sim N(0, \sigma^2), \ \mu_{ij}、\sigma^2 未知, \ 各 \varepsilon_{ij} 相互独立, \\ \sum_{i=1}^{r} \alpha_i = 0, \ \sum_{j=1}^{s} \beta_j = 0. \end{cases}$$

要检验因素 A、B 是否显著，即要检验以下两个假设：

$$\begin{cases} H_{0A} : \alpha_1 = \alpha_2 = \cdots = \alpha_r = 0, \\ H_{1A} : \alpha_1, \alpha_2, \cdots, \alpha_r 不全为零. \end{cases}$$

$$\begin{cases} H_{0B} : \beta_1 = \beta_2 = \cdots = \beta_s = 0, \\ H_{1B} : \beta_1, \beta_2, \cdots, \beta_s 不全为零. \end{cases}$$

若 H_{0A}（或 H_{0B}）成立，则认为因素 A（或 B）的影响不显著，否则影响显著.

3. 偏差平方和及其分解

类似于单因素方差分析，需要将总偏差平方和进行分解. 记

$$\bar{x} = \frac{1}{rs} \sum_{i=1}^{r} \sum_{j=1}^{s} x_{ij},$$

$$\overline{x}_{i\cdot} = \frac{1}{s}\sum_{j=1}^{s} x_{ij}, \quad i=1,\cdots,r,$$

$$\overline{x}_{\cdot j} = \frac{1}{r}\sum_{i=1}^{r} x_{ij}, \quad j=1,\cdots,s.$$

将总偏差平方和进行分解：

$$S_{\mathrm{T}} = \sum_{i=1}^{r}\sum_{j=1}^{s}(x_{ij}-\overline{x})^2$$

$$= \sum_{i=1}^{r}\sum_{j=1}^{s}[(\overline{x}_{i\cdot}-\overline{x})+(\overline{x}_{\cdot j}-\overline{x})+(x_{ij}-\overline{x}_{i\cdot}-\overline{x}_{\cdot j}+\overline{x})]^2.$$

由于在 S_{T} 的展式中三个交叉项的乘积都等于零，故有

$$S_{\mathrm{T}} = S_{\mathrm{A}} + S_{\mathrm{B}} + S_{\mathrm{E}},$$

其中

$$S_{\mathrm{A}} = \sum_{i=1}^{r}\sum_{j=1}^{s}(\overline{x}_{i\cdot}-\overline{x})^2 = s\sum_{i=1}^{r}(\overline{x}_{i\cdot}-\overline{x})^2,$$

$$S_{\mathrm{B}} = \sum_{i=1}^{r}\sum_{j=1}^{s}(\overline{x}_{\cdot j}-\overline{x})^2 = r\sum_{j=1}^{s}(\overline{x}_{\cdot j}-\overline{x})^2,$$

$$S_{\mathrm{E}} = \sum_{i=1}^{r}\sum_{j=1}^{s}(x_{ij}-\overline{x}_{i\cdot}-\overline{x}_{\cdot j}+\overline{x})^2.$$

称 S_{E} 为误差平方和；分别称 S_{A}、S_{B} 为因素 A、因素 B 的偏差平方和.

4．检验方法

类似前面的分析，可证明 S_{T}/σ^2、S_{A}/σ^2、S_{B}/σ^2、S_{E}/σ^2 分别服从自由度依次为 $rs-1$、$r-1$、$s-1$、$(r-1)(s-1)$ 的 χ^2 分布，也可证明如下结论：

当 H_{0A} 为真时，有 $F_A = \dfrac{S_A/(r-1)}{S_E/[(r-1)(s-1)]} \sim F(r-1,(r-1)(s-1))$；给定显著性水平为 α，则有假设 H_{0A} 的拒绝域为

$$F_A = \frac{S_A/(r-1)}{S_E/[(r-1)(s-1)]} \geqslant F_\alpha(r-1,(r-1)(s-1)).$$

当 H_{0B} 为真时，有 $F_B = \dfrac{S_B/(s-1)}{S_B/[(r-1)(s-1)]} \sim F(s-1,(r-1)(s-1))$；给定显著性水平为 α，则有假设 H_{0B} 的拒绝域为

$$F_B = \frac{S_B/(s-1)}{S_B/[(r-1)(s-1)]} \geqslant F_\alpha(s-1,(r-1)(s-1)).$$

为了方便及简化计算，记

$$T = \sum_{i=1}^{r}\sum_{j=1}^{s} x_{ij} = rs\overline{x}, \quad T_{i\cdot} = \sum_{j=1}^{s} x_{ij} = s\overline{x}_{i\cdot}, \quad i=1,\cdots,r,$$

$$T_{\cdot j} = \sum_{i=1}^{r} x_{ij} = r\overline{x}_{\cdot j}, \quad j=1,\cdots,s,$$

则

$$S_T = \sum_{i=1}^{r}\sum_{j=1}^{s} x_{ij}^2 - \frac{T^2}{rs}, \qquad S_A = \frac{1}{s}\sum_{i=1}^{r} T_{i\cdot}^2 - \frac{T^2}{rs},$$

$$S_B = \frac{1}{r}\sum_{j=1}^{s} T_{\cdot j}^2 - \frac{T^2}{rs}, \qquad S_E = S_T - S_A - S_B.$$

类似单因素方差分析得方差分析表，如表 9.2.2 所示.

表 9.2.2　无重复试验双因素方差分析表

方差来源	平方和	自由度	均方和	F比
因素 A	S_A	$r-1$	$MS_A = \dfrac{S_A}{r-1}$	$F_A = MS_A / MS_E$
因素 B	S_B	$s-1$	$MS_B = \dfrac{S_B}{s-1}$	$F_B = MS_B / MS_E$
误差	S_E	$(r-1)(s-1)$	$MS_E = \dfrac{S_E}{(r-1)(s-1)}$	
总和	S_T	$rs-1$		

【例 9.2.1】　设 4 名工人操作 A_1、A_2、A_3 这 3 台机器各一天，其日产量如表 9.2.3 所示，问不同机器或不同工人对日产量是否有显著影响（$\alpha = 0.05$）？

表 9.2.3　日产量

日产量　工人＼机器	B_1	B_2	B_3	B_4
A_1	50	47	47	53
A_2	53	54	57	58
A_3	52	42	41	48

解　由题意知 $r=3$，$s=4$，按计算公式计算得

$$T_{1\cdot} = 197, \quad T_{2\cdot} = 222, \quad T_{3\cdot} = 183,$$

$$T_{\cdot 1} = 155, \quad T_{\cdot 2} = 143, \quad T_{\cdot 3} = 145, \quad T_{\cdot 4} = 159,$$

$$T = 602, \quad \sum_{i=1}^{3}\sum_{j=1}^{4} x_{ij}^2 = 30518,$$

$$S_T = \sum_{i=1}^{3}\sum_{j=1}^{4} x_{ij}^2 - \frac{T^2}{12} = 317.67,$$

$$S_A = \frac{1}{4}\sum_{i=1}^{3} T_{i\cdot}^2 - \frac{T^2}{12} = 195.17,$$

$$S_B = \frac{1}{3}\sum_{j=1}^{4} T_{\cdot j}^2 - \frac{T^2}{12} = 59.67, \quad S_E = S_T - S_A - S_B = 62.83,$$

$$F_{A} = \frac{195.17 / 2}{62.83 / 6} = 9.32 , \quad F_{B} = \frac{59.67 / 3}{62.83 / 6} = 1.90.$$

当 $\alpha = 0.05$ 时，查表得

$$F_{\alpha}(r-1,(r-1)(s-1)) = F_{0.05}(2,6) = 5.14 , \quad F_{\alpha}(s-1,(r-1)(s-1)) = F_{0.05}(3,6) = 4.76.$$

综上分析，可得如下方差分析表：

方 差 来 源	平 方 和	自 由 度	F 值	F 的临界值
因素 A	$S_{A} = 195.17$	2	$F_{A} = 9.32$	$F_{0.05}(2,6) = 5.14$
因素 B	$S_{B} = 59.67$	3	$F_{B} = 1.90$	$F_{0.05}(3,6) = 4.76$
误差	$S_{E} = 62.83$	6		
总和	$S_{T} = 317.67$	11		

由此表知，$F_{A} > F_{0.05}(2,6)$，$F_{B} < F_{0.05}(3,6)$，说明机器的差异对日产量有显著影响，而不同工人对日产量无显著影响.

9.2.2 等重复试验双因素的方差分析

1. 试验数据

设影响试验指标的有 A、B 两个因素. 因素 A 有 r 个水平，记为 A_1，A_2，$\cdots$，A_r，因素 B 有 s 个水平，记为 B_1，B_2，$\cdots$，B_s. 对因素 A、B 的每一个水平的一对组合 (A_i, B_j)，$i = 1,2,\cdots,r$；$j = 1,2,\cdots,s$，都做 $t (t \geqslant 2)$ 次实验（称为等重复实验），得到 rst 个试验结果，如表 9.2.4 所示.

$$x_{ijk} \ (i = 1, \cdots, r; \ j = 1, \cdots, s; \ k = 1, \cdots, t)$$

表 9.2.4　试验结果

因素 A ＼ 因素 B	B_1	B_2	$\cdots$	B_s
A_1	$x_{111}, \cdots, x_{11t}$	$x_{121}, \cdots, x_{12t}$	$\cdots$	$x_{1s1}, \cdots, x_{1st}$
A_2	$x_{211}, \cdots, x_{21t}$	$x_{221}, \cdots, x_{22t}$	$\cdots$	$x_{2s1}, \cdots, x_{2st}$
$\vdots$	$\vdots$	$\vdots$	$\vdots$	$\vdots$
A_r	$x_{r11}, \cdots, x_{r1t}$	$x_{r21}, \cdots, x_{r2t}$	$\cdots$	$x_{rs1}, \cdots, x_{rst}$

2. 等重复试验双因素的方差分析数学模型

类似于单因素方差分析，假设：

（1）$x_{ijk} \sim N(\mu_{ij}, \sigma^2)$，$\mu_{ij}$、$\sigma^2$ 未知，$i = 1,\cdots,r$；$j = 1,\cdots,s$；$k = 1,\cdots,t$；

（2）每个总体的方差相同；

（3）各 x_{ijk} 相互独立，$i = 1,\cdots,r$；$j = 1,\cdots,s$；$k = 1,\cdots,t$.

从而得到如下数学模型

$$\begin{cases} x_{ijk} = \mu_{ij} + \varepsilon_{ijk}, \ i = 1,2,\cdots,r; \ j = 1,2,\cdots,s; \ k = 1,2,\cdots,t, \\ \varepsilon_{ijk} \sim N(0, \sigma^2), \\ \text{各} \, \varepsilon_{ijk} \text{相互独立}. \end{cases} \tag{9.2.2}$$

称为等重复试验双因素的方差分析的数学模型.

记

$$\mu = \frac{1}{rs}\sum_{i=1}^{r}\sum_{j=1}^{s}\mu_{ij} , \quad \mu_{i\cdot} = \frac{1}{s}\sum_{j=1}^{s}\mu_{ij} , \quad i = 1,2,\cdots,r ,$$

$$\mu_{\cdot j} = \frac{1}{r}\sum_{i=1}^{r}\mu_{ij} , \quad j = 1,2,\cdots,s ,$$

$$\alpha_i = \mu_{i\cdot} - \mu , \quad i = 1,2,\cdots,r , \quad \beta_j = \mu_{\cdot j} - \mu , \quad j = 1,2,\cdots,s ,$$

$$\gamma_{ij} = \mu_{ij} - \mu_{i\cdot} - \mu_{\cdot j} + \mu .$$

于是

$$\mu_{ij} = \mu + \alpha_i + \beta_j + \gamma_{ij} \quad (i = 1,\cdots,r; \ j = 1,\cdots,s),$$

称 μ 为总平均，α_i 为水平 A_i 的效应，β_j 为水平 B_j 的效应，γ_{ij} 为水平 A_i 和水平 B_j 的交互效应，γ_{ij} 是由水平 A_i 和水平 B_j 搭配起来联合作用而引起的.

经简单计算可知：

$$\sum_{i=1}^{r}\alpha_i = 0 , \quad \sum_{j=1}^{s}\beta_j = 0 ,$$

$$\sum_{i=1}^{r}\gamma_{ij} = 0 , \quad j = 1,2,\cdots,s ,$$

$$\sum_{j=1}^{s}\gamma_{ij} = 0 , \quad i = 1,2,\cdots,r ,$$

上述模型（9.2.2）可写成

$$\begin{cases} x_{ijk} = \mu + \alpha_i + \beta_j + \gamma_{ij} + \varepsilon_{ijk}, \\ \sum_{i=1}^{r}\alpha_i = 0, \ \sum_{j=1}^{s}\beta_j = 0, \ \sum_{i=1}^{r}\gamma_{ij} = 0, \ \sum_{j=1}^{s}\gamma_{ij} = 0, \\ \varepsilon_{ijk} \sim N(0,\sigma^2), \ i = 1,2,\cdots,r; \ j = 1,2,\cdots,s; \ k = 1,2,\cdots,t, \\ \text{各} \varepsilon_{ijk} \text{相互独立.} \end{cases} \quad (9.2.3)$$

其中 μ、α_i、β_j、γ_{ij} 及 σ^2 都是未知参数.

要检验因素 A、B 及交互作用 $A \times B$ 是否显著，即要检验以下 3 个假设：

(1) $\begin{cases} H_{0A} : \alpha_1 = \alpha_2 = \cdots = \alpha_r = 0, \\ H_{1A} : \alpha_1, \alpha_2, \cdots, \alpha_r \text{不全为零} \end{cases}$

(2) $\begin{cases} H_{0B} : \beta_1 = \beta_2 = \cdots = \beta_s = 0, \\ H_{1B} : \beta_1, \beta_2, \cdots, \beta_s \text{不全为零} \end{cases}$

(3) $\begin{cases} H_{0A \times B} : \gamma_{11} = \gamma_{12} = \cdots = \gamma_{rs} = 0, \\ H_{1A \times B} : \gamma_{11}, \gamma_{12}, \cdots, \gamma_{rs} \text{不全为零.} \end{cases}$

与无重复试验的情况类似，此类问题的检验方法也是建立在偏差平方和的分解上的.

3. 偏差平方和及其分解

类似于前面讨论，记

$$\overline{x} = \frac{1}{rst} \sum_{i=1}^{r} \sum_{j=1}^{s} \sum_{k=1}^{t} x_{ijk},$$

$$\overline{x}_{ij.} = \frac{1}{t} \sum_{k=1}^{t} x_{ijk}, \quad i=1,\cdots,r; \ j=1,\cdots,s$$

$$\overline{x}_{i..} = \frac{1}{st} \sum_{j=1}^{s} \sum_{k=1}^{t} x_{ijk}, \quad i=1,2,\cdots,r$$

$$\overline{x}_{.j.} = \frac{1}{rt} \sum_{i=1}^{r} \sum_{k=1}^{t} x_{ijk}, \quad j=1,2,\cdots,s$$

总偏差平方和分解为

$$S_{\mathrm{T}} = S_{\mathrm{E}} + S_{\mathrm{A}} + S_{\mathrm{B}} + S_{\mathrm{A\times B}},$$

其中

$$S_{\mathrm{T}} = \sum_{i=1}^{r} \sum_{j=1}^{s} \sum_{k=1}^{t} (x_{ijk} - \overline{x})^2,$$

$$S_{\mathrm{E}} = \sum_{i=1}^{r} \sum_{j=1}^{s} \sum_{k=1}^{t} (x_{ijk} - \overline{x}_{ij.})^2,$$

$$S_{\mathrm{A}} = st \sum_{i=1}^{r} (\overline{x}_{i..} - \overline{x})^2,$$

$$S_{\mathrm{B}} = rt \sum_{j=1}^{s} (\overline{x}_{.j.} - \overline{x})^2,$$

$$S_{\mathrm{A\times B}} = t \sum_{i=1}^{r} \sum_{j=1}^{s} (\overline{x}_{ij.} - \overline{x}_{i..} - \overline{x}_{.j.} + \overline{x})^2.$$

S_{T} 称为总偏差平方和（总变差），S_{E} 称为误差平方和，S_{A}、S_{B} 分别称为因素 A、因素 B 的偏差平方和，$S_{\mathrm{A\times B}}$ 称为 A、B 交互偏差平方和.

4. 检验方法

类似前面的分析，可证明 S_{T}/σ^2、S_{A}/σ^2、S_{B}/σ^2、$S_{\mathrm{A\times B}}/\sigma^2$、$S_{\mathrm{E}}/\sigma^2$ 分别服从自由度依次为 $rst-1$、$r-1$、$s-1$、$(r-1)(s-1)$、$rs(t-1)$ 的 χ^2 分布，也可证明如下结论：

当 $H_{0\mathrm{A}}$ 为真时，有 $F_{\mathrm{A}} = \dfrac{S_{\mathrm{A}}/(r-1)}{S_{\mathrm{E}}/(rs(t-1))} \sim F(r-1, rs(t-1))$；给定显著性水平为 α，则假设

H_{0A} 的拒绝域为

$$F_A = \frac{S_A/(r-1)}{S_E/(rs(t-1))} \geqslant F_\alpha(r-1, rs(t-1)).$$

当 H_{0B} 为真时，$F_B = \dfrac{S_B/(s-1)}{S_E/(rs(t-1))} \sim F(s-1, rs(t-1))$；给定显著性水平为 α，则假设 H_{0B} 的拒绝域为

$$F_B = \frac{S_B/(s-1)}{S_E/(rs(t-1))} \geqslant F_\alpha(s-1, rs(t-1)).$$

当 $H_{0A \times B}$ 为真时，$F_{A \times B} = \dfrac{S_{A \times B}/(r-1)(s-1)}{S_E/(rs(t-1))} \sim F((r-1)(s-1), rs(t-1))$；给定显著性水平为 α，则假设 $H_{0A \times B}$ 的拒绝域为

$$F_{A \times B} = \frac{S_{A \times B}/(r-1)(s-1)}{S_E/(rs(t-1))} \geqslant F_\alpha((r-1)(s-1), rs(t-1)).$$

为了方便及简化计算，记

$$T = T_{\cdots} = \sum_{i=1}^{r} \sum_{j=1}^{s} \sum_{k=1}^{t} x_{ij} = rst\overline{x},$$

$$T_{ij\cdot} = \sum_{k=1}^{t} x_{ijk}, \quad i = 1, \cdots, r; \ j = 1, \cdots, s$$

$$T_{i\cdots} = \sum_{j=1}^{s} \sum_{k=1}^{t} x_{ijk}, \quad i = 1, 2, \cdots, r,$$

$$T_{\cdot j \cdot} = \sum_{i=1}^{r} \sum_{k=1}^{t} x_{ijk}, \quad j = 1, 2, \cdots, s.$$

则

$$S_T = \sum_{i=1}^{r} \sum_{j=1}^{s} \sum_{k=1}^{t} x_{ijk}^2 - \frac{T^2}{rst},$$

$$S_A = \frac{1}{st} \sum_{i=1}^{r} T_{i\cdots}^2 - \frac{T^2}{rst},$$

$$S_B = \frac{1}{rt} \sum_{j=1}^{s} T_{\cdot j \cdot}^2 - \frac{T^2}{rst},$$

$$S_{A \times B} = \left(\frac{1}{t} \sum_{i=1}^{r} \sum_{j=1}^{s} T_{ij\cdot}^2 - \frac{T^2}{rst} \right) - S_A - S_B,$$

$$S_E = S_T - S_A - S_B - S_{A \times B}.$$

可得表 9.2.5 所示的方差分析表.

表 9.2.5 有重复试验双因素方差分析表

方 差 来 源	平 方 和	自 由 度	均 方 和	F 比
因素 A	S_A	$r-1$	$MS_A = \dfrac{S_A}{r-1}$	$F_A = \dfrac{MS_A}{MS_E}$
因素 B	S_B	$s-1$	$MS_B = \dfrac{S_B}{s-1}$	$F_B = \dfrac{MS_B}{MS_E}$
交互作用	$S_{A \times B}$	$(r-1)(s-1)$	$MS_{A \times B} = \dfrac{S_{A \times B}}{(r-1)(s-1)}$	$F_{A \times B} = \dfrac{MS_{A \times B}}{MS_E}$
误差	S_E	$rs(t-1)$	$MS_E = \dfrac{S_E}{rs(t-1)}$	
总和	S_T	$rst-1$		

【例 9.2.2】 在某种金属材料的生产过程中, 对热处理温度 (因素 B) 与时间 (因素 A) 各取两个水平, 在同一条件下每个实验重复两次, 产品强度的测定结果 (相对值) 如表 9.2.6 所示. 设各水平搭配下强度的总体服从方差相同的正态分布且各样本独立. 试分析热处理温度、时间及这两者的交互作用对产品强度是否有显著的影响 (取 $\alpha = 0.05$).

表 9.2.6 产品强度的测定结果

A \ B	B_1	B_2	$T_{i \cdot \cdot}$
A_1	38.0 38.6	47.0 44.8	168.4
A_2	45.0 43.8	42.4 40.8	172
$T_{\cdot j \cdot}$	165.4	175	340.4

解 根据题设数据, 得

$$S_T = (38.0^2 + 38.6^2 + \cdots + 40.8^2) - \frac{340.4^2}{8} = 71.82 ,$$

$$S_A = \frac{1}{4}(168.4^2 + 172^2) - \frac{340.4^2}{8} = 1.62 ,$$

$$S_B = \frac{1}{4}(165.4^2 + 175^2) - 340.4^2 / 8 = 11.52 ,$$

$$S_{A \times B} = 14551.24 - 14484.02 - 1.62 - 11.52 = 54.08 ,$$

$$S_E = 71.82 - S_A - S_B - S_{A \times B} = 4.6.$$

综上分析, 可得如下方差分析表:

方 差 来 源	平 方 和	自 由 度	均 方 和	F 比
因素 A	1.62	1	1.62	$F_A = 1.4$
因素 B	11.52	1	11.52	$F_B = 10.0$
$A \times B$	54.08	1	54.08	$F_{A \times B} = 47.0$
误差	4.6	4	1.15	
总和	71.82	7		

由 $F_{0.05}(1,4) = 7.71$, 因为

$$F_A = 1.4 < F_{0.05}(1,4) = 7.71 ,$$

$$F_B = 10.0 > F_{0.05}(1,4) = 7.71 ,$$

$$F_{A\times B} = 47.0 > F_{0.05}(1,4) = 7.71 ,$$

所以认为时间对强度的影响不显著，而温度的影响显著，且交互作用的影响显著.

习题 9.2

1. 不同配比的饲料对猪的生长有影响，某饲养员为了解 3 种不同配比的饲料对猪生长影响的差异，从 3 种不同品种的猪中各选 3 头进行试验，分别测得其两个月间体重增加量如下所示：

体重增长量		因素 B（品种）		
		B_1	B_2	B_3
因素 A（饲料）	A_1	36	38	40
	A_2	41	34	38
	A_3	38	49	37

设猪体重增长量服从正态分布，且各种配比的方差相等，在显著性水平 $\alpha = 0.05$ 下检验不同饲料与不同品种对猪的生长有无显著影响.

2. 为了解不同的硫化时间和不同的加速剂对制造硬橡胶的抗牵拉强度（单位：$kg\cdot cm^{-2}$）的差异，在不同的硫化时间和不同的加速剂的条件下，对制造的硬橡胶的抗牵拉强度进行测量，获得观察数据如下所示：

140℃下硫化时间/s	加速剂		
	甲	乙	丙
30	38，35	40，34	41，30
50	41，35	41，38	42，35
70	36，40	38，41	35，37

试分析不同的硫化时间（A）、加速剂（B）及它们的交互作用（A×B）对抗牵拉强度有无显著影响（显著水平 $\alpha = 0.05$）.

第10章 回归分析

早在 19 世纪，英国生物学家兼统计学家高尔顿（Galton）在研究父代与子代身高的遗传问题时，收集了 1078 对父与子的身高数据．设 x 表示父亲身高，y 表示成年儿子的身高，将这 1078 对父与子的身高数据放在直角坐标系中，发现这 1078 个点基本上在一条直线附近，该直线方程为（单位：英寸，1 英寸=2.54cm）：

$$y = 33.73 + 0.516x .$$

结果表明：

（1）父亲身高每增加 1 个单位，其儿子的身高平均增加 0.516 个单位．

（2）高个子父亲有生高个子儿子的趋势，但是一群高个子父亲的儿子们的平均身高要低于父辈们的平均身高．例如：$x = 80$，则 $y = 75.01$．

（3）矮个子父亲的儿子们平均身高要比父辈们平均身高要高一些．例如：$x = 60$，则 $y = 64.69$．

这体现了子代的平均身高有向中心回归的趋势，使得一段时间内人的平均身高相对稳定．之后回归分析的思想渗透到数理统计的其他分支中，应用也越来越广泛．

回归分析研究的是变量与变量间的关系．通常变量间具有两类关系：一类称为**确定性关系**，即变量间的关系是完全确定的，可以用函数关系表示．例如，欧姆定律中电压 U 与电阻 R、电流 I 之间的关系 $U=IR$；圆的面积 S 与半径 R 之间的关系 $S = \pi R^2$ 等．另一类称为**相关关系**，即变量间有关系，但是不能用函数来表示．例如，人的身高和体重的关系、人的血压和年龄的关系、某产品的广告投入与销售额间的关系等，它们之间是有关联的，但是它们之间的关系又不能用普通函数来表示．具有相关关系的变量之间虽然具有某种不确定性，但通过对它们的不断观察，可以探索出它们之间的统计规律，回归分析就是研究这种统计规律的一种数学方法．

本节主要介绍一元线性回归模型估计、检验及相应的预测和控制等问题．

10.1 一元线性回归

10.1.1 一元线性回归模型

x 可以在一定程度上决定 y，但由 x 的值不能准确地确定 y 的值．为了研究它们的这种关系，对 (x, y) 进行一系列观测，得到一个容量为 n 的样本（x 取一组不完全相同的值）：$(x_1, y_1), (x_2, y_2), \cdots, (x_n, y_n)$，其中 y_i 是 $x = x_i$ 处对随机变量 y 观察的结果．每对 (x_i, y_i) 在直角坐标系中对应一个点，把它们标在平面直角坐标系中，称所得到的图为**散点图**．如图 10.1.1 所示．

由图 10.1.1(a)可看出散点大致地围绕一条直线散布，而图 10.1.1(b)中的散点大致围绕一条抛物线散布，这就是变量间统计规律性的一种表现．

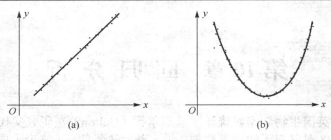

图 10.1.1　散点图

如果图中的点像图 10.1.1(a)中那样呈直线状，则表明 y 与 x 之间有线性相关关系，可建立数学模型

$$y = \beta_0 + \beta_1 x + \varepsilon \qquad (10.1.1)$$

来描述它们之间的关系．因为 x 不能严格地确定 y，故有一误差项 ε，假设 $\varepsilon \sim N(0, \sigma^2)$，相当于对 y 做这样的正态假设，对于 x 的每一个值有 $y \sim N(\beta_0 + \beta_1 x, \sigma^2)$，其中未知数 β_0、β_1 不依赖于 x，式（10.1.1）称为一元线性回归模型（**Univariable Linear Regression Model**）．

在式（10.1.1）中，β_0、β_1 是待估计参数．由样本观察值可以获得 β_0、β_1 的估计 $\hat{\beta}_0$、$\hat{\beta}_1$，称

$$\hat{y} = \hat{\beta}_0 + \hat{\beta}_1 x \qquad (10.1.2)$$

为 y 关于 x 的**经验回归函数**，简称回归方程，其图形称为回归直线，$\hat{\beta}_1$ 称为**回归系数**．对于给定 $x = x_0$ 后，称 $\hat{y}_0 = \hat{\beta}_0 + \hat{\beta}_1 x_0$ 为回归值（在不同场合也称其为拟合值和预测值）．

10.1.2　回归系数的最小二乘估计

样本的一组观察值 (x_1, y_1)，(x_2, y_2)，$\cdots$，(x_n, y_n)，对每个 x_i，由线性回归方程（10.1.2）可以确定一回归值

$$\hat{y}_i = \hat{\beta}_0 + \hat{\beta}_1 x_i,$$

这个回归值 $\hat{y}_i$ 与实际观察值 y_i 之差

$$y_i - \hat{y}_i = y_i - \hat{\beta}_0 - \hat{\beta}_1 x_i \to y_i - \hat{y}_i = y_i - (\hat{\beta}_0 + \hat{\beta}_1 x_i)$$

刻画了 y_i 与回归直线 $\hat{y} = \hat{\beta}_0 + \hat{\beta}_1 x$ 的偏离度．一个自然的想法就是：对所有 x_i，若 y_i 与 $\hat{y}_i$ 的偏离越小，则认为直线与所有试验点拟合得越好．

令

$$Q(\beta_0, \beta_1) = \sum_{I=1}^{n} (y_i - \beta_0 - \beta_1 x_i)^2,$$

记 β_0 与 β_1 的估计为 $\hat{\beta}_0$、$\hat{\beta}_1$，若 $\hat{\beta}_0$、$\hat{\beta}_1$ 满足

$$Q(\hat{\beta}_0, \hat{\beta}_1) = \min Q(\beta_0, \beta_1),$$

则称 $\hat{\beta}_0$、$\hat{\beta}_1$ 分别为 β_0、β_1 的**最小二乘估计**（简记为 LSE）．

对任意的 β_0 与 β_1，都有 $Q(\beta_0, \beta_1) \geqslant 0$，且关于 β_0、β_1 的导数存在．因此，对 $Q(\beta_0, \beta_1)$ 关

于 β_0、β_1 求偏导数，并令其为零，得

$$\begin{cases} \dfrac{\partial Q}{\partial \beta_0} = -2\sum_{i=1}^{n}(y_i - \beta_0 - \beta_1 x_i) = 0 \\ \dfrac{\partial Q}{\partial \beta_1} = -2\sum_{i=1}^{n}(y_i - \beta_0 - \beta_1 x_i)x_i = 0 \end{cases},$$

整理得

$$\begin{cases} n\beta_0 + \left(\sum_{i=1}^{n} x_i\right)\beta_1 = \sum_{i=1}^{n} y_i \\ \left(\sum_{i=1}^{n} x_i\right)\beta_0 + \left(\sum_{i=1}^{n} x_i^2\right)\beta_1 = \sum_{i=1}^{n} x_i y_i \end{cases},$$

称此为正规方程组，解正规方程组得

$$\begin{cases} \hat{\beta}_0 = \bar{y} - \bar{x}\hat{\beta}_1 \\ \hat{\beta}_1 = \left(\sum_{i=1}^{n} x_i y_i - n\bar{x}\,\bar{y}\right) \Big/ \left(\sum_{i=1}^{n} x_i^2 - n\bar{x}^2\right) \end{cases}, \tag{10.1.3}$$

其中 $\bar{x} = \dfrac{1}{n}\sum_{i=1}^{n} x_i$，$\bar{y} = \dfrac{1}{n}\sum_{i=1}^{n} y_i$，若记

$$L_{xy} = \sum_{i=1}^{n}(x_i - \bar{x})(y_i - \bar{y}) = \sum_{i=1}^{n} x_i y_i - n\bar{x}\,\bar{y}, \quad L_{xx} = \sum_{i=1}^{n}(x_i - \bar{x})^2 = \sum_{i=1}^{n} x_i^2 - n\bar{x}^2,$$

则

$$\begin{cases} \hat{\beta}_0 = \bar{y} - \bar{x}\hat{\beta}_1 \\ \hat{\beta}_1 = L_{xy}/L_{xx} \end{cases}, \tag{10.1.4}$$

式（10.1.3）或（10.1.4）称为 β_0、β_1 的最小二乘估计．于是，所求的线性回归方程为

$$\hat{y} = \hat{\beta}_0 + \hat{\beta}_1 x, \tag{10.1.5}$$

若将 $\hat{\beta}_0 = \bar{y} - \bar{x}\hat{\beta}_1$ 代入上式，则线性回归方程亦可表示为

$$\hat{y} = \bar{y} + \hat{\beta}_1(x - \bar{x}). \tag{10.1.6}$$

式（10.1.6）表明，回归直线通过由样本观察值 (x_1, y_1)，(x_2, y_2)，$\cdots$，(x_n, y_n) 确定的散点图的几何中心 $(\bar{x}, \bar{y})$．回归直线是一条斜率为 $\hat{\beta}_1$ 且过点 $(\bar{x}, \bar{y})$ 的直线．

对于最小二乘估计，还可以得到一个很重要的结论．

定理 10.1.1 若 $\hat{\beta}_0$、$\hat{\beta}_1$ 为 β_0、β_1 的最小二乘估计，则 $\hat{\beta}_0$、$\hat{\beta}_1$ 分别是 β_0、β_1 的无偏估计，且

$$\hat{\beta}_0 \sim N\left(\beta_0, \sigma^2\left(\frac{1}{n} + \frac{\bar{x}^2}{L_{xx}}\right)\right), \quad \hat{\beta}_1 \sim N\left(\beta_1, \frac{\sigma^2}{L_{xx}}\right).$$

证明 略．

【例 10.1.1】 为了研究某一化学反应过程中温度 x 对产品得率 y 的影响. 测得数据如下:

温度 x_i / ℃	100	110	120	130	140	150	160	170	180	190
得率 y_i / %	45	51	54	61	66	70	74	78	85	89

求产品得率 y 关于温度 x 的回归方程.

解　为了方便, 列出如下的计算表格.

i	x_i	y_i	x_i^2	y_i^2	$x_i y_i$
1	100	45	10 000	2025	4500
2	110	51	12 100	2601	5610
3	120	54	14 400	2916	6480
4	130	61	16 900	3721	7930
5	140	66	19 600	4356	9240
6	150	70	22 500	4900	10 500
7	160	74	25 600	5476	11 840
8	170	78	28 900	6084	13 260
9	180	85	32 400	7225	15 300
10	190	89	36 100	7921	116 910
Σ	1450	673	218 500	47 225	101 570

故 $\bar{x} = \dfrac{1}{10} \times 1450 = 145$，$\bar{y} = \dfrac{1}{10} \times 673 = 67.3$，

而
$$L_{xx} = \sum_{i=1}^{10} x_i^2 - 10\bar{x}^2 = 218\,500 - 10 \times (145)^2 = 8250，$$

$$L_{xy} = \sum_{i=1}^{10} x_i y_i - 10\bar{x}\,\bar{y} = 101\,570 - 10 \times 145 \times 67.3 = 3985，$$

从而 $\hat{\beta}_1 = \dfrac{L_{xy}}{L_{xx}} = \dfrac{3980}{8250} = 0.483$，$\hat{\beta}_0 = \bar{y} - \bar{x}\hat{\beta}_1 = 67.3 - 145 \times 0.483 = -2.735$，

所以回归直线方程为 $\hat{y} = -2.735 + 0.483x$.

10.1.3　回归方程的显著性检验

由回归系数的最小二乘可知, 对任意给定的数据 (x_1, y_1), (x_2, y_2), $\cdots$, (x_n, y_n), 都能求出 β_0 与 β_1 的估计 $\hat{\beta}_0$、$\hat{\beta}_1$, 进而确定回归方程 $\hat{y} = \hat{\beta}_0 + \hat{\beta}_1 x$. 我们知道, 建立回归方程的目的是寻找 y 的均值随 x 变化的规律, 即找出回归方程 $E(y) = \beta_0 + \beta_1 x$. 如果 $\beta_1 = 0$, 那么不管 x 如何变化, $E(y)$ 不随 x 的变化而线性变化, 这时求得的一元线性回归方程没有意义, 或者说回归方程不显著. 如果 $\beta_1 \neq 0$, 那么当 x 变化时, $E(y)$ 随 x 的变化线性变化, 此时求得的回归方程就有意义, 或者称回归方程是显著的.

综上所述, 判断回归方程是否有意义即是要检验如下假设:
$$H_0: \beta_1 = 0，\quad H_0: \beta_1 \neq 0.$$

当拒绝 H_0 时, 则认为 y 与 x 之间存在线性关系, 所求得的线性回归方程有意义, 回归方程显著. 若接受 H_0, 则认为 y 与 x 的关系不能用一元线性回归模型来表示, 所求得的线性回归方程无意义.

下面介绍一元线性回归中三种等价的检验方法.

1. F 检验法

首先考虑观察值的偏差平方和分解.

（1）平方和分解

设样本观察值为 $(x_1, y_1), (x_2, y_2), \cdots, (x_n, y_n)$，$y_1, y_2, \cdots, y_n$ 的分散程度可以用总的偏差平方和来度量（Total Sum of Squares），记为

$$Q_{总} = \sum_{i=1}^{n}(y_i - \overline{y})^2.$$

由正规方程组，有

$$\begin{aligned}
Q_{总} &= \sum_{i=1}^{n}(y_i - \overline{y})^2 \\
&= \sum_{i=1}^{n}(y_i - \hat{y}_i + \hat{y}_i - \overline{y})^2 \\
&= \sum_{i=1}^{n}(y_i - \hat{y}_i)^2 + 2\sum_{i=1}^{n}(y_i - \hat{y}_i)(\hat{y}_i - \overline{y}) + \sum_{i=1}^{n}(\hat{y}_i - \overline{y})^2 \\
&= \sum_{i=1}^{n}(y_i - \hat{y}_i)^2 + \sum_{i=1}^{n}(\hat{y}_i - \overline{y})^2 \\
&= Q_{剩} + Q_{回}.
\end{aligned}$$

其中

$$Q_{剩} = \sum_{i=1}^{n}(y_i - \hat{y}_i)^2, \quad Q_{回} = \sum_{i=1}^{n}(\hat{y}_i - \overline{y})^2.$$

$Q_{剩}$ 称为**剩余平方和**（Residual Sum of Squares），它反映了观测值 y_i 偏离回归直线的程度，这种偏离是由试验误差及其他未加控制的因素引起的，它的大小反映了试验误差及其他因素对试验结果的影响.

$Q_{回}$ 为**回归平方和**（Regression Sum of Squares），它反映了回归值 $\hat{y}_i$ $(i=1,2,\cdots,n)$ 的分散程度，它的分散性是由 x 的变化而引起的，并通过 x 对 y 的线性影响反映出来.

通过对 $Q_{剩}$、$Q_{回}$ 的分析，$y_1, y_2, \cdots, y_n$ 的分散程度 $Q_{总}$ 的两种影响可以从数量上区分开来. 因而 $Q_{回}$ 与 $Q_{剩}$ 的比值反映了这种线性相关关系与随机因素对 y 的影响的大小；比值越大，线性相关性越强.

（2）检验统计量与拒绝域

基于上面的推导，还可以得出关于 $Q_{回}$ 与 $Q_{剩}$ 的一个很重要的定理.

定理 10.1.2 设线性回归模型 $y = \beta_0 + \beta_1 x + \varepsilon$，$\varepsilon \sim N(0, \sigma^2)$，当 H_0 成立时，则有 $\hat{\beta}_1$ 与 $Q_{剩}$ 相互独立，且 $Q_{剩}/\sigma^2 \sim \chi^2(n-2)$，$Q_{回}/\sigma^2 \sim \chi^2(1)$.

证明 略.

由定理 10.1.2 可知，当 H_0 为真时，统计量

$$F = \frac{Q_回 / 1}{Q_剩 / (n-2)} \sim F(1, n-2).$$

对于给定显著性水平 α，得拒绝域为

$$F > F_\alpha(1, n-2),$$

根据试验数据 (x_1, y_1)，(x_2, y_2)，$\cdots$，(x_n, y_n) 计算 F 的值，并查表确定 $F_\alpha(1, n-2)$，当 $F > F_\alpha(1, n-2)$ 时，拒绝 H_0，表明回归效果显著，即认为在显著性水平 α 下，y 对 x 的线性相关关系是显著的. 反之，当 $F \le F_\alpha(1, n-2)$ 时，接受 H_0，此时回归效果不显著，则认为 y 对 x 没有线性相关关系，即所求线性回归方程无实际意义.

类似第 9 章的内容，也可将整个检验过程列成方差分析表，如表 10.1.1 所示.

表 10.1.1 方差分析表

方 差 来 源	平 方 和	自 由 度	均 方	F 比
回归	$Q_回$	1	$Q_回 / 1$	$F = \dfrac{Q_回 / 1}{Q_剩 / (n-2)}$
剩余	$Q_剩$	$n-2$	$Q_剩 / (n-2)$	
总计	$Q_总$	$n-1$		

其中，$Q_总 = \sum_{i=1}^{n}(y_i - \bar{y})^2 = \sum_{i=1}^{n} y_i^2 - n\bar{y}^2 = L_{yy}$，$Q_回 = \hat{\beta}_1^2 L_{xx} = \hat{\beta}_1 L_{xy}$，$Q_剩 = L_{yy} - \hat{\beta}_1 L_{xy}$.

【例 10.1.2】以家庭为单位，某种商品年需求量与该商品价格之间的一组调查数据如下：

价格 x/元	5	2	2	2.3	2.5	2.6	2.8	3	3.3	3.5
需求量/kg	1	3.5	3	2.7	2.4	2.5	2	1.5	1.2	1.2

（1）求经验回归方程 $\hat{y} = \hat{\beta}_0 + \hat{\beta}_1 x$；

（2）检验线性关系的显著性（$\alpha = 0.05$，采用 F 检验法）.

解 （1）由题意计算得 $\bar{x} = 2.9$，$L_{xx} = 7.18$，$\bar{y} = 2.1$，$L_{yy} = 6.58$，

$$L_{xy} = \sum_{i=1}^{n} x_i y_i - n\bar{x}\bar{y} = 54.97 - 2.1 \times 2.9 \times 10 = -5.93,$$

故 $\hat{\beta}_1 = L_{xy} / L_{xx} = -0.826$，$\hat{\beta}_0 = \bar{y} - \hat{\beta}_1 \bar{x} = 4.449$.

经验回归方程 $\hat{y} = 4.495 - 0.826x$.

（2）$Q_回 = \hat{\beta}_1 L_{xy} = (-0.826) \times (-5.93) = 4.898$，$Q_剩 = L_{yy} - \hat{\beta}_1 L_{xy} = 1.682$，

$$F_0 = \frac{Q_回}{Q_剩 / (n-2)} = 8 \times \frac{4.898}{1.682} = 23.297,$$

$$\alpha = 0.05, \quad F_{0.05}(1.8) = 5.32.$$

因 $F_0 > F_{0.05}(1,8)$，故回归是显著的.

2. T 检验法

由定理 10.1.1 可得

$$(\hat{\beta}_1 - \beta_1) / (\sigma / \sqrt{L_{xx}}) \sim N(0,1),$$

又由定理 10.1.2 可知，$\hat{\sigma}^2 = Q_{剩}/(n-2)$ 为 σ^2 的无偏估计．经过简单推导可知，

$$(n-2)\hat{\sigma}^2/\sigma^2 = Q_{剩}/\sigma^2 \sim \chi^2(n-2)，$$

且 $(\hat{\beta}_1 - \beta_1)/(\sigma/\sqrt{L_{xx}})$ 与 $(n-2)\hat{\sigma}^2/\sigma^2$ 相互独立．故取检验统计量

$$T = \frac{\hat{\beta}_1}{\hat{\sigma}}\sqrt{L_{xx}} \sim t(n-2)．$$

由给定的显著性水平 α，查表得 $t_{\alpha/2}(n-2)$，根据试验数据 $(x_1,y_1),(x_2,y_2),\cdots,(x_n,y_n)$ 计算 T 的值 t，当 $|t|>t_{\alpha/2}(n-2)$ 时，拒绝 H_0，此时回归效应显著；当 $|t|\leqslant t_{\alpha/2}(n-2)$ 时，接受 H_0，此时回归效果不显著．

3．相关系数检验法

为了检验线性回归直线是否显著，还可用 x 与 y 之间的相关系数来检验．即对下列检验问题做出判断．

$$H_0:r=0，\quad H_1:r\neq 0$$

检验统计量为其样本的相关系数

$$r = \frac{\sum_{i=1}^{n}(x_i-\overline{x})(y_i-\overline{y})}{\sqrt{\sum_{i=1}^{n}(x_i-\overline{x})^2 \sum_{i=1}^{n}(y_i-\overline{y})^2}} = \frac{L_{xy}}{\sqrt{L_{xx}}\sqrt{L_{yy}}}，$$

其中 (x_i,y_i)，$i=1,\cdots,n$，是容量为 n 的二维样本．

可以证明，当 H_0 为真时，

$$\frac{r}{\sqrt{1-r^2}}\sqrt{n-2} \sim t(n-2)，$$

故 H_0 的拒绝域为

$$t \geqslant t_{\alpha/2}(n-2)．$$

在一元线性回归预测中，以上的 F 检验法、t 检验法、相关系数检验法都是等价的，在实际中只需做其中一种检验即可．

习题 10.1

1．在硝酸钠（NaNO₃）的溶解度试验中，测得在不同温度 x（单位：℃）下，溶解于 100 份水中的硝酸钠份数 y 的数据如下，试求 y 关于 x 的线性回归方程．

x_i	0	5	11	16	22	30	37	52	69
y_i	67.8	72.0	77.3	81.6	86.7	91.9	98.4	114.6	126.1

2．随机抽取了铜仁市 10 个家庭，调查了他们的家庭月收入 x（单位：百元）和月支出 y（单位：百元），记录如下表：

x	21	16	21	26	17	21	19	19	23	17
y	19	15	18	21	15	20	18	18	21	14

求：（1）在直角坐标系下作 x 与 y 的散点图，判断 y 与 x 是否存在线性关系；

（2）求 y 与 x 的一元线性回归方程；

（3）对所得的回归方程做显著性检验（ $\alpha = 0.05$ ）.

10.2　预测与控制

在一元线性回归问题中，若回归方程经检验效果显著，则这时回归值与实际值拟合得较好，因而可以利用它对因变量 y 的新观察值 y_0 进行点预测或区间预测.

10.2.1　预测问题

由于 x 与 y 并非确定性关系，对于任意给定的 x_0，无法精确知道相应的 y_0 值，但可由回归方程计算出一个回归值 $\hat{y}_0 = \hat{\beta}_0 + \hat{\beta}_1 x_0$，以一定的置信度预测对应的 y 的观察值的取值范围，也即对 y_0 做区间估计，即在一定的显著性水平 α 下，寻找一个正数 δ，使 $P(|y_0 - \hat{y}_0| \leqslant \delta) = 1-\alpha$，称区间 $[\hat{y}_0 - \delta, \hat{y}_0 + \delta]$ 为 y_0 的概率为 $1-\alpha$ 的**预测区间**（**Prediction Interval**），这就是所谓的预测问题.

由定理 10.1.1 可推出，

$$y_0 - \hat{y}_0 \sim N\left(0, \left[1 + \frac{1}{n} + \frac{(x_0 - \overline{x})^2}{L_{xx}}\right]\sigma^2\right),$$

又因 $y_0 - \hat{y}_0$ 与 $\hat{\sigma}^2$ 相互独立，且

$$\frac{(n-2)\hat{\sigma}^2}{\sigma^2} \sim \chi^2(n-2),$$

所以

$$T = (y_0 - \hat{y}_0)\left/\left[\hat{\sigma}\sqrt{1 + \frac{1}{n} + \frac{(x_0 - \overline{x})^2}{L_{xx}}}\right]\right. \sim t(n-2),$$

故对给定的显著性水平 α，求得

$$\delta = t_{\alpha/2}(n-2)\hat{\sigma}\sqrt{1 + \frac{1}{n} + \frac{(x_0 - \overline{x})^2}{L_{xx}}}.$$

故得 y_0 的置信度为 $1-\alpha$ 的预测区间为

$$\left(\hat{y}_0 - t_{\alpha/2}(n-2)\hat{\sigma}\sqrt{1 + \frac{1}{n} + \frac{(x_0 - \overline{x})^2}{L_{xx}}}, \hat{y}_0 + t_{\alpha/2}(n-2)\hat{\sigma}\sqrt{1 + \frac{1}{n} + \frac{(x_0 - \overline{x})^2}{L_{xx}}}\right).$$

对于给定样本观察值，可作出曲线

$$\begin{cases} y_1(x) = \hat{y}(x) - t_{\alpha/2}(n-2)\hat{\sigma}\sqrt{1 + \frac{1}{n} + \frac{(x_0 - \overline{x})^2}{L_{xx}}} \\ y_2(x) = \hat{y}(x) + t_{\alpha/2}(n-2)\hat{\sigma}\sqrt{1 + \frac{1}{n} + \frac{(x_0 - \overline{x})^2}{L_{xx}}} \end{cases}.$$

这两条曲线形成包含回归直线 $\hat{y} = \hat{\beta}_0 + \hat{\beta}_1 x$ 的带形域, 如图 10.2.1 所示, 这一带形域在 $x = \bar{x}$ 处最窄, 说明越靠近 $\bar{x}$, 预测精度就越高. 而当 x_0 离 $\bar{x}$ 较远时, 置信区域逐渐加宽, 此时精度逐渐下降.

在实际的回归问题中, 当样本容量 n 很大, 并且 x_0 较接近 $\bar{x}$ 时, 有

$$\sqrt{1 + \frac{1}{n} + \frac{(x_0 - \bar{x})^2}{L_{xx}}} \approx 1, \quad t_{\alpha/2}(n-2) \approx u_{\alpha/2},$$

则 y_0 的置信度为 $1 - \alpha$ 的预测区间近似地等于

$$(\hat{y}_0 - u_{\alpha/2}\hat{\sigma}, \hat{y}_0 + u_{\alpha/2}\hat{\sigma}).$$

特别地, 若取 $1 - \alpha = 0.95$, 则 y_0 的置信度为 0.95 的预测区间为

$$(\hat{y}_0 - 1.96\hat{\sigma}, \hat{y}_0 + 1.96\hat{\sigma}).$$

取 $1 - \alpha = 0.997$, 则 y_0 的置信度为 0.997 的预测区间为

$$(\hat{y}_0 - 2.97\hat{\sigma}, \hat{y}_0 + 2.97\hat{\sigma}).$$

由此可以预料, 在全部可能出现的 y 值中, 大约有 99.7% 的观测点落在直线 $L_1: y = \hat{\beta}_0 - 2.97\hat{\sigma} + \hat{\beta}_1 x$ 与直线 $L_2: y = \hat{\beta}_0 + 2.97\hat{\sigma} + \hat{\beta}_1 x$ 所夹的带形区域内, 如图 10.2.2 所示.

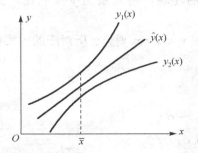
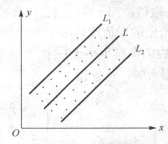

图 10.2.1 两条曲线包含回归直线的带形域　　图 10.2.2 观察点落在两条直线所夹的带形域

可见, 预测区间意义与置信区间的意义相似, 只是后者是对未知参数而言的, 前者是对随机变量而言的.

【例 10.2.1】某建材实验室做陶粒混凝土实验室中, 考察每立方米混凝土的水泥用量(kg)对混凝土抗压强度 (kg/cm^2) 的影响, 测得下列数据.

水泥用量 x	150	160	170	180	190	200	210	220	230	240	250	260
抗压强度 y	56.9	58.3	61.6	64.6	68.1	71.3	74.1	77.4	80.2	82.6	86.4	89.7

（1）求经验回归方程 $\hat{y} = \hat{\beta}_0 + \hat{\beta}_1 x$;

（2）检验一元线性回归的显著性 ($\alpha = 0.05$);

（3）设 $x_0 = 225\text{kg}$, 求 y 的预测值及置信度为 0.95 的预测区间.

解　（1）$n = 12$, $\bar{x} = 205$, $L_{xx} = 14300$, $\bar{y} = 72.6$,

$$L_{yy} = 1323.82,$$

$$L_{xy} = \sum_{i=1}^{n} x_i y_i - n\overline{x}\,\overline{y} = 182943 - 12 \times 205 \times 72.6 = 4347,$$

故 $\hat{\beta}_1 = L_{xy} / L_{xx} = 0.304$， $\hat{\beta}_0 = \overline{y} - \hat{\beta}_1 \overline{x} = 10.28$，得经验回归方程 $\hat{y} = 10.28 + 0.304x$.

（2） $Q_{回} = \hat{\beta}_1 L_{xy} = 1321.488$， $Q_{剩} = L_{yy} - \hat{\beta}_1 L_{xy} = 2.332$，

$$F_0 = (n-2)\frac{Q_{回}}{Q_{剩}} = 10 \times \frac{1321.488}{2.332} = 5666.76.$$

在水平 $\alpha = 0.05$ 下， $F_{0.05}(1,10) = 4.96$，因 $F_0 > F_{0.05}(1,10)$，故回归方程显著.

（3） $\delta = t_{0.025}(10) \cdot \hat{\sigma} \sqrt{1 + \dfrac{1}{12} + \dfrac{(225-205)^2}{14300}} = 1.054 t_{0.025}(10)\hat{\sigma}$，

则 $\hat{\sigma} = \sqrt{\dfrac{Q_{剩}}{n-2}} = \sqrt{\dfrac{2.332}{10}} = 0.4829$， $t_{0.025}(10) = 2.2281$，故 $\hat{y}_0 = 10.28 + 0.304 \times 225 = 78.68$，所求预测区间为

$$(78.68 \pm 2.2281 \times 0.4829 \times 1.054) = (78.68 \pm 1.134).$$

10.2.2 控制问题

控制问题是预测问题的反问题，即考虑这样的问题，将观察值 y 控制在一定范围内 $y_1 < y < y_2$ 取值，问 x 应控制在什么范围？

对于给定的置信度 $1-\alpha$，求出相应的 x_1、x_2，使 $x_1 < x < x_2$ 时，x 所对应的观察值 y 落在 (y_1, y_2) 之内的概率不小于 $1-\alpha$.

当 n 很大时，从方程

$$\begin{cases} y_1 = \hat{y} - \hat{\sigma} z_{\alpha/2} = \hat{\beta}_0 + \hat{\beta}_1 x - \hat{\sigma} z_{\alpha/2} \\ y_2 = \hat{y} + \hat{\sigma} z_{\alpha/2} = \hat{\beta}_0 + \hat{\beta}_1 x + \hat{\sigma} z_{\alpha/2} \end{cases}, \tag{10.2.1}$$

分别解出 x，作为控制 x 的上、下限：

$$\begin{cases} x_1 = (y_1 - \hat{\beta}_0 + \hat{\sigma} z_{\alpha/2}) / \hat{\beta}_1 \\ x_2 = (y_2 - \hat{\beta}_0 - \hat{\sigma} z_{\alpha/2}) / \hat{\beta}_1 \end{cases}. \tag{10.2.2}$$

当 $\hat{\beta}_1 > 0$ 时，控制区间为 (x_1, x_2)；当 $\hat{\beta}_1 < 0$ 时，控制区间为 (x_2, x_1)，如图 10.2.3 所示.

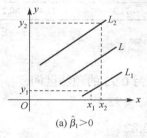
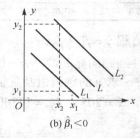

(a) $\hat{\beta}_1 > 0$ (b) $\hat{\beta}_1 < 0$

图 10.2.3 控制区间

实际应用中，由式（10.2.1）知，要实现控制，必须要求区间 (y_1, y_2) 的长度大于 $2\hat{\sigma}z_{\alpha/2}$，否则控制区间不存在.

特别地，当 $\alpha = 0.05$ 时，$z_{\alpha/2} = z_{0.025} = 1.96 \approx 2$，故式（10.2.2）近似为

$$\begin{cases} x_1 = (y_1 - \hat{\beta}_0 + 2\hat{\sigma}) / \hat{\beta}_1 \\ x_2 = (y_2 - \hat{\beta}_0 - 2\hat{\sigma}) / \hat{\beta}_1 \end{cases}.$$

习题 10.2

1. 考察温度对某农作物产量的影响，测得 10 组数据如下所示：

温度 $x/℃$	20	25	30	35	40	45	50	55	60	65
产量 y/kg	12.8	14.9	16.2	16.9	17.8	18.5	19.5	21.1	22.3	24.1

（1）求经验回归方程 $\hat{y} = \hat{\beta}_0 + \hat{\beta}_1 x$；

（2）在显著性水平 $\alpha = 0.05$ 下检验回归的显著性；

（3）求 $x = 42℃$ 时产量 y 的预测值及置信水平为 0.90 的预测区间.

10.3　非线性回归的线性化处理

前面讨论了线性回归问题，对线性情形有了一整套的理论与方法. 但在实际中常会遇见回归函数并非是自变量的线性函数，如果通过变量代换法可以将其转化为线性函数，从而可以利用一元线性回归方法对其分析，这是处理非线性回归问题的一种常用方法. 下面通过一个例子说明非线性回归的分析步骤.

【例 10.3.1】　设 $y = \beta_0 + \dfrac{\beta_1}{x} + \varepsilon$，$\varepsilon \sim N(0, \sigma^2)$，其中 β_0、β_1、σ^2 是与 x 无关的未知参数.

解　令 $x' = \dfrac{1}{x}$，则可化为下列一元线性回归模型：

$$y' = \beta_0 + \beta_1 x' + \varepsilon, \quad \varepsilon \sim N(0, \sigma^2).$$

【例 10.3.2】　设 $y = \alpha e^{\beta x} \cdot \varepsilon$，$\ln \varepsilon \sim N(0, \sigma^2)$，其中 $\alpha > 0$，$\beta > 0$，σ^2 是与 x 无关的未知参数.

解　在 $y = \alpha e^{\beta x} \cdot \varepsilon$ 两边取对数得

$$\ln y = \ln \alpha + \beta x + \ln \varepsilon.$$

令 $y' = \ln y$，$a = \ln \alpha$，$b = \beta$，$x' = x$，$\varepsilon' = \ln \varepsilon$，则可转化为下列一元线性回归模型：

$$y' = a + bx' + \varepsilon', \quad \varepsilon' \sim N(0, \sigma^2).$$

【例 10.3.3】　设 $y = \alpha + \beta h(x) + \varepsilon$，$\varepsilon \sim N(0, \sigma^2)$，其中 α、β、σ^2 是与 x 无关的未知参数. $h(x)$ 是 x 的已知函数.

解　令 $y' = y$，$a = \alpha$，$b = \beta$，$x' = h(x)$，则可转化为

$$y' = a + bx' + \varepsilon, \quad \varepsilon \sim N(0, \sigma^2).$$

【例 10.3.4】 设 $h(y) = a + bx' + \varepsilon$，$\varepsilon \sim N(0, \sigma^2)$，其中 h 为已知函数，且设 $h(y)$ 存在单值的反函数，a、b、σ^2 为与 x 无关的未知参数.

解 令 $z = h(y)$，得

$$z = a + bx + \varepsilon, \quad \varepsilon \sim N(0, \sigma^2).$$

在求得 z 的回归方程和预测区间后，再按 $z = h(y)$ 的逆变换，变回原变量 y. 分别称它们为关于 y 的回归方程和预测区间. 此时 y 的回归方程的图形是曲线，故又称为曲线回归方程.

习题 10.3

1. 设曲线函数为 $y = a + b\sin x$，请将之转化为一元线性回归的形式.

2. 设曲线函数为 $y - 50 = be^{-x/a}\ (a > 0)$，请将之转化为一元线性回归的形式.

3. 设曲线函数为 $y = \beta_0 + e^{\beta_1 x}$，问能否找到一个变换将之转化为一元线性回归的形式? 若能，试给出; 若不能，请说明理由.

第三篇　实　验　部　分

实验 1　古典概率的计算

实验目的：掌握利用 Excel 求给定数的阶乘、组合数、幂运算及古典概率的计算.

基本函数：

（1）函数 FACT 的基本调用格式：FACT(number)

用途：返回数 number 的阶乘. 如果输入的 number 不是整数，则截去小数部分取整.

（2）函数 POWER 的基本调用格式：POWER(number, power)

用途：返回进行幂运算的数字的结果. number 和 power 分别表示底数和指数.

（3）函数 COMBIN 的基本调用格式：COMBIN(number, number_chosen)

用途：返回从给定数目的对象集合中提取若干对象的组合数. number 表示对象的总数量，number_chosen 表示每一组合中选出对象的数量.

【**例 1.1**】设样本空间为 $\Omega = \{0,1,2,\cdots,9\}$，从中随机取一个样本点，每个样本点都以相等概率 $\dfrac{1}{10}$ 被取中，取后放回，先后取出 6 个样本点，试求下列各事件的概率：

（1）$A =$ "选出的 6 个样本点全不相同"；（2）$B =$ "选出的 6 个样本点中不含 2 与 9"；

（3）$C =$ "选出的 6 个样本点中 9 恰好出现两次".

即求：

$$P(A) = \frac{10 \times 9 \times 8 \times 7 \times 6 \times 5}{10^6}, \quad P(B) = \frac{8^6}{10^6}, \quad P(C) = \frac{C_6^2 \times 9^4}{10^6}$$

注意：本书所有实验均在 Excel 2003 中完成.

实验步骤：

（1）在单元格 B1 中输入函数：=FACT(10)/FACT(4)/POWER(10,6)，求得 $P(A) = 0.151\,2$.

（2）在单元格 B2 中输入函数：=POWER(8,6)/POWER(10,6)，求得 $P(B) = 0.262\,144$.

（3）在单元格 B3 中输入函数：=COMBIN(6,2)*POWER(9,4)/POWER(10,6)，求得 $P(C) = 0.098\,415$.

计算结果如图 1.1 所示.

	A	B
1	$P(A) =$	0.1512
2	$P(B) =$	0.262144
3	$P(C) =$	0.098415

图 1.1　计算结果

实验 2　常用分布概率的计算

实验目的：掌握利用 Excel 计算二项分布、泊松分布、正态分布的概率，并能用 Excel 验证二项分布与泊松分布的关系.

基本函数：

（1）函数 BINOMDIST 的基本调用格式：BINOMDIST(number_s, trials, probability_s, cumulative)

用途：返回二项分布的概率值. number_s 表示试验成功的次数，trials 表示独立试验的总次数，probability_s 表示每次试验中成功的概率，cumulative 为一逻辑值，用于确定函数的形式. 如果 cumulative 为 TRUE，函数 BINOMDIST 返回累积分布函数，即至多 number_s 次成功的概率；如果为 FALSE，返回概率密度函数，即 number_s 次成功的概率.

（2）函数 POISSON 的基本调用格式：POISSON(x, mean, cumulative)

用途：返回泊松分布. 其中 x 表示事件数，mean 表示均值，cumulative 为一逻辑值，用于确定所返回的概率分布形式. 如果 cumulative 为 TRUE，函数 POISSON 返回泊松累积分布概率；如果为 FALSE，则返回泊松概率密度函数.

（3）函数 NORMDIST 的基本调用格式：NORMDIST(x, mean, standard_dev, cumulative)

用途：返回给定均值和标准方差的正态分布函数. 其中 x 为需要计算的数值； mean 表示正态分布的均值；standard_dev 为正态分布的标准偏差；cumulative 为一逻辑值，指明函数的形式. 如果 cumulative 为 TRUE，函数 NORMDIST 返回累积分布函数；如果为 FALSE，返回概率密度函数.

【例 2.1】 某人进行射击，设每次射击的命中率为 0.02，独立射击 400 次，试求至少击中两次的概率.

实验步骤：

（1）在单元格 B2 中输入 n 值：400.

（2）在单元格 B3 中输入 p 值：0.02.

（3）在单元格 B4 中输入函数：=1–BINOMDIST(1, B2, B3, TRUE)，求得 $P(X \geq 2) = 0.997\,2$，如图 2.1 所示.

	A	B
	二项分布的计算	
1		
2	$n=$	400
3	$p=$	0.02
4	$P(X \geq 2) =$	0.997165473

图 2.1　计算概率

【例 2.2】 用 Excel 验证二项分布与泊松分布的关系.

实验步骤：

（1）按照图 2.2(a)输入数据及项目名，即分别在单元格 B2、D2 中输入 10、3.5；在单元格 F2 中输入 p 值公式：=D2/B2.

（2）在单元格 B4 中输入计算二项分布 $B(n, p)$ 的函数：= BINOMDIST(A4, \$B\$2, \$F\$2, FALSE)，并使用自动填充柄将函数复制到单元格区域 B5:B16 中.

（3）在单元格 C4 中输入计算泊松分布 $P(\lambda)$ 的函数：= POISSON(A4, \$D\$2, FALSE)，并使用自动填充柄将函数复制到单元格区域 C5:C16 中，计算结果如图 2.2(b)所示.

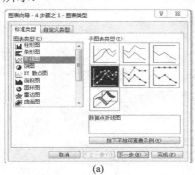
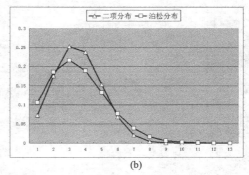

(a)　　　　　　　　　　　　　　　　　(b)

图 2.2　计算二项分布与泊松分布

（4）作折线图. 选中单元格区域 B3:C16，单击"图表向导"按钮，打开"图表向导"对话框. 在"图表类型"中选择"折线图"，直接单击"完成"按钮，即可得到折线图，如图 2.3 所示.

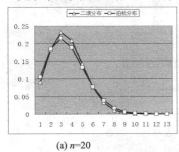

(a)　　　　　　　　　　　　　　　　　(b)

图 2.3　折线图

（5）将单元格 B2 中的 n 值分别更改为 20、50、100，可以看出，随着 n 值的不断增大，二项分布的图形逐渐逼近泊松分布的图形，如图 2.4 所示.

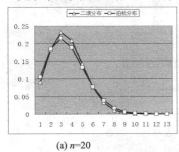
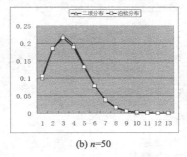
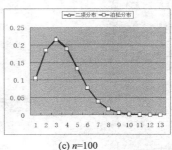

(a) n=20　　　　　　　　(b) n=50　　　　　　　　(c) n=100

图 2.4　二项分布逐渐逼近泊松分布

【例 2.3】 设 $X \sim N(1,4)$，求 $F(5)$、$P(0 < X \leqslant 1.6)$、$P(|X-1| \leqslant 2)$.

实验步骤：

（1）在单元格 B2 中输入计算 $F(5)=P(X \leqslant 5)$的函数：= NORMDIST(5, 1, 2, TRUE)，即得 $F(5)= 0.977\ 249\ 868$.

（2）在单元格 B3 中输入计算 $P(0<X<1.6)$的函数：= NORMDIST(1.6, 1, 2, TRUE)–NORMDIST(0, 1, 2, TRUE) ，即得 $P(0<X<1.6)=0.309373883$.

（3）在单元格 B4 中输入计算 $P(|X-1|<2)=P(-1<X<3)$的函数：= NORMDIST(3, 1, 2, TRUE)–NORMDIST(–1, 1, 2, TRUE)，即得 $P(|X-1|<2)= 0.682\ 689\ 492$. 所有计算结果如图 2.5 所示.

	A	B
1	设 $X \sim N(1，4)$	
2	$F(5)=P(X \leqslant 5)=$	0.977249868
3	$P(0<X<1.6)=$	0.309373883
4	$P(|X-1| < 2)=P(-1<X<3)=$	0.682689492

图 2.5　计算概率

实验 3　数字特征的计算

实验目的：掌握利用 Excel 计算期望、方差、协方差、相关系数的方法．

基本函数：

（1）函数 SUMPRODUCT 的基本调用格式：SUMPRODUCT(array1,array2,array3,…)

用途：返回数相应区域 array1,array2,array3,…乘积之和．

（2）函数 MMULT 的基本调用格式：MMULT(array1,array2)

用途：返回两数组的矩阵乘积．结果矩阵的行数与 array1 的行数相同，列数与 array2 的列数相同．

（3）函数 TRANSPOSE 的基本调用格式：TRANSPOSE(array)

用途：返回转置单元格区域，即将行单元格区域转置成列单元格区域，反之亦然．其中，array 表示需要进行转置的数组或工作表中的单元格区域．

【例 3.1】已知离散型随机向量 (X, Y) 的概率分布为

X ＼ Y	−1	0	2
0	0.1	0.2	0
1	0.3	0.05	0.1
2	0.15	0	0.1

求：

（1）期望 $E(X)$、$E(Y)$、$E(XY)$，方差 $D(X)$、$D(Y)$；

（2）协方差 $\mathrm{Cov}(X, Y)$，相关系数 ρ_{XY}．

实验步骤：

（1）按照图 3.1 所示输入数据及项目名．

	A	B	C	D	E
1	Y ＼ X	-1	0	2	$P\{X = x_i\}$
2	0	0.10	0.20	0.00	
3	1	0.30	0.05	0.10	
4	2	0.15	0.00	0.10	
5	$P\{Y = y_j\}$				
6					
7					
8	$E(XY)=$				
9	$E(X)=$		$D(X)=$		
10	$E(Y)=$		$D(Y)=$		
11					
12	$\mathrm{Cov}(X, Y)=$				
13	$\rho_{XY}=$				

图 3.1　输入数据

（2）计算边缘概率 $P\{X = x_i\}$ 和 $P\{Y = y_j\}$.

在单元格 E2 中输入公式：= SUM(B2:D2)，并使用自动填充柄将函数复制到单元格区域 E3:E4；

在单元格 B5 中输入公式：=SUM(B2:B4)，并使用自动填充柄将函数复制到单元格区域 C5:D5.

（3）计算期望 $E(XY)$.

首先选中单元格区域 B7:D7，然后在公式编辑栏中输入公式：=MMULT(B1:D1, TRANSPOSE(B2:D4))，按 F2 键，再按组合键 Ctrl+Shift+Enter，算出区域 B7:D7 中的数组，如图 3.2 所示.

	A	B	C	D	E	F
					f_x {=MMULT(B1:D1, TRANSPOSE(B2:D4))}	
1	Y / X	-1	0	2	$P\{X = x_i\}$	
2	0	0.1	0.2	0	0.3	
3	1	0.3	0.05	0.1	0.45	
4	2	0.15	0	0.1	0.25	
5	$P\{Y = y_j\}$	0.55	0.25	0.2		
6						
7		-0.1	-0.1	0.05		

图 3.2　计算矩阵乘积

最后在单元格 B8 中输入公式：=MMULT(B7:D7,A2:A4)，即得期望 $E(XY)$，如图 3.3 所示.

	A	B	C	D	E
1	Y / X	-1	0	2	$P\{X = x_i\}$
2	0	0.10	0.20	0.00	0.3
3	1	0.30	0.05	0.10	0.45
4	2	0.15	0.00	0.10	0.25
5	$P\{Y = y_j\}$	0.55	0.25	0.2	
6					
7		-0.1	-0.1	0.05	
8	$E(XY)=$	0			

图 3.3　计算期望 $E(XY)$

（4）计算期望 $E(X)$、$E(Y)$ 和方差 $D(X)$、$D(Y)$.

在单元格 B9 中输入公式：=SUMPRODUCT(E2:E4,A2:A4)；

在单元格 B10 中输入公式：=SUMPRODUCT(B1:D1,B5:D5)；

在单元格 D9 中输入公式：=SUMPRODUCT(A2:A4,A2:A4,E2:E4)–B9^2；

在单元格 D10 中输入公式：=SUMPRODUCT(B1:D1,B1:D1,B5:D5)–B10^2.

（5）计算协方差 $\text{Cov}(X, Y)$.

在单元格 B12 中输入公式：=B8–B9*B10.

（6）计算相关系数 ρ_{XY}.

在单元格 B13 中输入公式：=B12/SQRT(D9*D10). 即得结果如图 3.4 所示.

	A	B	C	D	E
1	Y ╲ X	-1	0	2	$P\{X=x_i\}$
2	0	0.10	0.20	0.00	0.3
3	1	0.30	0.05	0.10	0.45
4	2	0.15	0.00	0.10	0.25
5	$P\{Y=y_j\}$	0.55	0.25	0.2	
6					
7		-0.1	-0.1	0.05	
8	$E(XY)=$	0			
9	$E(X)=$	0.95	$D(X)=$	0.5475	
10	$E(Y)=$	-0.15	$D(Y)=$	1.3275	
11					
12	$\mathrm{Cov}(X,Y)=$	0.1425			
13	$\rho_{XY}=$	0.167149675			

图 3.4　计算结果

实验 4　二项分布逼近正态分布

实验目的：掌握利用 Excel 验证二项分布逼近正态分布的方法.

基本函数：

函数 SUMXMY2 的基本调用格式：SUMXMY2(array_x, array_y)

用途：返回两数组中对应数值之差的平方和. array_x 为第一个数组或数值区域，array_x 为第二个数组或数值区域.

【**例 4.1**】　用 Excel 验证二项分布逼近正态分布.

实验步骤：

（1）按图 4.1(a)所示，在 Excel 中做实验准备.

（2）在单元格 C3 中输入公式：= C1*C2.

（3）在单元格 C4 中输入公式：= C3*(1–C2).

（4）在单元格 B6 中输入计算二项分布概率公式：= BINOMDIST(A6,$C$1,$C$2,FALSE)，并使用自动填充柄将函数复制到单元格区域 B7:B15 中.

（5）在单元格 C6 中输入计算正态分布密度公式：= NORMDIST(A6,C$3,SQRT(C$4),FALSE)，并使用自动填充柄将函数复制到单元格区域 C7:C15 中.

（6）在单元格 D6 中输入计算两列数据的误差平方和公式：= SUMXMY2(B6:B15,C6:C15)，即得计算结果如图 4.1(b)所示，注意到其中的误差平方和为：0.000 253 649.

	A	B	C	D
1		$n=$	10	
2		$p=$	0.6	
3		$np=$		
4		$np(1-p)=$		
5	x	$b(n,p)=$	$N(np,np(1-p))$	误差平方和
6	1			
7	2			
8	3			
9	4			
10	5			
11	6			
12	7			
13	8			
14	9			
15	10			

(a)

	A	B	C	D
1		$n=$	10	
2		$p=$	0.6	
3		$np=$	6	
4		$np(1-p)=$	2.4	
5	x	$b(n,p)=$	$N(np,np(1-p))$	误差平方和
6	1	0.001572864	0.001408815	0.000253649
7	2	0.010616832	0.009186629	
8	3	0.042467328	0.039491378	
9	4	0.111476736	0.111916051	
10	5	0.200658125	0.209086709	
11	6	0.250822656	0.257516135	
12	7	0.214990848	0.209086709	
13	8	0.120932352	0.111916051	
14	9	0.040310784	0.039491378	
15	10	0.006046618	0.009186629	

(b)

图 4.1　实验准备与计算结果

（7）选中单元格区域 B5:C15，作折线图如图 4.2(a)所示.

（8）修改单元格 C1 中数据为 20，并使用自动填充柄将单元格区域 B6:C6 中函数复制到区域 B7:C25 中.

（9）修改单元格 D6 中公式为：= SUMXMY2(B6:B25,C6:C25)，得到误差平方和为 7.27724×10^{-5}，作出的折线图如图 4.2(b)所示.

（10）再次修改单元格 C1 中数据为 100，并使用自动填充柄将单元格区域 B6:C6 中函数复制到区域 B7:C100 中.

（11）修改单元格 D6 中公式为：＝SUMXMY2(B6:B100,C6:C100)得到误差平方和为 5.29548×10^{-6}．作出的折线图如图 4.2(c)所示．

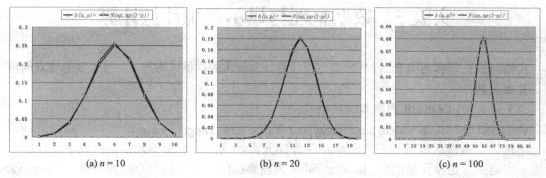

(a) $n = 10$　　　　(b) $n = 20$　　　　(c) $n = 100$

图 4.2　$n = 10$、20、100 时的近似图形

结论：随着 n 的增大，二项分布逐渐逼近正态分布．

实验 5　数据整理与显示、统计量计算

实验目的：掌握利用 Excel 作出直方图，并计算样本的均值、方差、标准差及分位点的值.
基本函数：

（1）函数 VLOOKUP 的基本调用格式：

VLOOKUP(lookup_value, table_array, col_index_num, range_lookup)

用途：在数值区域的首列查找满足条件的元素，确定待检索单元格在区域中的行序号，再进一步返回选定单元格的值. lookup_value 为需要在区域第一列中查找的数值. lookup_value 可以为数值、引用或文本字符串. table_array 为需要在其中查找数据的数据表. col_index_num 为 table_array 中待返回的匹配值的列序号. 当 col_index_num 为 1 时，返回 table_array 第一列中的数值；当 col_index_num 为 2 时，返回 table_array 第二列中的数值，以此类推. range_lookup 为一逻辑值，指明函数 VLOOKUP 返回时是精确匹配还是近似匹配. 若 range_value 为 FALSE，则函数 VLOOKUP 将返回精确匹配值；若为 TRUE 或省略，则返回近似匹配值.

（2）函数 FREQUENCY 的基本调用格式：FREQUENCY(data_array, bins_array)

用途：以一列垂直数组返回某个区域中数据的频率分布. data_array 用来计算频率，为一数组或对一组数值的引用. 如果 data_array 中不包含任何数值，函数 FREQUENCY 返回零数组. bins_array 为区间的数组或对区间的引用，该区间用于对 data_array 中的数值进行分组. 如果 bins_array 中不包含任何数值，函数 FREQUENCY 返回的值与 data_array 中的元素个数相等.

（3）函数 AVERAGE 的基本调用格式：AVERAGE(number1, number2,…)

用途：返回参数的算术平均值.

（4）函数 VAR 的基本调用格式：VAR(number1,number2,…)

用途：计算已知样本的方差.

（5）函数 STDEV 的基本调用格式：STDEV(number1,number2,…)

用途：计算已知样本的标准差.

（6）函数 NORMSINV 的基本调用格式：NORMSINV(probability)

用途：返回标准正态分布的分布函数的反函数值.

（7）函数 TINV 的基本调用格式：TINV(probability, degrees_freedom)

用途：返回给定自由度的 t 分布的上 $\alpha/2$ 分位点. α = probability 为 t 分布的双尾概率，degrees_freedom 为 t 分布的自由度.

（8）函数 FINV 的基本调用格式：FINV(probability, degrees_freedom1, degrees_freedom2)

用途：返回 F 分布的上 α 分位点. α = probability 为 F 分布的单尾概率，degrees_freedom1 和 degrees_freedom2 为 F 分布的两个自由度.

（9）函数 CHIINV 的基本调用格式：CHIINV(probability, degrees_freedom)

用途：返回 χ^2 分布的上 α 分位点. α = probability 为 χ^2 分布的单尾概率，degrees_freedom 为 χ^2 分布的自由度.

【例 5.1】从某高校“概率论与数理统计”课程期末考试成绩中，随机地抽取 40 名学生的成绩：

62	87	73	66	93	79	63	87	77	54
77	68	95	74	66	87	66	51	86	73
72	80	90	58	61	70	77	68	85	79
75	88	74	66	60	67	79	63	81	78

试利用 Excel 作学生成绩的直方图，并通过直方图了解学生“概率论与数理统计”课程期末考试成绩的分布情况.

实验步骤：

（1）确定分组个数.

对容量较小的样本，通常将其分为 5 组或 6 组，本例只有 40 个数据，所以分组个数为 5. 从 50 到 100 分为 5 个组，组距取 $\frac{50}{5}=10$，分点分别为：50，60，70，80，90，100.

（2）整理数据.

将学生成绩分为 50～60、60～70、70～80、80～90、90～100 这 5 组，在“组下限”栏中填入各组的下限值，如图 5.1(a)所示.

（3）分组.

在“组别”列的 B2 单元格中输入公式：=VLOOKUP(A2,C$2:D$9,2)，然后使用自动填充柄将函数复制到 B3:B41. 得到按分数分组的组别数据，如图 5.1(b)所示.

	A	B	C	D	E
1	分数	组别	组下限	组名	频数
2	62		50	1	
3	87		60	2	
4	73		70	3	
5	66		80	4	
6	93		90	5	
7	79				
8	63				
9	87				
10	77				
11	54				

(a)

	A	B	C	D	E
1	分数	组别	组下限	组名	频数
2	62	2	50	1	
3	87	4	60	2	
4	73	3	70	3	
5	66	2	80	4	
6	93	5	90	5	
7	79	3			
8	63	2			
9	87	4			
10	77	3			
11	54	1			

(b)

图 5.1　分组

（4）计算频数.

选取“频数”列的单元格区域 E2:E6，在公式编辑栏中输入命令“=FREQUENCY(B2:B41,D2:D6)”，然后按组合键 Ctrl+Shift+Enter 完成输入，如图 5.2 所示.

（5）计算密度.

在单元格区域 F2:F6 中依次输入组域名：50～60、60～70、70～80、80～90、90～100，然后在“密度”列的单元格 G2 中输入公式：=E2/40/10，并使用自动填充柄将函数复制到 G3:G6 中，如图 5.3 所示.

（6）画密度直方图.

选中单元格区域 F1:G6，单击“图表向导”按钮，打开“图表向导”对话框. 在“图表类型”选择中，取默认的“柱形图”向导，直接单击“完成”按钮，即可得到密度柱形图，如图 5.4 所示.

	A	B	C	D	E
	分数	组别	组下限	组名	频数
1					
2	62	2	50	1	3
3	87	4	60	2	12
4	73	3	70	3	14
5	66	2	80	4	8
6	93	5	90	5	3
7	79	3			
8	63	2			
9	87	4			
10	77	3			
11	54	1			

图 5.2　频数分布表

	A	B	C	D	E	F	G
	分数	组别	组下限	组名	频数	组域名	密度
1							
2	62	2	50	1	3	50~60	0.0075
3	87	4	60	2	12	60~70	0.03
4	73	3	70	3	14	70~80	0.035
5	66	2	80	4	8	80~90	0.02
6	93	5	90	5	3	90~100	0.0075
7	79	3					
8	63	2					
9	87	4					
10	77	3					
11	54	1					

图 5.3　计算密度

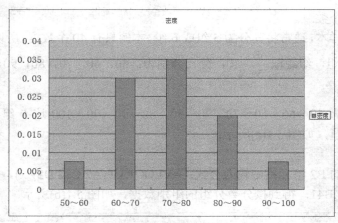

图 5.4　密度柱形图

右击图 5.4 中的条形，在快捷菜单中选择"数据系列格式"，打开"数据系列格式"对话框，在其中的"选项"选项卡中，修改"分类间距"为 0，如图 5.5(a)所示，单击"确定"按钮，即得密度直方图，如图 5.5(b)所示.

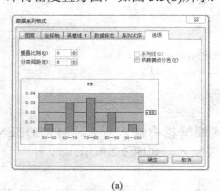

(a)

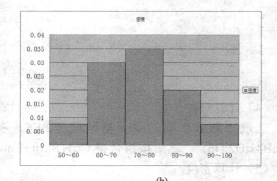

(b)

图 5.5　密度直方图

从学生"概率论与数理统计"课程期末考试成绩的密度直方图可以看到，较低或较高分数的学生比较少，大部分学生的成绩集中在均值附近，学生成绩的分布呈近似"钟形"对称，即成绩分布近似正态分布.

【例 5.2】从贵州某高校中随机抽取 40 位学生，研究其月生活费情况，得到数据（单位：元）如下：

595	704	1040	690	574	824	916	870
435	684	940	804	610	408	1266	764
490	962	712	888	768	854	788	704
485	878	846	828	792	746	820	614
530	808	728	850	864	742	926	1010

求样本均值、方差、标准差.

实验步骤：

（1）按图 5.6 所示整理数据.

	A	B	C	D	E	F	G
1			生活费				统计量
2	595	435	490	485	530		样本均值
3	704	684	962	878	808		样本方差
4	1040	940	712	846	728		样本标准差
5	690	804	888	828	850		
6	574	610	768	792	864		
7	824	408	854	746	742		
8	916	1266	788	820	926		
9	870	764	704	614	1010		

图 5.6　整理数据

（2）在单元格 H2 中输入公式：= AVERAGE(A2:E9)，即得样本均值为 768.925.

（3）在单元格 H3 中输入公式：= VAR(A2:E9)，即得样本方差为30057.353.

（4）在单元格 H4 中输入公式：= STDEV(A2:E9)，即得样本标准差为173.371. 所得结果如图 5.7 所示.

	A	B	C	D	E	F	G	H
1			生活费				统计量	
2	595	435	490	485	530		样本均值	768.925
3	704	684	962	878	808		样本方差	30057.35321
4	1040	940	712	846	728		样本标准差	173.3705661
5	690	804	888	828	850			
6	574	610	768	792	864			
7	824	408	854	746	742			
8	916	1266	788	820	926			
9	870	764	704	614	1010			

图 5.7　计算统计量

【例 5.3】用 Excel 计算求下列分位点的值：

（1）$z_{0.05}$；

（2）$t_{0.975}(6)$；

（3）$t_{0.05}(75)$；

（4）$F_{0.975}(12, 15)$；

（5）$\chi^2_{0.99}(160)$.

实验步骤：

（1）在单元格 B1 中输入公式：= NORMSINV(0.95).

（2）在单元格 B2 中输入公式：= −TINV(2*0.025,6).

（3）在单元格 B3 中输入公式：= TINV(2*0.05,75).

（4）在单元格 B4 中输入公式：= FINV(0.975,12,15).

（5）在单元格 B5 中输入公式：= CHIINV(0.99,160).

计算结果如图 5.8 所示.

	A	B
1	$z_{0.05} =$	1.64485363
2	$t_{0.975}(6) =$	–2.44691185
3	$t_{0.05}(75) =$	1.66542537
4	$F_{0.975}(12, 15) =$	0.31474243
5	$\chi^2_{0.99}(160) =$	121.345631

图 5.8 计算分位点的值

实验 6　置 信 区 间

实验目的：掌握利用 Excel 求单个正态总体的置信区间的方法.

基本函数：

函数 COUNT 的基本调用格式：COUNT(value1,value2,…)

用途：返回含有数字的单元格的个数及返回参数列表中数字的个数.

【例 6.1】 某灯泡厂从当天生产的灯泡中随机抽取 16 只进行寿命测试，取得数据如下（单位：h）：

1450	1510	1500	1510	1470	1460	1480	1490
1480	1530	1470	1480	1460	1520	1520	1510

设灯泡寿命服从正态分布，试求当天生产的全部灯泡的平均寿命的置信水平分别为 90%、95% 及 99% 的置信区间，并分析置信水平与置信区间长度之间的关系.

实验步骤：

（1）按照图 6.1 所示输入数据及项目名.

（2）计算置信水平为 95% 的置信区间.

在单元格 E1 中输入公式：=COUNT(A2:B9)；

在单元格 E2 中输入公式：=AVERAGE(A2:B9)；

在单元格 E3 中输入公式：=VAR(A2:B9)；

在单元格 E4 中输入数值：0.95；

计算分位点 $t_{\alpha/2}(n-1)$，在单元格 E5 中输入公式：=TINV(1−E4,E1−1)；

在单元格 D8 中输入公式：=E2−SQRT(E3/E1)*E5；

在单元格 E8 中输入公式：=E2+SQRT(E3/E1)*E5.

计算结果如图 6.2 所示，置信水平为 95% 的置信区间为(1476.80, 1503.20).

	A	B	C	D
1		x	样本量	$n=$
2	1450	1480	样本均值	$\bar{x}=$
3	1510	1530	样本方差	$s^2=$
4	1500	1470	置信水平	$1-\alpha=$
5	1510	1480		$t_{\alpha/2}(n-1)=$
6	1470	1460		
7	1460	1520		
8	1480	1520	置信区间	
9	1490	1510		
10				

图 6.1　输入数据及项目名

	A	B	C	D	E	F
1		x	样本量	$n=$	16	
2	1450	1480	样本均值	$\bar{x}=$	1490	
3	1510	1530	样本方差	$s^2=$	613.33333	
4	1500	1470	置信水平	$1-\alpha=$	0.95	
5	1510	1480		$t_{\alpha/2}(n-1)=$	2.1314495	
6	1470	1460				
7	1460	1520				
8	1480	1520	置信区间	1476.803361	1503.1966	
9	1490	1510				
10						

图 6.2　置信水平为 95% 的置信区间

（3）计算置信水平为 90% 及 99% 的置信区间.

在单元格 E4 中，分别修改其数值为 0.90、0.99，得置信水平为 90% 及 99% 的置信区间分别为(1479.15, 1500.85)和(1471.76, 1508.24)，如图 6.3 所示.

	A	B	C	D	E	F
1	x		样本量	$n=$	16	
2	1450	1480	样本均值	$\bar{x}=$	1490	
3	1510	1530	样本方差	$s^2=$	613.33333	
4	1500	1470	置信水平	$1-\alpha=$	0.9	
5	1510	1480		$t_{\alpha/2}(n-1)=$	1.7530503	
6	1470	1460				
7	1460	1520				
8	1480	1520	置信区间	1479.146178	1500.8538	
9	1490	1510				
10						

(a)

	A	B	C	D	E	F
1	x		样本量	$n=$	16	
2	1450	1480	样本均值	$\bar{x}=$	1490	
3	1510	1530	样本方差	$s^2=$	613.33333	
4	1500	1470	置信水平	$1-\alpha=$	0.99	
5	1510	1480		$t_{\alpha/2}(n-1)=$	2.9467129	
6	1470	1460				
7	1460	1520				
8	1480	1520	置信区间	1471.755746	1508.2443	
9	1490	1510				
10						

(b)

图 6.3　置信水平为 90%及 99%的置信区间

结论：由上面实验分析可知，置信水平为 99%的置信区间的长度最长，置信水平为 90%的置信区间的长度最短，即可得置信概率$1-\alpha$越大，α就越小，$t_{\alpha/2}(n-1)$就越大，从而置信区间就越长.

【例 6.2】某种钢丝的折断力服从正态分布，今从一批钢丝中任取 10 根，试验其折断力，得数据如下：

$$572 \quad 570 \quad 578 \quad 568 \quad 596 \quad 576 \quad 584 \quad 572 \quad 580 \quad 566$$

试求方差的置信概率为 0.9 的置信区间.

实验步骤：

（1）按照图 6.4 所示输入数据及项目名.

（2）计算置信水平为 90%的置信区间.

在单元格 D1 中输入公式：=COUNT(A2:A11);

在单元格 D2 中输入公式：=AVERAGE(A2:A11);

在单元格 D3 中输入公式：=VAR(A2:A11);

在单元格 D4 中输入数值：0.1；

计算分位数 $\chi^2_{\alpha/2}(n-1)$，在单元格 D5 中输入公式：=CHIINV(D4/2,D1-1);

计算分位数 $\chi^2_{1-\alpha/2}(n-1)$，在单元格 D6 中输入公式：=CHIINV(1-D4/2,D1-1);

在单元格 C8 中输入公式：=(D1-1)*D3/D5;

在单元格 D8 中输入公式：=(D1-1)*D3/D6.

如图 6.5 所示, 置信水平为 90%的置信区间为(42.30, 215.21).

	A	B	C	D
1	x	样本量	$n=$	
2	572	样本均值	$\bar{x}=$	
3	570	样本方差	$s^2=$	
4	578	置信水平	$\alpha=$	
5	568		$\chi^2_{\alpha/2}(n-1)=$	
6	596		$\chi^2_{1-\alpha/2}(n-1)=$	
7	576			
8	584	置信区间		
9	572			
10	580			
11	566			
12				

图 6.4　输入数据及项目名

	A	B	C	D	E
1	x	样本量	$n=$	10	
2	572	样本均值	$\bar{x}=$	576.2	
3	570	样本方差	$s^2=$	79.511111	
4	578	置信水平	$\alpha=$	0.1	
5	568		$\chi^2_{\alpha/2}(n-1)=$	16.918978	
6	596		$\chi^2_{1-\alpha/2}(n-1)=$	3.3251129	
7	576				
8	584	置信区间	42.29569991	215.21074	
9	572				
10	580				
11	566				
12					

图 6.5　计算结果

实验7 假设检验

实验目的：掌握利用 Excel 求单个正态总体均值的假设检验、单个正态总体方差 σ^2 的检验、两个正态总体均值的假设检验、两个正态总体方差的假设检验的方法.

基本函数：

函数 IF 的基本调用格式：IF(logical_test, value_if_true, value_if_false)

用途：执行真假值判断，根据逻辑计算真假值，返回不同的结果. 其中 logical_test 表示条件表达式. value_if_true 为当 logical_test 为 TRUE 时返回的值. value_if_false 为当 logical_test 为 FALSE 时返回的值.

【例 7.1】 水泥厂用自动包装机包装水泥，每袋额定质量是 50kg，某日开工后随机抽查了 9 袋，称得质量如下

$$49.6 \quad 49.3 \quad 50.1 \quad 50.0 \quad 49.2 \quad 49.9 \quad 49.8 \quad 51.0 \quad 50.2$$

设每袋重量服从正态分布，问包装机工作是否正常（ $\alpha = 0.05$ ）？

实验步骤：

（1）按照图 7.1(a)所示输入数据及项目名.

（2）计算统计量及分位点的值.

在单元格 D1 中输入公式：=COUNT(A2:A10)；

在单元格 D2 中输入数值：50；

在单元格 D3 中输入公式：=AVERAGE(A2:A10)；

在单元格 D4 中输入公式：=VAR(A2:A10)；

在单元格 D5 中输入数值：0.05；

计算检验统计量 t ，在单元格 D6 中输入公式：=abs((D3−D2)/SQRT(D4/ D1))；

计算分位点 $t_{\alpha/2}(n-1)$ ，在单元格 D7 中输入公式：=TINV(D5,D1−1)

在单元格 D8 中输入公式：=IF(D6>=D7,"拒绝 H0","不能拒绝 H0").

计算结果如图 7.1(b)所示， $|t| = 0.56 < t_{\alpha/2}(n-1) = 2.306$ ，故应接受 H_0 ，即认为包装机工作正常.

	A	B	C	D
1	x	样本量	n	
2	49.6		$\mu_0 =$	
3	49.3	样本均值	$\bar{x} =$	
4	50.1	样本方差	$s^2 =$	
5	50	检验水平	$\alpha =$	
6	49.2	检验统计量	$|t| =$	
7	49.9	临界点	$t_{\alpha/2}(n-1) =$	
8	49.8			
9	51			
10	50.2			
11				

(a)

	A	B	C	D
1	x	样本量	n	9
2	49.6		$\mu_0 =$	50
3	49.3	样本均值	$\bar{x} =$	49.9
4	50.1	样本方差	$s^2 =$	0.2875
5	50	检验水平	$\alpha =$	0.05
6	49.2	检验统计量	$|t| =$	0.559502885
7	49.9	临界点	$t_{\alpha/2}(n-1) =$	2.306004133
8	49.8			不能拒绝H0
9	51			
10	50.2			
11				

(b)

图 7.1　均值检验—T 检验

【**例 7.2**】 某工厂生产金属丝，产品指标为折断力．折断力的方差用来表征工厂生产精度．方差越小，表明精度越高．以往工厂一直把该方差保持在 64（kg^2）及以下．最近从一批产品中抽取 10 根做折断力试验，测得的结果（单位：kg）如下：

$$578 \quad 572 \quad 570 \quad 568 \quad 572 \quad 570 \quad 572 \quad 596 \quad 584 \quad 570$$

为此，厂方怀疑金属丝折断力的方差是否变大了．如确实增大了，表明生产精度不如以前，就需对生产流程做检验，以发现生产环节中存在的问题（显著性水平 $\alpha = 0.05$）．

实验步骤：

（1）按照图 7.2(a)所示输入数据及项目名．

（2）计算统计量及分位点的值．

在单元格 D1 中输入公式：=COUNT(A2:A11)；

在单元格 D2 中输入数值：64；

在单元格 D3 中输入公式：=AVERAGE(A2:A11)；

在单元格 D4 中输入公式：=VAR(A2:A11)；

在单元格 D5 中输入数值：0.05；

计算检验统计量 χ^2，在单元格 D6 中输入公式：=(D1−1)*D4/D2；

计算分位点 $\chi^2_\alpha(n-1)$，在单元格 D7 中输入公式：= CHIINV(D5,D1−1)；

在单元格 D8 中输入公式：=IF(D6>=D7,"拒绝 H0","不能拒绝 H0")．

计算结果如图 7.2(b)所示 $\chi^2 = 10.65 < 16.919 = \chi^2_{0.05}$，故不能拒绝原假设 H_0，从而认为样本方差的偏大是偶然因素，生产流程正常，故无须再做进一步检查．

	A	B	C	D
1	x	样本量	n	
2	578		$\sigma_0^2 =$	
3	572	样本均值	$\bar{x} =$	
4	570	样本方差	$s^2 =$	
5	568	检验水平	$\alpha =$	
6	572	检验统计量	$\chi^2 =$	
7	570	临界点	$\chi^2_\alpha(n-1) =$	
8	572			
9	596			
10	584			
11	570			
12				

(a)

	A	B	C	D
1	x	样本量	n	10
2	578		$\sigma_0^2 =$	64
3	572	样本均值	$\bar{x} =$	575.2
4	570	样本方差	$s^2 =$	75.73333333
5	568	检验水平	$\alpha =$	0.05
6	572	检验统计量	$\chi^2 =$	10.65
7	570	临界点	$\chi^2_\alpha(n-1) =$	16.91897762
8	572			不能拒绝H0
9	596			
10	584			
11	570			
12				

(b)

图 7.2 方差检验—单边卡方检验

【**例 7.3**】 某地某年高考后随机抽得 15 名男生、12 名女生的数学考试成绩如下：

男生：49 48 47 53 51 43 39 57 56 46 42 44 55 44 40

女生：46 40 47 51 43 36 43 38 48 54 48 34

这 27 名学生的成绩能说明这个地区男女生的数学考试成绩不相上下吗（显著性水平 $\alpha = 0.05$）？

实验步骤：

（1）按照图 7.3(a)所示输入数据及项目名．

（2）计算观测数 n_1、n_2．

在单元格 D2 中输入公式：=COUNT(A2:A16)；

在单元格 E2 中输入公式：=COUNT(B2:B13)．

（3）计算样本均值 $\bar{x}$、$\bar{y}$．

在单元格 D3 中输入公式：=AVERAGE(A2:A16)；

在单元格 E3 中输入公式：=AVERAGE(B2:B13)．

（4）计算样本方差．

在单元格 D4 中输入公式：=VAR(A2:A16)；

在单元格 E4 中输入公式：=VAR(B2:B13)．

（5）计算 s_w，在单元格 D5 中输入：=SQRT(((D2−1)*D4+(E2−1)*E4)/(D2+E2−2))．

（6）在单元格 D6 中输入检验水平 α：0.05．

（7）计算检验统计量 t，在单元格 D7 中输入公式：=(D3−E3)/(D5*SQRT(1/D2+1/E2))．

（8）计算临界点 $t_{\alpha/2}(n_1+n_2-2)$，在单元格 D8 中输入公式：=TINV(D6,D2+E2−2)．

（9）在单元格 D13 中输入公式：=IF(ABS(D7)>D8,"拒绝 H0","不能拒绝 H0")．

计算结果如图 7.3(b)所示，$|t|=1.565<2.060=t_{0.025}(25)$，从而没有充分理由否认原假设 H_0，即认为这一地区男女生的数学考试成绩不相上下．

	A	B	C	D	E
1	男生	女生		男生	女生
2	49	46	观察数=		
3	48	40	样本均值=		
4	47	47	样本方差=		
5	53	51	$s_w =$		
6	51	43	$\alpha=$		
7	43	36	检验统计量 $t=$		
8	39	43	$t_{\alpha/2}(n_1+n_2-2)=$		
9	57	38			
10	56	48			
11	46	54			
12	42	48			
13	44	34	结论：		
14	55				
15	44				
16	40				

(a)

	A	B	C	D	E
1	男生	女生		男生	女生
2	49	46	观察数=	15	12
3	48	40	样本均值=	47.6	44
4	47	47	样本方差=	33.54285714	37.454545
5	53	51	$s_w =$	5.938349939	
6	51	43	$\alpha=$	0.05	
7	43	36	检验统计量 $t=$	1.565276571	
8	39	43	$t_{\alpha/2}(n_1+n_2-2)=$	2.059538536	
9	57	38			
10	56	48			
11	46	54			
12	42	48			
13	44	34	结论：	不能拒绝H0	
14	55				
15	44				
16	40				

(b)

图 7.3 两个正态总体均值的假设检验

【例 7.4】 甲、乙两台机床加工同种零件，分别从甲、乙两台车床加工的零件中抽取 6 个和 9 个测量其直径，并计算得 $s_1^2=0.345$，$s_2^2=0.375$．假定零件直径服从正态分布，试比较甲、乙两台车床加工精度有无显著差异（$\alpha=0.10$）．

实验步骤：

（1）按照图 7.4(a)所示输入数据及项目名；

（2）在单元格 B2 中输入甲机床的观测值：6；

（3）在单元格 C2 中输入乙机床的观测值：9；

（4）在单元格 B3 中输入甲机床的样本方差：0.345；

（5）在单元格 C3 中输入乙机床的样本方差：0.375；

（6）在单元格 B4 中输入显著水平 α：0.1；

（7）计算检验统计量 F，在单元格 B5 中输入公式：=B3/C3；

（8）计算临界点 $F_{1-\alpha/2}(n_1-1,\ n_2-1)$，在单元格 B6 中输入公式：=FINV(1–B4/2, B2–1,C2–1);

（9）计算临界点 $F_{\alpha/2}(n_1-1,\ n_2-1)$，在单元格 B7 中输入公式：=FINV(B4/2, B2–1,C2–1);

（10）在单元格 B9 中输入公式：=IF(OR(B5<=B6,B5>=B7),"拒绝 H0","不能拒绝 H0").

即得计算结果：3.69>F=0.92> 0.208，落入拒绝域中，如图 7.4(b)所示，故应接受 H_0，即认为两车床加工精度无差异.

	A	B	C
1		甲	乙
2	观察数=		
3	样本方差=		
4	$\alpha=$		
5	$F=$		
6	$F_{1-\alpha/2}(n_1-1,n_2-1)=$		
7	$F_{\alpha/2}(n_1-1,n_2-1)=$		
8			
9	结论		
10			

(a)

	A	B	C
1		甲	乙
2	观察数=	6	9
3	样本方差=	0.345	0.375
4	$\alpha=$	0.1	
5	$F=$	0.92	
6	$F_{1-\alpha/2}(n_1-1,n_2-1)=$	0.207541238	
7	$F_{\alpha/2}(n_1-1,n_2-1)=$	3.687498666	
8			
9	结论	不能拒绝H0	
10			

(b)

图 7.4 两个正态总体方差的假设检验

实验 8   方 差 分 析

实验目的：掌握利用 Excel 求单因素试验的方差分析、无重复试验双因素方差分析及双因素等重复试验的方差分析的方法.

【例 8.1】 某试验室对钢锭模进行选材试验. 其方法是将生铁试件加热到 700℃，投入 20℃ 的水中急冷，这样反复进行到试件断裂为止，试验次数越多，试件质量越好. 试验结果如表 8.1 所示. 问 4 种生铁试件的抗热疲劳性能是否有显著差异（显著性水平 $\alpha = 0.05$）？

表 8.1   试验结果

试 验 号	材 质 分 类			
	A_1	A_2	A_3	A_4
1	160	158	146	151
2	161	164	155	152
3	165	164	160	153
4	168	170	162	157
5	170	175	164	160
6	172		166	168
7	180		174	
8			182	

实验步骤：

（1）输入数据，如图 8.1 所示.

（2）在"工具"选项中打开"加载宏"，然后选择"分析工具库"，单击"确定"按钮. 在"工具"选项中单击"数据分析"，在如图 8.2 所示的"数据分析"对话框中选择"方差分析：单因素方差分析"分析工具，单击"确定"按钮，弹出如图 8.3 所示的"方差分析：单因素方差分析"对话框.

（3）在"方差分析：单因素方差分析"对话框中的"输入区域"文本中输入数据所在区域"$A$3:$D$10"；按照实验数据的数据结构在"分组方式"一栏中选择"列"；在"α"文本框中输入显著性水平 0.05；单击"确定"按钮即可完成，分析的结果如图 8.4 所示，是新生成的工作表.

图 8.1   实验数据

图 8.2   "数据分析"对话框

图 8.3   "方差分析：单因素方差分析"对话框

	A	B	C	D	E	F	G	H
1	方差分析：单因素方差分析							
2								
3	SUMMARY							
4	组	观测数	求和	平均	方差			
5	列 1	7	1176	168	47.66667			
6	列 2	5	831	166.2	42.2			
7	列 3	8	1309	163.625	121.6964			
8	列 4	6	941	156.8333	41.36667			
9								
10								
11	方差分析							
12	差异源	SS	df	MS	F	P-value	F crit	
13	组间	443.6071	3	147.869	2.149389	0.122909	3.049125	
14	组内	1513.508	22	68.79583				
15								
16	总计	1957.115	25					
17								

图 8.4 单因素方差分析结果

由图 8.4 可知，$F(3,22)=2.15<F_{0.05}(3,22)=3.05$，则接受 H_0，即认为 4 种生铁试样的抗热疲劳性能无显著差异.

【例 8.2】 设 4 名工人 B_1、B_2、B_3、B_4 操作 4 种不同型号机器 A_1、A_2、A_3 各一天生产某种产品，其日产量（单位：万吨）如表 8.2 所示，问不同机器或不同工人对日产量是否有显著影响（$\alpha=0.05$）？

表 8.2 日产量

机器 日产量 工人	B_1	B_2	B_3	B_4
A_1	50	47	47	53
A_2	53	54	57	58
A_3	52	42	41	48

实验步骤：

（1）输入数据，如图 8.5 所示.

（2）在"工具"选项中打开"加载宏"，然后选择"分析工具库"，单击"确定"按钮. 在"工具"选项中单击"数据分析"，在如图 8.6 所示的"数据分析"对话框中选择"方差分析：无重复双因素分析"分析工具，单击"确定"按钮，弹出如图 8.7 所示的"方差分析：无重复双因素分析"对话框.

	A	B	C	D	E	F
1		B_1	B_2	B_3	B_4	
2	A_1	50	47	47	53	
3	A_2	53	54	57	58	
4	A_3	52	42	41	48	
5						

图 8.5 实验数据

图 8.6 "数据分析"对话框

图 8.7 "方差分析：无重复双因素分析"对话框

（3）在"方差分析：无重复双因素分析"对话框中的"输入区域"文本中输入数据所在

区域"$B$2:$E$4"；在"α"文本框中输入显著性水平 0.05；单击"确定"按钮即可完成，分析的结果如图 8.8 所示，是新生成的工作表.

	A	B	C	D	E	F	G	H
1	方差分析：无重复双因素分析							
2								
3	SUMMARY	观测数	求和	平均	方差			
4	行 1	4	197	49.25	8.25			
5	行 2	4	222	55.5	5.666667			
6	行 3	4	183	45.75	26.91667			
7								
8	列 1	3	155	51.66667	2.333333			
9	列 2	3	143	47.66667	36.33333			
10	列 3	3	145	48.33333	65.33333			
11	列 4	3	159	53	25			
12								
13								
14	方差分析							
15	差异源	SS	df	MS	F	P-value	F crit	
16	行	195.1667	2	97.58333	9.318302	0.014445	5.143253	
17	列	59.66667	3	19.88889	1.899204	0.230838	4.757063	
18	误差	62.83333	6	10.47222				
19								
20	总计	317.6667	11					
21								

图 8.8　无重复双因素分析结果

由图 8.8 知，$9.318302 > F_{0.05}(2,6) = 5.143253$，$1.899204 < F_{0.05}(3,6) = 4.757063$，说明机器的差异对日产量有显著影响，而不同工人对日产量无显著影响.

【例 8.3】　下面以某公司的产品某月在 3 个不同地区 A_1、A_2、A_3 中用 3 种不同包装方法 B_1、B_2、B_3 进行销售所获得的销售数据为例，实验原始数据如表 8.3 所示. 分析不同的地区和不同的包装方法对该食品的销售量是否有显著影响（$\alpha = 0.05$）.

表 8.3　实验原始数据

销售地区　　　包装方法	B_1	B_2	B_3
A_1	45	75	30
	50	50	40
A_2	35	65	50
	38	52	46
A_3	47	47	54
	55	38	53

实验步骤：

（1）输入数据，如图 8.9 所示.

（2）在"工具"选项中打开"加载宏"，然后选择"分析工具库"，单击"确定"按钮. 在"工具"选项中单击"数据分析"，在如图 8.10 所示的"数据分析"对话框中选择"方差分析：可重复双因素分析"分析工具，单击"确定"按钮，弹出如图 8.11 所示的"方差分析：可重复双因素分析"对话框.

	A	B	C	D	E
1	销售地区	包装方法			
2		B_1	B_2	B_3	
3	A_1	45	75	30	
4		50	50	40	
5	A_2	35	65	50	
6		38	52	46	
7	A_3	47	47	54	
8		55	38	53	
9					

图 8.9　实验数据

（3）在"方差分析：可重复双因素分析"对话框中的"输入区域"文本中输入数据所在区域"$A$2:$D$8"；在"每一样本的行数"对话框中输入包含在每一个样本中的行数"2"，

在"α"文本框中输入显著性水平 0.05；单击"确定"按钮即可完成，分析的结果如图 8.12 所示，是新生成的工作表.

图 8.10 "数据分析"对话框

图 8.11 "方差分析：可重复双因素分析"对话框

	A	B	C	D	E	F	G	H
1	方差分析: 可重复双因素分析							
2								
3	SUMMARY	B1	B2	B3	总计			
4	A1							
5	观测数	2	2	2	6			
6	求和	95	125	70	290			
7	平均	47.5	62.5	35	48.33333			
8	方差	12.5	312.5	50	226.6667			
9								
10	A2							
11	观测数	2	2	2	6			
12	求和	73	117	96	286			
13	平均	36.5	58.5	48	47.66667			
14	方差	4.5	84.5	8	116.2667			
15								
16	A3							
17	观测数	2	2	2	6			
18	求和	102	85	107	294			
19	平均	51	42.5	53.5	49			
20	方差	32	40.5	0.5	41.2			
21								
22	总计							
23	观测数	6	6	6				
24	求和	270	327	273				
25	平均	45	54.5	45.5				
26	方差	55.6	177.1	83.9				
27								
28								
29	方差分析							
30	差异源	SS	df	MS	F	P-value	F crit	
31	样本	5.333333	2	2.666667	0.044037	0.957124	4.256495	
32	列	343	2	171.5	2.83211	0.111154	4.256495	
33	交互	1032.667	4	258.1667	4.263303	0.033023	3.633089	
34	内部	545	9	60.55556				
35								
36	总计	1926	17					
37								

图 8.12 可重复双因素分析结果

（4）方差分析结果. 第一部分为"SUMMARY"，分别给出了不同行与列的观察值、和、均值与方差；第二部分为"总计"和"方差分析"，给出了双因素分析的方差分析表.

（5）分析方差分析结果. 从图 8.12 所示的分析结果中可看出，对于行因素的检验，计算的 F 值为 0.044 04，明显小于 F 的临界值，同时 P 值为 0.957 12，大于显著性水平 0.05，说明无法拒绝行因素原假设，说明该公司产品不同地区的销售不存在差异. 对于列因素的检验，计算 F 值为 2.832 11，明显小于 F 临界值，同时 P 值为 0.111 15，大于显著性水平 0.05，说明无法拒绝列因素原假设，说明该公司不同包装方法的销售不存在差异. 对于交互作用因素的检验，计算 F 值为 4.263 3，明显大于 F 临界值，同时 P 值为 0.033 0 2，小于显著性水平 0.05，说明该公司不同地区和不同包装之间存在交互关系，且交互作用对销售的影响显著.

附录 A 泊松分布函数表

$$P(X \leqslant k) = \sum_{i=0}^{k} \frac{\lambda^i e^{-\lambda}}{i!}$$

λ	k												
	0	1	2	3	4	5	6	7	8	9	10	11	12
0.1	0.905	0.995	1.000										
0.2	0.819	0.982	0.999	1.000									
0.3	0.741	0.963	0.996	1.000									
0.4	0.670	0.938	0.992	0.999	1.000								
0.5	0.607	0.910	0.986	0.998	1.000								
0.6	0.549	0.878	0.977	0.997	1.000								
0.7	0.497	0.844	0.966	0.994	0.999	1.000							
0.8	0.449	0.809	0.953	0.991	0.999	1.000							
0.9	0.407	0.772	0.937	0.987	0.998	1.000							
1	0.368	0.736	0.920	0.981	0.996	0.999	1.000						
1.1	0.333	0.699	0.900	0.974	0.995	0.999	1.000						
1.2	0.301	0.663	0.879	0.966	0.992	0.998	1.000						
1.3	0.273	0.627	0.857	0.957	0.989	0.998	1.000						
1.4	0.247	0.592	0.833	0.946	0.986	0.997	0.999	1.000					
1.5	0.223	0.558	0.809	0.934	0.981	0.996	0.999	1.000					
1.6	0.202	0.525	0.783	0.921	0.976	0.994	0.999	1.000					
1.7	0.183	0.493	0.757	0.907	0.970	0.992	0.998	1.000					
1.8	0.165	0.463	0.731	0.891	0.964	0.990	0.997	0.999	1.000				
1.9	0.150	0.434	0.704	0.875	0.956	0.987	0.997	0.999	1.000				
2	0.135	0.406	0.677	0.857	0.947	0.983	0.995	0.999	1.000				
2.1	0.122	0.380	0.650	0.839	0.938	0.980	0.994	0.999	1.000				
2.2	0.111	0.355	0.623	0.819	0.928	0.975	0.993	0.998	1.000				
2.3	0.100	0.331	0.596	0.799	0.916	0.970	0.991	0.997	0.999	1.000			
2.4	0.091	0.308	0.570	0.779	0.904	0.964	0.988	0.997	0.999	1.000			
2.5	0.082	0.287	0.544	0.758	0.891	0.958	0.986	0.996	0.999	1.000			
2.6	0.074	0.267	0.518	0.736	0.877	0.951	0.983	0.995	0.999	1.000			
2.7	0.067	0.249	0.494	0.714	0.863	0.943	0.979	0.993	0.998	0.999	1.000		
2.8	0.061	0.231	0.469	0.692	0.848	0.935	0.976	0.992	0.998	0.999	1.000		
2.9	0.055	0.215	0.446	0.670	0.832	0.926	0.971	0.990	0.997	0.999	1.000		
3	0.050	0.199	0.423	0.647	0.815	0.916	0.966	0.988	0.996	0.999	1.000		
3.1	0.045	0.185	0.401	0.625	0.798	0.906	0.961	0.986	0.995	0.999	1.000		
3.2	0.041	0.171	0.380	0.603	0.781	0.895	0.955	0.983	0.994	0.998	1.000		
3.3	0.037	0.159	0.359	0.580	0.763	0.883	0.949	0.980	0.993	0.998	0.999	1.000	
3.4	0.033	0.147	0.340	0.558	0.744	0.871	0.942	0.977	0.992	0.997	0.999	1.000	
3.5	0.030	0.136	0.321	0.537	0.725	0.858	0.935	0.973	0.990	0.997	0.999	1.000	
3.6	0.027	0.126	0.303	0.515	0.706	0.844	0.927	0.969	0.988	0.996	0.999	1.000	

λ	k												
	0	1	2	3	4	5	6	7	8	9	10	11	12
3.7	0.025	0.116	0.285	0.494	0.687	0.830	0.918	0.965	0.986	0.995	0.998	1.000	
3.8	0.022	0.107	0.269	0.473	0.668	0.816	0.909	0.960	0.984	0.994	0.998	0.999	1.000
3.9	0.020	0.099	0.253	0.453	0.648	0.801	0.899	0.955	0.981	0.993	0.998	0.999	1.000
4	0.018	0.092	0.238	0.433	0.629	0.785	0.889	0.949	0.979	0.992	0.997	0.999	1.000
5	0.007	0.040	0.125	0.265	0.440	0.616	0.762	0.867	0.932	0.968	0.986	0.995	0.998
6	0.002	0.017	0.062	0.151	0.285	0.446	0.606	0.744	0.847	0.916	0.957	0.980	0.991
7	0.001	0.007	0.030	0.082	0.173	0.301	0.450	0.599	0.729	0.830	0.901	0.947	0.973
8	0.000	0.003	0.014	0.042	0.100	0.191	0.313	0.453	0.593	0.717	0.816	0.888	0.936
9	0.000	0.001	0.006	0.021	0.055	0.116	0.207	0.324	0.456	0.587	0.706	0.803	0.876
10	0.000	0.000	0.003	0.010	0.029	0.067	0.130	0.220	0.333	0.458	0.583	0.697	0.792
11	0.000	0.000	0.001	0.005	0.015	0.038	0.079	0.143	0.232	0.341	0.460	0.579	0.689
12	0.000	0.000	0.001	0.002	0.008	0.020	0.046	0.090	0.155	0.242	0.347	0.462	0.576
13	0.000	0.000	0.000	0.001	0.004	0.011	0.026	0.054	0.100	0.166	0.252	0.353	0.463
14	0.000	0.000	0.000	0.000	0.002	0.006	0.014	0.032	0.062	0.109	0.176	0.260	0.358
15	0.000	0.000	0.000	0.000	0.001	0.003	0.008	0.018	0.037	0.070	0.118	0.185	0.268

λ	k												
	13	14	15	16	17	18	19	20	21	22	23	24	25
5	0.999	1.000											
6	0.996	0.999	0.999	1.000									
7	0.987	0.994	0.998	0.999	1.000								
8	0.966	0.983	0.992	0.996	0.998	0.999	1.000						
9	0.926	0.959	0.978	0.989	0.995	0.998	0.999	1.000					
10	0.864	0.917	0.951	0.973	0.986	0.993	0.997	0.998	0.999	1.000			
11	0.781	0.854	0.907	0.944	0.968	0.982	0.991	0.995	0.998	0.999	1.000		
12	0.682	0.772	0.844	0.899	0.937	0.963	0.979	0.988	0.994	0.997	0.999	0.999	1.000
13	0.573	0.675	0.764	0.835	0.890	0.930	0.957	0.975	0.986	0.992	0.996	0.998	0.999
14	0.464	0.570	0.669	0.756	0.827	0.883	0.923	0.952	0.971	0.983	0.991	0.995	0.997
15	0.363	0.466	0.568	0.664	0.749	0.819	0.875	0.917	0.947	0.967	0.981	0.989	0.994

λ	k			
	26	27	28	29
13	1.000			
14	0.999	0.999	1.000	
15	0.997	0.998	0.999	1.000

附录 B 标准正态分布函数表

$$\Phi(u) = \frac{1}{\sqrt{2\pi}} \int_{-\infty}^{u} e^{-\frac{t^2}{2}} dt = P(X \leq u)$$

u	0.00	0.01	0.02	0.03	0.04	0.05	0.06	0.07	0.08	0.09
0.0	0.5000	0.5040	0.5080	0.5120	0.5160	0.5199	0.5239	0.5279	0.5319	0.5359
0.1	0.5398	0.5438	0.5478	0.5517	0.5557	0.5596	0.5636	0.5675	0.5714	0.5753
0.2	0.5793	0.5832	0.5871	0.5910	0.5948	0.5987	0.6026	0.6064	0.6103	0.6141
0.3	0.6179	0.6217	0.6255	0.6293	0.6331	0.6368	0.6406	0.6443	0.6480	0.6517
0.4	0.6554	0.6591	0.6628	0.6664	0.6700	0.6736	0.6772	0.6808	0.6844	0.6879
0.5	0.6915	0.6950	0.6985	0.7019	0.7054	0.7088	0.7123	0.7157	0.7190	0.7224
0.6	0.7257	0.7291	0.7324	0.7357	0.7389	0.7422	0.7454	0.7486	0.7517	0.7549
0.7	0.7580	0.7611	0.7642	0.7673	0.7704	0.7734	0.7764	0.7794	0.7823	0.7852
0.8	0.7881	0.7910	0.7939	0.7967	0.7995	0.8023	0.8051	0.8078	0.8106	0.8133
0.9	0.8159	0.8186	0.8212	0.8238	0.8264	0.8289	0.8315	0.8340	0.8365	0.8389
1	0.8413	0.8438	0.8461	0.8485	0.8508	0.8531	0.8554	0.8577	0.8599	0.8621
1.1	0.8643	0.8665	0.8686	0.8708	0.8729	0.8749	0.8770	0.8790	0.8810	0.8830
1.2	0.8849	0.8869	0.8888	0.8907	0.8925	0.8944	0.8962	0.8980	0.8997	0.9015
1.3	0.9032	0.9049	0.9066	0.9082	0.9099	0.9115	0.9131	0.9147	0.9162	0.9177
1.4	0.9192	0.9207	0.9222	0.9236	0.9251	0.9265	0.9279	0.9292	0.9306	0.9319
1.5	0.9332	0.9345	0.9357	0.9370	0.9382	0.9394	0.9406	0.9418	0.9429	0.9441
1.6	0.9452	0.9463	0.9474	0.9484	0.9495	0.9505	0.9515	0.9525	0.9535	0.9545
1.7	0.9554	0.9564	0.9573	0.9582	0.9591	0.9599	0.9608	0.9616	0.9625	0.9633
1.8	0.9641	0.9649	0.9656	0.9664	0.9671	0.9678	0.9686	0.9693	0.9699	0.9706
1.9	0.9713	0.9719	0.9726	0.9732	0.9738	0.9744	0.9750	0.9756	0.9761	0.9767
2	0.9772	0.9778	0.9783	0.9788	0.9793	0.9798	0.9803	0.9808	0.9812	0.9817
2.1	0.9821	0.9826	0.9830	0.9834	0.9838	0.9842	0.9846	0.9850	0.9854	0.9857
2.2	0.9861	0.9864	0.9868	0.9871	0.9875	0.9878	0.9881	0.9884	0.9887	0.9890
2.3	0.9893	0.9896	0.9898	0.9901	0.9904	0.9906	0.9909	0.9911	0.9913	0.9916
2.4	0.9918	0.9920	0.9922	0.9925	0.9927	0.9929	0.9931	0.9932	0.9934	0.9936
2.5	0.9938	0.9940	0.9941	0.9943	0.9945	0.9946	0.9948	0.9949	0.9951	0.9952
2.6	0.9953	0.9955	0.9956	0.9957	0.9959	0.9960	0.9961	0.9962	0.9963	0.9964
2.7	0.9965	0.9966	0.9967	0.9968	0.9969	0.9970	0.9971	0.9972	0.9973	0.9974
2.8	0.9974	0.9975	0.9976	0.9977	0.9977	0.9978	0.9979	0.9979	0.9980	0.9981
2.9	0.9981	0.9982	0.9982	0.9983	0.9984	0.9984	0.9985	0.9985	0.9986	0.9986
u	0.0	0.1	0.2	0.3	0.4	0.5	0.6	0.7	0.8	0.9
3	0.99865	0.999032	0.999313	0.999517	0.999663	0.999767	0.999841	0.999892	0.999928	0.999952

附录 C χ^2 分布分位点 $\chi^2_\alpha(n)$ 表

$$P(\chi^2(n) > \chi^2_\alpha(n)) = \alpha$$

n	α									
	0.995	0.99	0.975	0.95	0.9	0.1	0.05	0.025	0.01	0.005
1	0.0000	0.0002	0.0010	0.0039	0.0158	2.7055	3.8415	5.0239	6.6349	7.8794
2	0.0100	0.0201	0.0506	0.1026	0.2107	4.6052	5.9915	7.3778	9.2103	10.5966
3	0.0717	0.1148	0.2158	0.3518	0.5844	6.2514	7.8147	9.3484	11.3449	12.8382
4	0.2070	0.2971	0.4844	0.7107	1.0636	7.7794	9.4877	11.1433	13.2767	14.8603
5	0.4117	0.5543	0.8312	1.1455	1.6103	9.2364	11.0705	12.8325	15.0863	16.7496
6	0.6757	0.8721	1.2373	1.6354	2.2041	10.6446	12.5916	14.4494	16.8119	18.5476
7	0.9893	1.2390	1.6899	2.1673	2.8331	12.0170	14.0671	16.0128	18.4753	20.2777
8	1.3444	1.6465	2.1797	2.7326	3.4895	13.3616	15.5073	17.5345	20.0902	21.9550
9	1.7349	2.0879	2.7004	3.3251	4.1682	14.6837	16.9190	19.0228	21.6660	23.5894
10	2.1559	2.5582	3.2470	3.9403	4.8652	15.9872	18.3070	20.4832	23.2093	25.1882
11	2.6032	3.0535	3.8157	4.5748	5.5778	17.2750	19.6751	21.9200	24.7250	26.7568
12	3.0738	3.5706	4.4038	5.2260	6.3038	18.5493	21.0261	23.3367	26.2170	28.2995
13	3.5650	4.1069	5.0088	5.8919	7.0415	19.8119	22.3620	24.7356	27.6882	29.8195
14	4.0747	4.6604	5.6287	6.5706	7.7895	21.0641	23.6848	26.1189	29.1412	31.3193
15	4.6009	5.2293	6.2621	7.2609	8.5468	22.3071	24.9958	27.4884	30.5779	32.8013
16	5.1422	5.8122	6.9077	7.9616	9.3122	23.5418	26.2962	28.8454	31.9999	34.2672
17	5.6972	6.4078	7.5642	8.6718	10.0852	24.7690	27.5871	30.1910	33.4087	35.7185
18	6.2648	7.0149	8.2307	9.3905	10.8649	25.9894	28.8693	31.5264	34.8053	37.1565
19	6.8440	7.6327	8.9065	10.1170	11.6509	27.2036	30.1435	32.8523	36.1909	38.5823
20	7.4338	8.2604	9.5908	10.8508	12.4426	28.4120	31.4104	34.1696	37.5662	39.9968
21	8.0337	8.8972	10.2829	11.5913	13.2396	29.6151	32.6706	35.4789	38.9322	41.4011
22	8.6427	9.5425	10.9823	12.3380	14.0415	30.8133	33.9244	36.7807	40.2894	42.7957
23	9.2604	10.1957	11.6886	13.0905	14.8480	32.0069	35.1725	38.0756	41.6384	44.1813
24	9.8862	10.8564	12.4012	13.8484	15.6587	33.1962	36.4150	39.3641	42.9798	45.5585
25	10.5197	11.5240	13.1197	14.6114	16.4734	34.3816	37.6525	40.6465	44.3141	46.9279
26	11.1602	12.1981	13.8439	15.3792	17.2919	35.5632	38.8851	41.9232	45.6417	48.2899
27	11.8076	12.8785	14.5734	16.1514	18.1139	36.7412	40.1133	43.1945	46.9629	49.6449
28	12.4613	13.5647	15.3079	16.9279	18.9392	37.9159	41.3371	44.4608	48.2782	50.9934
29	13.1211	14.2565	16.0471	17.7084	19.7677	39.0875	42.5570	45.7223	49.5879	52.3356
30	13.7867	14.9535	16.7908	18.4927	20.5992	40.2560	43.7730	46.9792	50.8922	53.6720
31	14.4578	15.6555	17.5387	19.2806	21.4336	41.4217	44.9853	48.2319	52.1914	55.0027
32	15.1340	16.3622	18.2908	20.0719	22.2706	42.5847	46.1943	49.4804	53.4858	56.3281

n	α									
	0.995	0.99	0.975	0.95	0.9	0.1	0.05	0.025	0.01	0.005
33	15.8153	17.0735	19.0467	20.8665	23.1102	43.7452	47.3999	50.7251	54.7755	57.6484
34	16.5013	17.7891	19.8063	21.6643	23.9523	44.9032	48.6024	51.9660	56.0609	58.9639
35	17.1918	18.5089	20.5694	22.4650	24.7967	46.0588	49.8018	53.2033	57.3421	60.2748
36	17.8867	19.2327	21.3359	23.2686	25.6433	47.2122	50.9985	54.4373	58.6192	61.5812
37	18.5858	19.9602	22.1056	24.0749	26.4921	48.3634	52.1923	55.6680	59.8925	62.8833
38	19.2889	20.6914	22.8785	24.8839	27.3430	49.5126	53.3835	56.8955	61.1621	64.1814
39	19.9959	21.4262	23.6543	25.6954	28.1958	50.6598	54.5722	58.1201	62.4281	65.4756
40	20.7065	22.1643	24.4330	26.5093	29.0505	51.8051	55.7585	59.3417	63.6907	66.7660

附录 D t 分布分位点 $t_\alpha(n)$ 表

$$P(t(n) > t_\alpha(n)) = \alpha$$

n	α							
	0.25	0.2	0.1	0.05	0.025	0.01	0.005	0.001
1	1.0000	1.3764	3.0777	6.3138	12.7062	31.8205	63.6567	318.3088
2	0.8165	1.0607	1.8856	2.9200	4.3027	6.9646	9.9248	22.3271
3	0.7649	0.9785	1.6377	2.3534	3.1824	4.5407	5.8409	10.2145
4	0.7407	0.9410	1.5332	2.1318	2.7764	3.7469	4.6041	7.1732
5	0.7267	0.9195	1.4759	2.0150	2.5706	3.3649	4.0321	5.8934
6	0.7176	0.9057	1.4398	1.9432	2.4469	3.1427	3.7074	5.2076
7	0.7111	0.8960	1.4149	1.8946	2.3646	2.9980	3.4995	4.7853
8	0.7064	0.8889	1.3968	1.8595	2.3060	2.8965	3.3554	4.5008
9	0.7027	0.8834	1.3830	1.8331	2.2622	2.8214	3.2498	4.2968
10	0.6998	0.8791	1.3722	1.8125	2.2281	2.7638	3.1693	4.1437
11	0.6974	0.8755	1.3634	1.7959	2.2010	2.7181	3.1058	4.0247
12	0.6955	0.8726	1.3562	1.7823	2.1788	2.6810	3.0545	3.9296
13	0.6938	0.8702	1.3502	1.7709	2.1604	2.6503	3.0123	3.8520
14	0.6924	0.8681	1.3450	1.7613	2.1448	2.6245	2.9768	3.7874
15	0.6912	0.8662	1.3406	1.7531	2.1314	2.6025	2.9467	3.7328
16	0.6901	0.8647	1.3368	1.7459	2.1199	2.5835	2.9208	3.6862
17	0.6892	0.8633	1.3334	1.7396	2.1098	2.5669	2.8982	3.6458
18	0.6884	0.8620	1.3304	1.7341	2.1009	2.5524	2.8784	3.6105
19	0.6876	0.8610	1.3277	1.7291	2.0930	2.5395	2.8609	3.5794
20	0.6870	0.8600	1.3253	1.7247	2.0860	2.5280	2.8453	3.5518
21	0.6864	0.8591	1.3232	1.7207	2.0796	2.5176	2.8314	3.5272
22	0.6858	0.8583	1.3212	1.7171	2.0739	2.5083	2.8188	3.5050
23	0.6853	0.8575	1.3195	1.7139	2.0687	2.4999	2.8073	3.4850
24	0.6848	0.8569	1.3178	1.7109	2.0639	2.4922	2.7969	3.4668
25	0.6844	0.8562	1.3163	1.7081	2.0595	2.4851	2.7874	3.4502
26	0.6840	0.8557	1.3150	1.7056	2.0555	2.4786	2.7787	3.4350
27	0.6837	0.8551	1.3137	1.7033	2.0518	2.4727	2.7707	3.4210
28	0.6834	0.8546	1.3125	1.7011	2.0484	2.4671	2.7633	3.4082
29	0.6830	0.8542	1.3114	1.6991	2.0452	2.4620	2.7564	3.3962
30	0.6828	0.8538	1.3104	1.6973	2.0423	2.4573	2.7500	3.3852
31	0.6825	0.8534	1.3095	1.6955	2.0395	2.4528	2.7440	3.3749
32	0.6822	0.8530	1.3086	1.6939	2.0369	2.4487	2.7385	3.3653
33	0.6820	0.8526	1.3077	1.6924	2.0345	2.4448	2.7333	3.3563

续表

n	α							
	0.25	0.2	0.1	0.05	0.025	0.01	0.005	0.001
34	0.6818	0.8523	1.3070	1.6909	2.0322	2.4411	2.7284	3.3479
35	0.6816	0.8520	1.3062	1.6896	2.0301	2.4377	2.7238	3.3400
36	0.6814	0.8517	1.3055	1.6883	2.0281	2.4345	2.7195	3.3326
37	0.6812	0.8514	1.3049	1.6871	2.0262	2.4314	2.7154	3.3256
38	0.6810	0.8512	1.3042	1.6860	2.0244	2.4286	2.7116	3.3190
39	0.6808	0.8509	1.3036	1.6849	2.0227	2.4258	2.7079	3.3128
40	0.6807	0.8507	1.3031	1.6839	2.0211	2.4233	2.7045	3.3069

附录 E F 分布分位点 $F_\alpha(n_1,n_2)$ 表

$$P\{F(n_1,n_2) > F_\alpha(n_1,n_2)\} = \alpha$$

n_2 \ n_1	1	2	3	4	5	6	7	8	9	10	12	14	16	18	20	25	30	60	120	$+\infty$
										$\alpha=0.1$										
1	39.86	49.50	53.59	55.83	57.24	58.20	58.91	59.44	59.86	60.19	60.71	61.07	61.35	61.57	61.74	62.05	62.26	62.79	63.06	63.32
2	8.53	9.00	9.16	9.24	9.29	9.33	9.35	9.37	9.38	9.39	9.41	9.42	9.43	9.44	9.44	9.45	9.46	9.47	9.48	9.49
3	5.54	5.46	5.39	5.34	5.31	5.28	5.27	5.25	5.24	5.23	5.22	5.20	5.20	5.19	5.18	5.17	5.17	5.15	5.14	5.13
4	4.54	4.32	4.19	4.11	4.05	4.01	3.98	3.95	3.94	3.92	3.90	3.88	3.86	3.85	3.84	3.83	3.82	3.79	3.78	3.76
5	4.06	3.78	3.62	3.52	3.45	3.40	3.37	3.34	3.32	3.30	3.27	3.25	3.23	3.22	3.21	3.19	3.17	3.14	3.12	3.11
6	3.78	3.46	3.29	3.18	3.11	3.05	3.01	2.98	2.96	2.94	2.90	2.88	2.86	2.85	2.84	2.81	2.80	2.76	2.74	2.72
7	3.59	3.26	3.07	2.96	2.88	2.83	2.78	2.75	2.72	2.70	2.67	2.64	2.62	2.61	2.59	2.57	2.56	2.51	2.49	2.47
8	3.46	3.11	2.92	2.81	2.73	2.67	2.62	2.59	2.56	2.54	2.50	2.48	2.45	2.44	2.42	2.40	2.38	2.34	2.32	2.29
9	3.36	3.01	2.81	2.69	2.61	2.55	2.51	2.47	2.44	2.42	2.38	2.35	2.33	2.31	2.30	2.27	2.25	2.21	2.18	2.16
10	3.29	2.92	2.73	2.61	2.52	2.46	2.41	2.38	2.35	2.32	2.28	2.26	2.23	2.22	2.20	2.17	2.16	2.11	2.08	2.06
12	3.18	2.81	2.61	2.48	2.39	2.33	2.28	2.24	2.21	2.19	2.15	2.12	2.09	2.08	2.06	2.03	2.01	1.96	1.93	1.90
14	3.10	2.73	2.52	2.39	2.31	2.24	2.19	2.15	2.12	2.10	2.05	2.02	2.00	1.98	1.96	1.93	1.91	1.86	1.83	1.80
16	3.05	2.67	2.46	2.33	2.24	2.18	2.13	2.09	2.06	2.03	1.99	1.95	1.93	1.91	1.89	1.86	1.84	1.78	1.75	1.72
18	3.01	2.62	2.42	2.29	2.20	2.13	2.08	2.04	2.00	1.98	1.93	1.90	1.87	1.85	1.84	1.80	1.78	1.72	1.69	1.66
20	2.97	2.59	2.38	2.25	2.16	2.09	2.04	2.00	1.96	1.94	1.89	1.86	1.83	1.81	1.79	1.76	1.74	1.68	1.64	1.61
25	2.92	2.53	2.32	2.18	2.09	2.02	1.97	1.93	1.89	1.87	1.82	1.79	1.76	1.74	1.72	1.68	1.66	1.59	1.56	1.52
30	2.88	2.49	2.28	2.14	2.05	1.98	1.93	1.88	1.85	1.82	1.77	1.74	1.71	1.69	1.67	1.63	1.61	1.54	1.50	1.46
60	2.79	2.39	2.18	2.04	1.95	1.87	1.82	1.77	1.74	1.71	1.66	1.62	1.59	1.56	1.54	1.50	1.48	1.40	1.35	1.29
120	2.75	2.35	2.13	1.99	1.90	1.82	1.77	1.72	1.68	1.65	1.60	1.56	1.53	1.50	1.48	1.44	1.41	1.32	1.26	1.19
$+\infty$	2.71	2.30	2.08	1.95	1.85	1.77	1.72	1.67	1.63	1.60	1.55	1.51	1.47	1.44	1.42	1.38	1.34	1.24	1.17	1.03

n_2 \ n_1	1	2	3	4	5	6	7	8	9	10	12	14	16	18	20	25	30	60	120	$+\infty$
										$\alpha=0.05$										
1	161.45	199.50	215.71	224.58	230.16	233.99	236.77	238.88	240.54	241.88	243.91	245.36	246.46	247.32	248.01	249.26	250.10	252.20	253.25	254.30
2	18.51	19.00	19.16	19.25	19.30	19.33	19.35	19.37	19.38	19.40	19.41	19.42	19.43	19.44	19.45	19.46	19.46	19.48	19.49	19.50
3	10.13	9.55	9.28	9.12	9.01	8.94	8.89	8.85	8.81	8.79	8.74	8.71	8.69	8.67	8.66	8.63	8.62	8.57	8.55	8.53
4	7.71	6.94	6.59	6.39	6.26	6.16	6.09	6.04	6.00	5.96	5.91	5.87	5.84	5.82	5.80	5.77	5.75	5.69	5.66	5.63
5	6.61	5.79	5.41	5.19	5.05	4.95	4.88	4.82	4.77	4.74	4.68	4.64	4.60	4.58	4.56	4.52	4.50	4.43	4.40	4.37
6	5.99	5.14	4.76	4.53	4.39	4.28	4.21	4.15	4.10	4.06	4.00	3.96	3.92	3.90	3.87	3.83	3.81	3.74	3.70	3.67
7	5.59	4.74	4.35	4.12	3.97	3.87	3.79	3.73	3.68	3.64	3.57	3.53	3.49	3.47	3.44	3.40	3.38	3.30	3.27	3.23
8	5.32	4.46	4.07	3.84	3.69	3.58	3.50	3.44	3.39	3.35	3.28	3.24	3.20	3.17	3.15	3.11	3.08	3.01	2.97	2.93
9	5.12	4.26	3.86	3.63	3.48	3.37	3.29	3.23	3.18	3.14	3.07	3.03	2.99	2.96	2.94	2.89	2.86	2.79	2.75	2.71
10	4.96	4.10	3.71	3.48	3.33	3.22	3.14	3.07	3.02	2.98	2.91	2.86	2.83	2.80	2.77	2.73	2.70	2.62	2.58	2.54
12	4.75	3.89	3.49	3.26	3.11	3.00	2.91	2.85	2.80	2.75	2.69	2.64	2.60	2.57	2.54	2.50	2.47	2.38	2.34	2.30
14	4.60	3.74	3.34	3.11	2.96	2.85	2.76	2.70	2.65	2.60	2.53	2.48	2.44	2.41	2.39	2.34	2.31	2.22	2.18	2.13
16	4.49	3.63	3.24	3.01	2.85	2.74	2.66	2.59	2.54	2.49	2.42	2.37	2.33	2.30	2.28	2.23	2.19	2.11	2.06	2.01
18	4.41	3.55	3.16	2.93	2.77	2.66	2.58	2.51	2.46	2.41	2.34	2.29	2.25	2.22	2.19	2.14	2.11	2.02	1.97	1.92
20	4.35	3.49	3.10	2.87	2.71	2.60	2.51	2.45	2.39	2.35	2.28	2.22	2.18	2.15	2.12	2.07	2.04	1.95	1.90	1.84
25	4.24	3.39	2.99	2.76	2.60	2.49	2.40	2.34	2.28	2.24	2.16	2.11	2.07	2.04	2.01	1.96	1.92	1.82	1.77	1.71
30	4.17	3.32	2.92	2.69	2.53	2.42	2.33	2.27	2.21	2.16	2.09	2.04	1.99	1.96	1.93	1.88	1.84	1.74	1.68	1.62
60	4.00	3.15	2.76	2.53	2.37	2.25	2.17	2.10	2.04	1.99	1.92	1.86	1.82	1.78	1.75	1.69	1.65	1.53	1.47	1.39
120	3.92	3.07	2.68	2.45	2.29	2.18	2.09	2.02	1.96	1.91	1.83	1.78	1.73	1.69	1.66	1.60	1.55	1.43	1.35	1.26
$+\infty$	3.84	3.00	2.61	2.37	2.21	2.10	2.01	1.94	1.88	1.83	1.75	1.69	1.64	1.60	1.57	1.51	1.46	1.32	1.22	1.03

续表

n_2 \ n_1	$\alpha = 0.025$																			
	1	2	3	4	5	6	7	8	9	10	12	14	16	18	20	25	30	60	120	$+\infty$
1	647.79	799.50	864.16	899.58	921.85	937.11	948.22	956.66	963.28	968.63	976.71	982.53	986.92	990.35	993.10	998.08	1001.41	1009.80	1014.02	1018.21
2	38.51	39.00	39.17	39.25	39.30	39.33	39.36	39.37	39.39	39.40	39.41	39.43	39.44	39.44	39.45	39.46	39.46	39.48	39.49	39.50
3	17.44	16.04	15.44	15.10	14.88	14.73	14.62	14.54	14.47	14.42	14.34	14.28	14.23	14.20	14.17	14.12	14.08	13.99	13.95	13.90
4	12.22	10.65	9.98	9.60	9.36	9.20	9.07	8.98	8.90	8.84	8.75	8.68	8.63	8.59	8.56	8.50	8.46	8.36	8.31	8.26
5	10.01	8.43	7.76	7.39	7.15	6.98	6.85	6.76	6.68	6.62	6.52	6.46	6.40	6.36	6.33	6.27	6.23	6.12	6.07	6.02
6	8.81	7.26	6.60	6.23	5.99	5.82	5.70	5.60	5.52	5.46	5.37	5.30	5.24	5.20	5.17	5.11	5.07	4.96	4.90	4.85
7	8.07	6.54	5.89	5.52	5.29	5.12	4.99	4.90	4.82	4.76	4.67	4.60	4.54	4.50	4.47	4.40	4.36	4.25	4.20	4.14
8	7.57	6.06	5.42	5.05	4.82	4.65	4.53	4.43	4.36	4.30	4.20	4.13	4.08	4.03	4.00	3.94	3.89	3.78	3.73	3.67
9	7.21	5.71	5.08	4.72	4.48	4.32	4.20	4.10	4.03	3.96	3.87	3.80	3.74	3.70	3.67	3.60	3.56	3.45	3.39	3.33
10	6.94	5.46	4.83	4.47	4.24	4.07	3.95	3.85	3.78	3.72	3.62	3.55	3.50	3.45	3.42	3.35	3.31	3.20	3.14	3.08
12	6.55	5.10	4.47	4.12	3.89	3.73	3.61	3.51	3.44	3.37	3.28	3.21	3.15	3.11	3.07	3.01	2.96	2.85	2.79	2.73
14	6.30	4.86	4.24	3.89	3.66	3.50	3.38	3.29	3.21	3.15	3.05	2.98	2.92	2.88	2.84	2.78	2.73	2.61	2.55	2.49
16	6.12	4.69	4.08	3.73	3.50	3.34	3.22	3.12	3.05	2.99	2.89	2.82	2.76	2.72	2.68	2.61	2.57	2.45	2.38	2.32
18	5.98	4.56	3.95	3.61	3.38	3.22	3.10	3.01	2.93	2.87	2.77	2.70	2.64	2.60	2.56	2.49	2.44	2.32	2.26	2.19
20	5.87	4.46	3.86	3.51	3.29	3.13	3.01	2.91	2.84	2.77	2.68	2.60	2.55	2.50	2.46	2.40	2.35	2.22	2.16	2.09
25	5.69	4.29	3.69	3.35	3.13	2.97	2.85	2.75	2.68	2.61	2.51	2.44	2.38	2.34	2.30	2.23	2.18	2.05	1.98	1.91
30	5.57	4.18	3.59	3.25	3.03	2.87	2.75	2.65	2.57	2.51	2.41	2.34	2.28	2.23	2.20	2.12	2.07	1.94	1.87	1.79
60	5.29	3.93	3.34	3.01	2.79	2.63	2.51	2.41	2.33	2.27	2.17	2.09	2.03	1.98	1.94	1.87	1.82	1.67	1.58	1.48
120	5.15	3.80	3.23	2.89	2.67	2.52	2.39	2.30	2.22	2.16	2.05	1.98	1.92	1.87	1.82	1.75	1.69	1.53	1.43	1.31
$+\infty$	5.03	3.69	3.12	2.79	2.57	2.41	2.29	2.19	2.11	2.05	1.95	1.87	1.80	1.75	1.71	1.63	1.57	1.39	1.27	1.04

n_2 \ n_1	$\alpha = 0.01$																			
	1	2	3	4	5	6	7	8	9	10	12	14	16	18	20	25	30	60	120	$+\infty$
1	4052.18	4999.50	5403.35	5624.58	5763.65	5858.99	5928.36	5981.07	6022.47	6055.85	6106.32	6142.67	6170.10	6191.53	6208.73	6239.83	6260.65	6313.03	6339.39	6365.55
2	98.50	99.00	99.17	99.25	99.30	99.33	99.36	99.37	99.39	99.40	99.42	99.43	99.44	99.44	99.45	99.46	99.47	99.48	99.49	99.50
3	34.12	30.82	29.46	28.71	28.24	27.91	27.67	27.49	27.35	27.23	27.05	26.92	26.83	26.75	26.69	26.58	26.50	26.32	26.22	26.13
4	21.20	18.00	16.69	15.98	15.52	15.21	14.98	14.80	14.66	14.55	14.37	14.25	14.15	14.08	14.02	13.91	13.84	13.65	13.56	13.46
5	16.26	13.27	12.06	11.39	10.97	10.67	10.46	10.29	10.16	10.05	9.89	9.77	9.68	9.61	9.55	9.45	9.38	9.20	9.11	9.02
6	13.75	10.92	9.78	9.15	8.75	8.47	8.26	8.10	7.98	7.87	7.72	7.60	7.52	7.45	7.40	7.30	7.23	7.06	6.97	6.88
7	12.25	9.55	8.45	7.85	7.46	7.19	6.99	6.84	6.72	6.62	6.47	6.36	6.28	6.21	6.16	6.06	5.99	5.82	5.74	5.65
8	11.26	8.65	7.59	7.01	6.63	6.37	6.18	6.03	5.91	5.81	5.67	5.56	5.48	5.41	5.36	5.26	5.20	5.03	4.95	4.86
9	10.56	8.02	6.99	6.42	6.06	5.80	5.61	5.47	5.35	5.26	5.11	5.01	4.92	4.86	4.81	4.71	4.65	4.48	4.40	4.31
10	10.04	7.56	6.55	5.99	5.64	5.39	5.20	5.06	4.94	4.85	4.71	4.60	4.52	4.46	4.41	4.31	4.25	4.08	4.00	3.91
12	9.33	6.93	5.95	5.41	5.06	4.82	4.64	4.50	4.39	4.30	4.16	4.05	3.97	3.91	3.86	3.76	3.70	3.54	3.45	3.36
14	8.86	6.51	5.56	5.04	4.69	4.46	4.28	4.14	4.03	3.94	3.80	3.70	3.62	3.56	3.51	3.41	3.35	3.18	3.09	3.01
16	8.53	6.23	5.29	4.77	4.44	4.20	4.03	3.89	3.78	3.69	3.55	3.45	3.37	3.31	3.26	3.16	3.10	2.93	2.84	2.75
18	8.29	6.01	5.09	4.58	4.25	4.01	3.84	3.71	3.60	3.51	3.37	3.27	3.19	3.13	3.08	2.98	2.92	2.75	2.66	2.57
20	8.10	5.85	4.94	4.43	4.10	3.87	3.70	3.56	3.46	3.37	3.23	3.13	3.05	2.99	2.94	2.84	2.78	2.61	2.52	2.42
25	7.77	5.57	4.68	4.18	3.85	3.63	3.46	3.32	3.22	3.13	2.99	2.89	2.81	2.75	2.70	2.60	2.54	2.36	2.27	2.17
30	7.56	5.39	4.51	4.02	3.70	3.47	3.30	3.17	3.07	2.98	2.84	2.74	2.66	2.60	2.55	2.45	2.39	2.21	2.11	2.01
60	7.08	4.98	4.13	3.65	3.34	3.12	2.95	2.82	2.72	2.63	2.50	2.39	2.31	2.25	2.20	2.10	2.03	1.84	1.73	1.60
120	6.85	4.79	3.95	3.48	3.17	2.96	2.79	2.66	2.56	2.47	2.34	2.23	2.15	2.09	2.03	1.93	1.86	1.66	1.53	1.38
$+\infty$	6.64	4.61	3.78	3.32	3.02	2.80	2.64	2.51	2.41	2.32	2.19	2.08	2.00	1.94	1.88	1.77	1.70	1.48	1.33	1.05

参 考 文 献

[1]　茆诗松，程依明，濮晓龙. 概率论与数理统计教程（第 2 版）[M]. 北京：高等教育出版社，2011.

[2]　韩旭里. 概率论与数理统计（修订版）[M]. 上海：复旦大学出版社，2007.

[3]　吴赣昌. 概率论与数理统计（理工类）（第三版）[M]. 北京：中国人民大学出版社，2009.

[4]　吴赣昌. 概率论与数理统计学习辅导与习题解答（理工类）（第三版）[M]. 北京：中国人民大学出版社，2010.

[5]　茆诗松，吕晓玲. 数理统计[M]. 北京：中国人民大学出版社，2011.

[6]　张联锋，蒋敏杰，张鹏龙，等.Excel 统计分析与应用[M] . 北京：电子工业出版社，2011.

[7]　茆诗松，程依明，濮晓龙. 概率论与数理统计教程（第 2 版）习题与解答[M]. 北京：高等教育出版社，2012.

[8]　李贤平. 概率论基础（第三版）[M]. 北京：高等教育出版社，2010.

[9]　吴赣昌. 概率论与数理统计：多媒体教学系统（理工类）[M]. 北京：中国人民大学出版社，2006.

[10]　用 Excel 验证二项分布逼近正态分布，http://www.doc88.com/p-9405149110226.html

[11]　Excel 函数教程.

[12]　吴志高. 统计与概率[M]. 北京：高等教育出版社，1997.

反侵权盗版声明

电子工业出版社依法对本作品享有专有出版权。任何未经权利人书面许可，复制、销售或通过信息网络传播本作品的行为；歪曲、篡改、剽窃本作品的行为，均违反《中华人民共和国著作权法》，其行为人应承担相应的民事责任和行政责任，构成犯罪的，将被依法追究刑事责任。

为了维护市场秩序，保护权利人的合法权益，我社将依法查处和打击侵权盗版的单位和个人。欢迎社会各界人士积极举报侵权盗版行为，本社将奖励举报有功人员，并保证举报人的信息不被泄露。

举报电话：（010）88254396；（010）88258888

传　　真：（010）88254397

E-mail：　dbqq@phei.com.cn

通信地址：北京市海淀区万寿路 173 信箱

　　　　　电子工业出版社总编办公室

邮　　编：100036